高等院校精品课程系列规划教材·高等数学

高等数学同步辅导

（上册）

徐海勇　周晖杰　刘明华　主编

ZHEJIANG UNIVERSITY PRESS
浙江大学出版社

图书在版编目(CIP)数据

高等数学同步辅导. 上册 / 徐海勇,周晖杰,刘明
华主编. —杭州:浙江大学出版社,2015.6(2024.7 重印)
ISBN 978-7-308-14501-5

Ⅰ.①高… Ⅱ.①徐… ②周… ③刘… Ⅲ.①高等数
学—高等学校—教学参考资料 Ⅳ.①O13

中国版本图书馆 CIP 数据核字(2015)第 057458 号

高等数学同步辅导(上册)

徐海勇 周晖杰 刘明华 主编

责任编辑	张 鸽 李峰伟
封面设计	十木米
出版发行	浙江大学出版社
	(杭州市天目山路 148 号 邮政编码 310007)
	(网址:http://www.zjupress.com)
排 版	杭州星云光电图文制作工作室
印 刷	嘉兴华源印刷厂
开 本	710mm×1000mm 1/16
印 张	13.25
字 数	268 千
版 印 次	2015 年 6 月第 1 版 2024 年 7 月第 6 次印刷
书 号	ISBN 978-7-308-14501-5
定 价	35.00 元

前　言

　　"高等数学"课程不仅是大多数大学生后续课程学习所必选的基础课,同时也是硕士研究生入学考试的必考课程。然而,近年来随着教学改革的实施,"高等数学"的授课时间有所减少,这必然对该课程中基本概念的理解、知识点的融会贯通、知识面的拓展有一定的影响。但同时,后续课程及研究生入学考试对"高等数学"的要求又有所深化。如何解决这些问题?如何满足学生对"高等数学"学习的不同需求?针对此,我们编写了《高等数学同步辅导》,它既可作为学生各阶段复习的指导书,又可作为该课程教师讲授习题课时所需的参考书。

　　本书与《高等数学》(本科少学时类型)教材相配套,分上、下两册,共11章,包括函数与极限、导数与微分、微分中值定理与导数应用、不定积分、定积分及其应用、微分方程、向量代数与空间解析几何、多元函数微分学及其应用、重积分、曲线积分、无穷级数等内容。

　　每一章由4部分组成:内容摘要、典型例题与同步练习、基础题和提高题(题后附有参考答案)。内容摘要部分总结了本章定义、重要定理、重要公式及解题方法。典型例题与同步练习部分精选了各类典型例题并配有同类型的练习题及解答与提示,其中较难的题型以﹡号标明。基础题部分以基本概念、基本性质及基本计算方法为主,适当配备了一些简单的证明题及应用题,以检查在"高等数学"学习中是否达到大纲的要求。提高题部分是把大学期间的"高等数学"学习与研究生入学考试的复习紧密衔接起来,以达到巩固、理解、提高的目的。

　　总之,本书主要阐述"高等数学"的基本理论和基本方法,剖析了"高等数学"的重点和难点,目的在于帮助学生顺利阅读"高等数学"课本,克服解题过程中遇到的困难,更好地掌握"高等数学"的基本理论和解题方法,以提高分析问题和解决实际问题的能力,为今后的学习、工作需要打下坚实的基础。

　　要写好一本教学辅导书实非易事,鉴于时间所限,本书难免存在不妥及错误之处,欢迎读者朋友批评指正。

编　者

2015 年 4 月

目　　录

第一章

函数与极限

一、内容摘要

(一)函数

1. 实数、集合、区间、绝对值

(1)实数

数是数学分析中研究的主要对象. 所学过的数可以归类为:

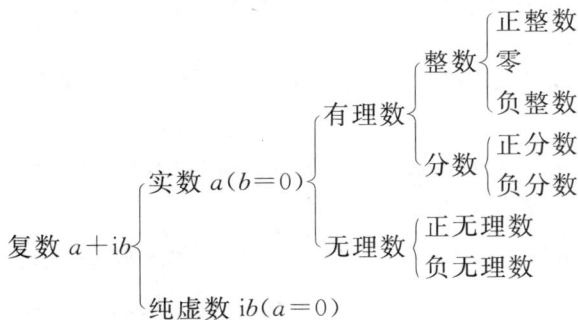

$$
\text{复数 } a+ib
\begin{cases}
\text{实数 } a(b=0)
\begin{cases}
\text{有理数}
\begin{cases}
\text{整数}
\begin{cases}
\text{正整数} \\
\text{零} \\
\text{负整数}
\end{cases} \\
\text{分数}
\begin{cases}
\text{正分数} \\
\text{负分数}
\end{cases}
\end{cases} \\
\text{无理数}
\begin{cases}
\text{正无理数} \\
\text{负无理数}
\end{cases}
\end{cases} \\
\text{纯虚数 } ib(a=0)
\end{cases}
$$

(2)集合

①集合:具有某种特定性质的事物的总体,称为集合,记为 M.

②元素:组成这个集合的事物称为该集合的元素. 记号 $a\in M$ 指 a 是集合 M 的元素;$a\notin M$ 指 a 不是集合 M 的元素. 具有某种特性的元素组成的集合,记 $M=\{x\,|\,x$ 所具有特性$\}$.

③常用的数集:$\mathbf{N}$——全体自然数集合;$\mathbf{Z}$——全体整数集合;$\mathbf{Q}$——全体有理数集合;$\mathbf{R}$——全体实数集合.

数集间的关系:$\mathbf{N}\subset\mathbf{Z}\subset\mathbf{Q}\subset\mathbf{R}$.

④子集合:若任一 $x\in A$,都有 $x\in B$,则称 A 是 B 的子集,记 $A\subset B$.

⑤相等集合:若 $A \subset B$ 且 $B \subset A$,则称集合 A 与 B 相等,记 $A=B$.

⑥空集合:不含任何元素的集合,称为空集,记 $\varnothing$.

(3)区间

区间是用得较多的数集,设 a,b 是实数,且 $a<b$,则定义:

①开区间 $(a,b)=\{x\,|\,a<x<b\}$,a,b 为区间端点,$b-a$ 为区间长度.

②闭区间 $[a,b]=\{x\,|\,a\leqslant x\leqslant b\}$.

③半开区间 $[a,b)=\{x\,|\,a\leqslant x<b\}$,$(a,b]=\{x\,|\,a<x\leqslant b\}$.

④无穷区间 $[a,+\infty)=\{x\,|\,x\geqslant a\}$,$(-\infty,b)=\{x\,|\,x<b\}$,$(-\infty,+\infty)$ $=\{x\,|\,-\infty<x<+\infty\}$.

注 以后若不需要辨明所论区间是否包含端点,以及是有限区间还是无限区间的场合,就简单地称它为"区间",记做 I.

⑤邻域:点 a 的 δ 邻域 $U(a,\delta)=\{x\,|\,a-\delta<x<a+\delta\}=\{x\,|\,|x-a|<\delta\}$;点 a 的 δ 去心邻域 $\overset{\circ}{U}(a,\delta)=\{x\,|\,0<|x-a|<\delta\}$.

(4)绝对值

任一实数 a 的绝对值定义为 $|a|=\begin{cases}a, & a\geqslant 0 \\ -a, & a<0\end{cases}$,任何一个实数 a 的绝对值非负.

①绝对值的运算:(i) $|ab|=|a|\cdot|b|$;(ii) $\left|\dfrac{a}{b}\right|=\dfrac{|a|}{|b|}(b\neq 0)$.

有关绝对值的不等式:

(i)若 $a_1,a_2,\cdots,a_n$ 为任一实数,则 $|a_1\pm a_2\pm\cdots\pm a_n|\leqslant|a_1|+|a_2|+\cdots+|a_n|$.

(ii)若 a,b 为任一实数,则 $\big||a|-|b|\big|\leqslant|a-b|\leqslant|a|+|b|$.

(iii)若 $|a|\leqslant b,b>0$,则 $-b\leqslant a\leqslant b$,特别有 $-|a|\leqslant a\leqslant|a|$;若 $|a|\geqslant b,b>0$,则 $a\geqslant b$ 或 $a\leqslant -b$.

②平均值不等式:设有 $n(n\geqslant 2)$ 个正实数 $a_1,a_2,\cdots,a_n$,则 $\sqrt[n]{a_1 a_2\cdots a_n}\leqslant$ $\dfrac{a_1+a_2+\cdots+a_n}{n}$(几何平均值$\leqslant$算术平均值),当且仅当 $a_1=a_2=\cdots=a_n$ 时,等号成立.

特别地有,$x^2+y^2\geqslant 2xy$;当 $x>0$ 时,有 $x+\dfrac{1}{x}\geqslant 2$.

(5)常用数学符号

①"$\exists$"表示"存在"或"可以找到".

②"$\forall$"表示"任一一个"或"对每一个".

③"$\in$"表示"属于".

④"$\notin$"表示"不属于".

⑤"$A\Rightarrow B$"表示"如果命题 A 成立,则命题 B 成立",或称"A 是 B 的充分

条件".

⑥"A⇐B"表示"如果命题 B 成立,则命题 A 成立",或称"A 是 B 的必要条件".

⑦"A⇔B"表示"A 是 B 的充分必要条件",或称"A 与 B 等价".

⑧"max"表示"最大","min"表示"最小".

⑨ $\sum\limits_{i=1}^{n} u_i = u_1 + u_2 + \cdots + u_n$.

⑩ $\prod\limits_{i=1}^{n} u_i = u_1 u_2 \cdots u_n$.

2. 函数的概念

(1)映射

构成映射的三要素:集合 X,即定义域 $D_f = X$;集合 Y,即值域的范围 $R_f \subset Y$;对应规则 f.

(2)函数

构成函数的两要素:函数的定义域和对应规则.

注 求函数定义域时,某些运算对函数的限制:

①分式中,分母不能为零.

②根式中,负数不能开偶次方.

③对数中,真数非负,即不能为负数或零.

④反三角函数中,要符合反三角函数的定义域.

(3)函数的表示方法

函数的表示方法有公式法(解析法)、图示法和列表法(在实际中,上述三种方法常结合起来使用).

(4)反函数

设函数 $y = f(x)$ 的定义域为 D,值域为 W,对于 W 中任一的 y,至少可以确定一个 $x \in D$ 与之对应,且满足关系式

$$f(x) = y,$$

由此构成的函数 $x = \varphi(y)$ 称为 $y = f(x)$ 的反函数,变量 x 与 y 交换,即得 $y = f^{-1}(x)$.

注 即使 $y = f(x)$ 是单值函数,其反函数 $y = f^{-1}(x)$ 也不一定是单值的. 但是如果函数 $y = f(x)$ 在 D 上不仅单值,而且单调,则其反函数 $y = f^{-1}(x)$ 在 W 上是单值的.

(5)显函数与隐函数

若函数 y 由 x 的解析表达式直接表示,即 $y = f(x)$,则称为显函数;若函数的自变量 x 与因变量 y 的对应关系由方程

$$F(x, y) = 0$$

来确定,则这种关系式称为隐函数.

(6)复合函数

设函数 $y=f(u)$ 的定义域为 D_f,函数 $u=\varphi(x)$ 的值域为 R_φ,若 $D_f\bigcap R_\varphi\neq\varnothing$,则称函数 $y=f[\varphi(x)]$ 为 x 的复合函数.

注 函数 $\varphi(x)$ 的值域全部或部分落在函数 $f(u)$ 的定义域内非常重要,若不满足,则不能进行复合运算.

3. 函数的性质

(1)函数的奇偶性

设函数 $f(x)$ 的定义域 D 关于原点对称.若 $\forall x\in D$,恒有 $f(-x)=f(x)$,则称函数 $f(x)$ 为偶函数;若 $\forall x\in D$,恒有 $f(-x)=-f(x)$,则称函数 $f(x)$ 为奇函数.

奇偶函数的性质:

①两个偶函数之和(差)是偶函数,两个奇函数之和(差)是奇函数.

②两个偶函数或两个奇函数之积或商(分母不为零)是偶函数.

③一个奇函数与一个偶函数之积或商(分母不为零)是奇函数.

(2)函数的单调性

设函数 $f(x)$ 的定义域为 D,区间 $I\subset D$.若 $\forall x_1,x_2\in I$,当 $x_1<x_2$ 时,恒有 $f(x_1)<f(x_2)$,则称函数 $f(x)$ 在区间 I 上是单调增加函数;若 $\forall x_1,x_2\in I$,当 $x_1<x_2$ 时,恒有 $f(x_1)>f(x_2)$,则称函数 $f(x)$ 在区间 I 上是单调减少函数.

(3)函数的有界性

设函数 $f(x)$ 的定义域为 D,数集 $X\subset D$,若 $\exists M>0$,使得 $\forall x\in X$,恒有 $|f(x)|<M$,则称函数 $f(x)$ 在 X 上有界.

(4)函数的周期性

设函数 $f(x)$ 的定义域为 D,若 $\exists T>0$,使得 $\forall x\in D$,有 $\forall (x\pm T)\in D$,且 $f(x+T)=f(x)$,则称函数 $f(x)$ 为周期函数.

判断一个函数是否为周期函数和求周期函数的周期的步骤:

①列出方程 $f(x+T)-f(x)=0$.

②由上述方程解出 T.

③若 $T>0$ 且为满足方程的最小值时,则 $f(x)$ 是周期函数,且函数的周期等于 T.

④若 $T\leqslant 0$ 或 T 与 x 有关,则 $f(x)$ 不是周期函数.

4. 初等函数

(1)基本初等函数(熟记:定义域、性质、图形)

①常数函数:$y=c$(c 为常数).

②幂函数:$y=x^\mu$(μ 为常数),常用的有 $y=x^2$,$y=x^{-1}$.

③指数函数:$y=a^x$($a\neq 1,a>0$),常用的有 $y=e^x$,$D=(-\infty,+\infty)$.

④对数函数:$y=\log_a x$($a\neq 1,a>0$),常用的有 $y=\ln x$,$D=(0,+\infty)$.

⑤三角函数:$y=\sin x$,$D=(-\infty,+\infty)$;$y=\cos x$,$D=(-\infty,+\infty)$;

$$y=\tan x,D=\left\{x\,\middle|\,x\in\mathbf{R},x\neq\frac{2n+1}{2}\pi,n\in\mathbf{Z}\right\};$$

$$y=\cot x, D=\{x \mid x\in \mathbf{R}, x\neq n\pi, n\in \mathbf{Z}\}; y=\sec x=\frac{1}{\cos x}, y=\csc x=\frac{1}{\sin x}.$$

⑥反三角函数：$y=\arcsin x$，$y=\arccos x$，$D=[-1,1]$；

$$y=\arctan x, y=\operatorname{arccot} x, D=(-\infty, +\infty).$$

（2）初等函数

①基本初等函数：幂函数、指数函数、对数函数、三角函数和反三角函数统称为基本初等函数.

②初等函数：由常数和基本初等函数经过有限次的四则运算和有限次的函数复合步骤所构成并可用一个式子表示的函数称为初等函数.

5. 常见的几种分段函数

（1）符号函数 $\mathrm{sgn}x$

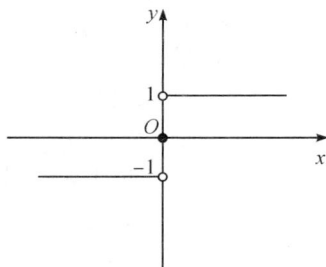

$$\mathrm{sgn}x=\begin{cases}1, & x>0\\0, & x=0,\text{如图 1.1 所示.}\\-1, & x<0\end{cases}$$

图 1.1　$y=\mathrm{sgn}x$

定义域 $D=(-\infty, +\infty)$，值域 $W=\{-1,0,1\}$.

对任一 x，有 $x=\mathrm{sgn}x \cdot |x|$，因此称为符号函数.

（2）绝对值函数

$$y=|x|=\begin{cases}x, & x\geqslant 0\\-x, & x<0\end{cases}.$$

定义域 $D=(-\infty, +\infty)$，值域 $W=[0, +\infty)$.

$$y=|\sin x|=\begin{cases}\sin x, & 2k\pi\leqslant x<(2k+1)\pi\\-\sin x, & (2k+1)\pi\leqslant x<(2k+2)\pi\end{cases}.$$

（3）取整函数

$y=[x]$（不超过 x 的最大整数，如 $[-3.5]=-4$）.

定义域 $D=(-\infty, +\infty)$，值域 $W=\mathbf{Z}$，如图 1.2 所示.在 x 为整数值处，图形发生跳跃，跃度为 1，所以图形称为阶梯曲线.

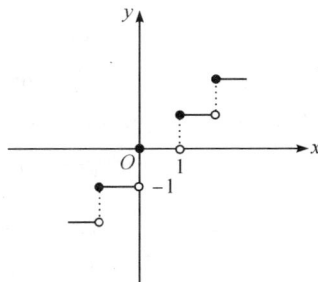

图 1.2　$y=[x]$

（二）极限

1. 数列极限

（1）数列极限定义

$\varepsilon-N$ 定义 $\Leftrightarrow$ 对于数列 $\{x_n\}$，若存在数 a 满足：$\forall \varepsilon>0$，$\exists N(\varepsilon)\in \mathbf{N}$，当 $n>N(\varepsilon)$

时,不等式$|x_n-a|<\varepsilon$恒成立,则称数列$\{x_n\}$极限存在或收敛,并把数a称为数列$\{x_n\}$的极限,记做$\lim\limits_{n\to\infty}x_n=a$;若数列$\{x_n\}$极限不存在,则称数列$\{x_n\}$发散.

（2）收敛数列极限的性质

①唯一性：若数列极限存在,则极限唯一.

②有界性：若数列极限存在,则数列一定有界,反之不成立.如$x_n=(-1)^n$.

③子数列收敛性：若数列收敛于a,则其任一子数列也收敛于a.

（3）数列极限的四则运算

设数列$\{x_n\}$,$\{y_n\}$,若$\lim\limits_{n\to\infty}x_n=a$,$\lim\limits_{n\to\infty}y_n=b$,则$\lim\limits_{n\to\infty}(x_n\pm y_n)=\lim\limits_{n\to\infty}x_n\pm\lim\limits_{n\to\infty}y_n=a\pm b$；$\lim\limits_{n\to\infty}(x_n\cdot y_n)=\lim\limits_{n\to\infty}x_n\cdot\lim\limits_{n\to\infty}y_n=a\cdot b$；$\lim\limits_{n\to\infty}\left(\dfrac{x_n}{y_n}\right)=\dfrac{\lim\limits_{n\to\infty}x_n}{\lim\limits_{n\to\infty}y_n}=\dfrac{a}{b}(b\neq0)$.

2. 函数的极限

（1）函数极限的定义

①极限$\varepsilon-X$定义$\Leftrightarrow$设函数$f(x)$在$|x|>X>0$内有定义,若存在数A,满足：$\forall\varepsilon>0$,$\exists X>0$,对于满足$|x|>X$的任一x,都有$|f(x)-A|<\varepsilon$恒成立,则称当$x\to\infty$时,函数$f(x)$的极限存在且极限为A,记做$\lim\limits_{x\to\infty}f(x)=A$.

(i)定义$\lim\limits_{x\to+\infty}f(x)=A\Leftrightarrow$设函数$f(x)$在$x>X>0$内有定义,若存在数$A$,满足：$\forall\varepsilon>0$,$\exists X>0$,对于满足$x>X$的任一$x$,都有$|f(x)-A|<\varepsilon$恒成立,则称当$x\to+\infty$时,函数$f(x)$的极限存在且极限为$A$,记做$\lim\limits_{x\to+\infty}f(x)=A$.

(ii)定义$\lim\limits_{x\to-\infty}f(x)=A\Leftrightarrow$设函数$f(x)$在$x<-X$内有定义,若存在数$A$,满足：$\forall\varepsilon>0$,$\exists X>0$,对于满足$x<-X$的任一$x$,都有$|f(x)-A|<\varepsilon$恒成立,则称当$x\to-\infty$时,函数$f(x)$的极限存在且极限为$A$,记做$\lim\limits_{x\to-\infty}f(x)=A$.

定理1 $\lim\limits_{x\to\infty}f(x)=A\Leftrightarrow\lim\limits_{x\to-\infty}f(x)=\lim\limits_{x\to+\infty}f(x)=A$.

②极限$\varepsilon-\delta$定义$\Leftrightarrow$设函数$f(x)$在$\overset{\circ}{U}(x_0,\delta)$内有定义,若存在数$A$,满足：$\forall\varepsilon>0$,$\exists\delta>0$,对于满足$0<|x-x_0|<\delta$的任一$x$,都有$|f(x)-A|<\varepsilon$恒成立,则称当$x\to x_0$时,函数$f(x)$的极限存在且极限为$A$,记做$\lim\limits_{x\to x_0}f(x)=A$.

(i)定义左极限$\lim\limits_{x\to x_0^-}f(x)=A\Leftrightarrow$设函数$f(x)$在$(x_0-\delta,x_0)$内有定义,若存在数$A$,满足：$\forall\varepsilon>0$,$\exists\delta>0$,对于满足$0<x_0-x<\delta$的任一$x$,都有$|f(x)-A|<\varepsilon$恒成立,则称当$x\to x_0^-$时,函数$f(x)$的左极限存在且极限为$A$,记做$\lim\limits_{x\to x_0^-}f(x)=A$.

(ii)定义右极限$\lim\limits_{x\to x_0^+}f(x)=A\Leftrightarrow$设函数$f(x)$在$(x_0,x_0+\delta)$内有定义,若存在数$A$,满足：$\forall\varepsilon>0$,$\exists\delta>0$,对于满足$0<x-x_0<\delta$的任一$x$,都有$|f(x)-A|<\varepsilon$恒成立,则称当$x\to x_0^+$时,函数$f(x)$的右极限存在且极限为$A$,记做$\lim\limits_{x\to x_0^+}f(x)=A$.

定理2 $\lim\limits_{x\to x_0}f(x)=A\Leftrightarrow\lim\limits_{x\to x_0^-}f(x)=\lim\limits_{x\to x_0^+}f(x)=A$.

（2）函数极限性质

①函数极限的唯一性：如果极限 $\lim\limits_{x \to x_0} f(x)$ 存在，那么这极限唯一.

②函数极限的局部有界性：如果极限 $\lim\limits_{x \to x_0} f(x) = A$，那么存在常数 $M > 0$ 和 $\delta > 0$，使得当 $0 < |x - x_0| < \delta$ 时，有 $|f(x)| \leqslant M$ 成立.

③函数极限的局部保号性：如果 $\lim\limits_{x \to x_0} f(x) = A$，且 $A > 0$ 或 $A < 0$，那么存在 $\delta > 0$，当 $0 < |x - x_0| < \delta$ 时，就有 $f(x) > 0$ 或 $f(x) < 0$.

④极限的局部保序性：当 $x \in \overset{0}{U}(x_0)$ 时，函数 $f(x) \geqslant 0$ 或 $f(x) \leqslant 0$，而且 $\lim\limits_{x \to x_0} f(x) = A$，那么 $A \geqslant 0$ 或 $A \leqslant 0$.

（3）函数极限的运算法则

在自变量同一变化过程中，若 $\lim f(x) = A$，$\lim g(x) = B$，则

①$\lim [f(x) \pm g(x)] = \lim f(x) \pm \lim g(x) = A \pm B$.

②$\lim f(x) \cdot g(x) = \lim f(x) \cdot \lim g(x) = A \cdot B$.

③$\lim \dfrac{f(x)}{g(x)} = \dfrac{\lim f(x)}{\lim g(x)} = \dfrac{A}{B} (B \neq 0)$.

④（复合函数）设函数 $f(u)$ 与 $u = \varphi(x)$ 构成复合函数 $y = f[\varphi(x)]$，当 $x \in \overset{0}{U}(x_0)$ 时，若 $\lim\limits_{x \to x_0} \varphi(x) = a$，又 $\lim\limits_{u \to a} f(u) = A$，则 $\lim\limits_{x \to x_0} f[\varphi(x)] = A$.

（4）两个重要极限及变形

①$\lim\limits_{x \to 0} \dfrac{\sin x}{x} = 1$.

②$\lim\limits_{x \to \infty} x \sin \dfrac{1}{x} = 1$.

③$\lim\limits_{x \to \infty} \left(1 + \dfrac{1}{x}\right)^x = \mathrm{e}$.

④$\lim\limits_{x \to \infty} (1 + x)^{\frac{1}{x}} = \mathrm{e}$.

3. 无穷小量与无穷大量

（1）无穷小量与无穷大量定义

①若 $\lim f(x) = 0$，则称函数 $f(x)$ 在这极限过程中为无穷小量 $\Leftrightarrow \forall \varepsilon > 0$，$\exists \delta > 0$（或 $X > 0$），当 $0 < |x - x_0| < \delta$（或 $|x| > X$）时，有 $|f(x)| < \varepsilon$ 成立.

②若 $\lim f(x) = \infty$，则称函数 $f(x)$ 在这极限过程中为无穷大量 $\Leftrightarrow \forall \varepsilon > 0$，$\exists \delta > 0$（或 $X > 0$），当 $0 < |x - x_0| < \delta$（或 $|x| > X$）时，有 $|f(x)| > M$ 成立.

（2）无穷小量与无穷大量关系（在自变量同一变化过程中）

①若 $\lim f(x) = 0$，且 $f(x) \neq 0$，则 $\lim \dfrac{1}{f(x)} = \infty$.

②若 $\lim f(x) = \infty$，则 $\lim \dfrac{1}{f(x)} = 0$.

（3）无穷小量性质（在自变量同一变化过程中）

①$\lim f(x)=A\Leftrightarrow f(x)=A+\alpha$，其中 α 为无穷小量.

②有限个无穷小量的和（差）是无穷小量.

③有限个无穷小量的积是无穷小量.

④无穷小量与有界变量之积是无穷小量.

（4）无穷小量阶的比较

设 $\alpha(x),\beta(x)$ 是自变量同一变化过程中的无穷小量，则

①若 $\lim\dfrac{\alpha(x)}{\beta(x)}=0$，称 $\alpha(x)$ 是 $\beta(x)$ 高阶无穷小量，记 $\alpha=o(\beta)$.

②若 $\lim\dfrac{\alpha(x)}{\beta(x)}=c\neq0$，称 $\alpha(x)$ 是 $\beta(x)$ 同阶无穷小量，记 $\alpha=O(\beta)$.

③若 $\lim\dfrac{\alpha(x)}{\beta^k(x)}=c\neq0$，称 $\alpha(x)$ 是 $\beta(x)$ 的 k 阶无穷小量.

④若 $\lim\dfrac{\alpha(x)}{\beta(x)}=1$，称 $\alpha(x)$ 是 $\beta(x)$ 的等价无穷小量，记 $\alpha(x)\sim\beta(x)$.

定理 3 （等价无穷小量的代换）设 $\alpha(x),\alpha'(x),\beta(x),\beta'(x)$ 均是在自变量的同一变化过程中的无穷小量，并且 $\alpha\sim\alpha',\beta\sim\beta'$，又极限 $\lim\dfrac{\alpha'}{\beta'}$ 存在，则 $\lim\dfrac{\alpha}{\beta}=\lim\dfrac{\alpha'}{\beta'}$.

4. 极限的存在性定理（两个准则）

定理 4 （夹逼准则）设在 x_0 的某邻域 $\overset{\circ}{U}(x_0)$ 内有 $g(x)\leqslant f(x)\leqslant h(x)$，且 $\lim\limits_{x\to x_0}g(x)=\lim\limits_{x\to x_0}h(x)=A$，则 $\lim\limits_{x\to x_0}f(x)=A$.

注 当 $x\to+\infty,x\to-\infty,x\to\infty,x\to x_0^-,x\to x_0^+,n\to\infty$ 有类似结果.

定理 5 （单调有界准则）单调有界数列必有极限.

注 单调增加（减少）且有上（下）界数列必有极限.

（三）连续函数与间断点

1. 函数连续性概念

（1）函数在点 x_0 连续的定义

①设函数 $y=f(x)$ 在点 x_0 邻域内有定义，若

$$\lim\limits_{\Delta x\to0}\Delta y=\lim\limits_{\Delta x\to0}[f(x_0+\Delta x)-f(x_0)]=0,$$

则称函数 $y=f(x)$ 在点 x_0 处连续.

②函数连续的三要素：函数在 x_0 邻域内有定义；极限 $\lim\limits_{x\to x_0}f(x)$ 存在；$\lim\limits_{x\to x_0}f(x)=f(x_0)$.

③用 $\varepsilon-\delta$ 语言描述 $\Leftrightarrow\forall\varepsilon>0,\exists\delta>0$，对于满足 $|x-x_0|<\delta$ 的任一 x，都有 $|f(x)-f(x_0)|<\varepsilon$ 成立.

（2）左连续、右连续的概念

若函数 $f(x)$ 在点 x_0 的某邻域左侧 $(x_0-\delta,x_0]$ 有定义，且 $\lim\limits_{x\to x_0^-}f(x)=f(x_0)$，

则称函数 $f(x)$ 在点 x_0 左连续.

若函数 $f(x)$ 在点 x_0 的某邻域右侧 $[x_0,x_0+\delta)$ 有定义,且 $\lim\limits_{x\to x_0^+}f(x)=f(x_0)$,则称函数 $f(x)$ 在点 x_0 右连续.

①函数在点 x_0 处连续的充分必要条件: $\lim\limits_{x\to x_0^-}f(x)=\lim\limits_{x\to x_0^+}f(x)=f(x_0)$.

②函数 $f(x)$ 在闭区间 $[a,b]$ 上连续的条件:在 (a,b) 内连续;在 $x=a$ 处右连续;在 $x=b$ 处左连续.

2. 函数间断点的分类

(1)间断点的定义

若函数 $f(x)$ 在点 x_0 处有下列三种情况之一,则称函数 $f(x)$ 在点 x_0 处间断,且点 x_0 称为函数 $f(x)$ 的间断点.

①函数 $f(x)$ 在 x_0 处无定义.

②极限 $\lim\limits_{x\to x_0}f(x)$ 不存在.

③函数 $f(x)$ 在 x_0 处有定义,但 $\lim\limits_{x\to x_0}f(x)\neq f(x_0)$.

(2)间断点的分类

①若 $\lim\limits_{x\to x_0^-}f(x)$, $\lim\limits_{x\to x_0^+}f(x)$ 均存在,则称点 x_0 为函数 $f(x)$ 的第一类间断点,包括可去间断点、跳跃间断点.

(i)可去间断点:函数 $f(x)$ 在点 x_0 处无定义,但是 $\lim\limits_{x\to x_0^-}f(x)=\lim\limits_{x\to x_0^+}f(x)=A$;函数 $f(x)$ 在点 x_0 处有定义,且 $\lim\limits_{x\to x_0}f(x)=A$,但是 $\lim\limits_{x\to x_0}f(x)\neq f(x_0)$,则称点 x_0 为函数 $f(x)$ 可去间断点.此时可以补充(或改变函数)定义,使函数连续,即

$$F(x)=\begin{cases}f(x), & x\neq x_0\\ \lim\limits_{x\to x_0}f(x), & x=x_0\end{cases}.$$

(ii)跳跃间断点:若 $\lim\limits_{x\to x_0^-}f(x)\neq\lim\limits_{x\to x_0^+}f(x)$,则称点 x_0 为函数 $f(x)$ 的跳跃间断点.

②若 $\lim\limits_{x\to x_0^-}f(x)$ 与 $\lim\limits_{x\to x_0^+}f(x)$ 至少有一个不存在,则称点 x_0 为函数 $f(x)$ 的第二类间断点.

(i)无穷间断点: $\lim\limits_{x\to x_0^-}f(x)=\infty$ 或 $\lim\limits_{x\to x_0^+}f(x)=\infty$.

(ii)振荡间断点:当 $x\to x_0$ 时,对应的函数值无限次地在两个固定的不同数值之间变化.

3. 连续函数的运算与初等函数的连续性

(1)连续函数的和、差、积、商(分母不为零)是连续函数.

(2)连续函数的复合函数是连续函数.

(3)初等函数在定义区间上是连续函数.

注　若点 x_0 为函数 $f(x)$ 的连续点,则有 $\lim\limits_{x \to x_0} f(x) = f(x_0)$.

4. 闭区间上连续函数的性质

(1)有界性

若函数 $f(x)$ 在闭区间 $[a,b]$ 上连续,则存在 $M > 0$,当 $x \in [a,b]$ 时,有 $|f(x)| \leqslant M$.

(2)最值性

若函数 $f(x)$ 在闭区间 $[a,b]$ 上连续,则函数 $f(x)$ 在区间 $[a,b]$ 上一定有最大值与最小值.

(3)介值定理

若函数 $f(x)$ 在闭区间 $[a,b]$ 上连续,且 $f(a) \neq f(b)$,C 是介于 $f(a)$ 与 $f(b)$ 之间任一数,则至少存在一点 $\xi \in (a,b)$,使 $f(\xi) = C$.

(4)零点定理

若函数 $f(x)$ 在闭区间 $[a,b]$ 上连续,且 $f(a) \cdot f(b) < 0$,则在 (a,b) 内至少存在一点 ξ,使 $f(\xi) = 0$.

二、典型例题与同步练习

(一)极限的计算

在计算函数的极限时,常呈现下面的几种不定式之一:

$$\frac{0}{0}, \frac{\infty}{\infty}, 0 \cdot \infty, \infty - \infty, 1^{\infty}.$$

如何计算极限? 下面给出典型的极限的计算方法.

1. 极限呈"$\dfrac{0}{0}$"型的计算方法

(1)约去零因式(有理分式函数极限)

例 1 - 1　求极限 $\lim\limits_{x \to 1} \dfrac{x^2 - 2x + 1}{x^3 - x}$.

解　$\lim\limits_{x \to 1} \dfrac{x^2 - 2x + 1}{x^3 - x} \overset{\frac{0}{0}}{=\!=\!=} \lim\limits_{x \to 1} \dfrac{(x-1)^2}{x(x-1)(x+1)} = \lim\limits_{x \to 1} \dfrac{x-1}{x(x+1)} = \dfrac{0}{2} = 0.$

(2)有理化(带有根式函数的极限)

例 1 - 2　求极限 $\lim\limits_{x \to 0} \dfrac{\sqrt{1+x} - \sqrt{1-x}}{\sin x}$.

解　$\lim\limits_{x \to 0} \dfrac{\sqrt{1+x} - \sqrt{1-x}}{\sin x} \overset{\frac{0}{0}}{=\!=\!=} \lim\limits_{x \to 0} \dfrac{(\sqrt{1+x} - \sqrt{1-x})(\sqrt{1+x} + \sqrt{1-x})}{(\sqrt{1+x} + \sqrt{1-x})\sin x}$

$$= \lim_{x \to 0} \frac{2x}{\sin x} \cdot \lim_{x \to 0} \frac{1}{\sqrt{1+x} + \sqrt{1-x}} = \frac{1}{2} \lim_{x \to 0} \frac{2x}{\sin x} = 1.$$

注　极限存在且不为零的因子,可利用乘积极限运算剥离出来.

(3)利用重要极限$\lim\limits_{x \to 0} \dfrac{\sin x}{x} = 1$(带有三角函数的极限)

注意公式的特点$\lim\limits_{x \to x_0} \dfrac{\sin f(x)}{f(x)} = 1$,其中$\lim\limits_{x \to x_0} f(x) = 0$.

常用的三角公式　$\sin^2 x = \dfrac{1 - \cos 2x}{2}, \cos^2 x = \dfrac{1 + \cos 2x}{2}$.

例 1 - 3　求极限$\lim\limits_{x \to 0} \dfrac{2x}{\sin 3x}$.

解　$\lim\limits_{x \to 0} \dfrac{2x}{\sin 3x} \overset{\frac{0}{0}}{=} \lim\limits_{x \to 0} \dfrac{3x}{\sin 3x} \cdot \dfrac{2x}{3x} = \dfrac{2}{3}$.

例 1 - 4　求极限$\lim\limits_{x \to 0} \dfrac{1 - \cos x}{x \sin x}$.

解　$\lim\limits_{x \to 0} \dfrac{1 - \cos x}{x \sin x} = \lim\limits_{x \to 0} \dfrac{2 \sin^2 \frac{x}{2}}{x \sin x} = \dfrac{1}{2} \lim\limits_{x \to 0} \dfrac{\sin^2 \frac{x}{2}}{\left(\frac{x}{2}\right)^2} \cdot \dfrac{x}{\sin x} = \dfrac{1}{2}$.

(4)利用等价无穷小的代换(等价具有自反性、对称性、传递性)

常用的等价无穷小:当 $x \to 0$ 时,$\sin ax \sim \tan ax \sim \arcsin ax \sim \arctan ax \sim ax$,

$1 - \cos x \sim \dfrac{1}{2} x^2$;$e^x - 1 \sim x, a^x - 1 \sim x \ln a$;$\ln(1+x) \sim x, \log_a(1+x) \sim \dfrac{x}{\ln a}$;

$(1+x)^{\frac{1}{n}} - 1 \sim \dfrac{1}{n} x, (1+x)^{\alpha} - 1 \sim \alpha x$.(这些公式可以自己证明)

例 1 - 5　求极限$\lim\limits_{x \to 0} \dfrac{\tan x - \sin x}{x^2 \sin x}$.

解　$\lim\limits_{x \to 0} \dfrac{\tan x - \sin x}{x^2 \sin x} = \lim\limits_{x \to 0} \dfrac{\sin x}{x^2 \sin x} \cdot \dfrac{1 - \cos x}{\cos x} = \lim\limits_{x \to 0} \dfrac{1 - \cos x}{x^2 \cos x} = \lim\limits_{x \to 0} \dfrac{\frac{1}{2} x^2}{x^2 \cos x} = \dfrac{1}{2}$.

例 1 - 6　求极限$\lim\limits_{x \to 0^+} \dfrac{e^{x^3} - 1}{\tan^3 x}$.

解　$\lim\limits_{x \to 0} \dfrac{e^{x^3} - 1}{\tan^3 x} = \lim\limits_{x \to 0} \dfrac{x^3}{x^3} = 1$.

例 1 - 7　求极限$\lim\limits_{n \to \infty} n \sin \dfrac{x}{n}$($x$ 为不等于零的常数).

解　$\lim\limits_{n \to \infty} n \sin \dfrac{x}{n} = \lim\limits_{n \to \infty} x \cdot \dfrac{\sin \frac{x}{n}}{\frac{x}{n}} = x$.

◇练习题 1-1

1.求下列极限.

$(1)\lim\limits_{x\to 1}\dfrac{x^2-2x+1}{x-1}$;

$(2)\lim\limits_{x\to 1}\dfrac{\sqrt{3-x}-\sqrt{1+x}}{x^2-1}$;

$(3)\lim\limits_{x\to 0}\dfrac{2\sin x-\sin 2x}{x^3}$;

$(4)\lim\limits_{n\to\infty}2^n\sin\dfrac{x}{2^n}(x\neq 0)$;

$(5)\lim\limits_{x\to 0}\dfrac{(1+x^2)^{\frac{1}{3}}-1}{1-\cos x}$.

2.求下列极限.

$(1)\lim\limits_{x\to 1}\dfrac{\sin(x-1)}{\sqrt{x}-1}$;

$(2)\lim\limits_{x\to 0}\dfrac{1-\sqrt{\cos x}}{x^2}$;

$(3)\lim\limits_{x\to 0}\dfrac{\sin nx}{\ln\sqrt{1+x}}$;

$(4)\lim\limits_{x\to 0}\dfrac{1-\cos\left(1-\cos\dfrac{x}{2}\right)}{x^4}$;

$(5)\lim\limits_{x\to 0}\dfrac{\sqrt{1+x\sin x}-1}{\cos x-1}$.

【练习题 1-1 答案】

1.$(1)\,0$ $(2)-\dfrac{1}{2\sqrt{2}}$ $(3)\,1$ $(4)\,x$ $(5)\dfrac{2}{3}$

2.$(1)\,2$ $(2)\dfrac{1}{4}$ $(3)\,2n$ $(4)\dfrac{1}{128}$ $(5)-1$

2. 极限呈"$\dfrac{\infty}{\infty}$"型的计算方法

结论 $\displaystyle\lim_{x\to\infty}\dfrac{a_0x^n+a_1x^{n-1}+\cdots+a_n}{b_0x^m+b_1x^{m-1}+\cdots+b_m}=\begin{cases}\dfrac{a_0}{b_0}, & n=m \\ \infty, & n>m \\ 0, & n<m\end{cases}$ ($a_0\neq0, b_0\neq0, m, n$ 为常数).

例 1-8 求极限 $\displaystyle\lim_{x\to\infty}\dfrac{(x^2-1)(x+1)}{6x^3+x-5}$.

解 $\displaystyle\lim_{x\to\infty}\dfrac{(x^2-1)(x+1)}{6x^3+x-5}=\lim_{x\to\infty}\dfrac{x^3+x^2-x-1}{6x^3+x-5}=\lim_{x\to\infty}\dfrac{1+\dfrac{1}{x}-\dfrac{1}{x^2}-\dfrac{1}{x^3}}{6+\dfrac{1}{x^2}-\dfrac{5}{x^3}}=\dfrac{1}{6}$.

例 1-9 求极限 $\displaystyle\lim_{x\to+\infty}\dfrac{\sqrt{x^2+1}+1}{x-1}$.

解 $\displaystyle\lim_{x\to+\infty}\dfrac{\sqrt{x^2+1}+1}{x-1}=\lim_{x\to+\infty}\dfrac{\sqrt{1+\dfrac{1}{x^2}}+\dfrac{1}{x}}{1-\dfrac{1}{x}}=1$.

例 1-10 求极限 $\displaystyle\lim_{x\to\infty}\dfrac{(x-5)^5(x+2)^{10}}{(x+3)^{15}}$.

解 $\displaystyle\lim_{x\to\infty}\dfrac{(x-5)^5(x+2)^{10}}{(x+3)^{15}}=\lim_{x\to\infty}\dfrac{(1-\dfrac{5}{x})^5(1+\dfrac{2}{x})^{10}}{(1+\dfrac{3}{x})^{15}}=1$.

◇**练习题 1-2**

1. 求下列极限.

(1) $\displaystyle\lim_{n\to\infty}\dfrac{\sqrt[5]{n^5+3n^2}+\sqrt{2n+4}}{2n+3}$;

(2) $\displaystyle\lim_{x\to\infty}\dfrac{(2x-1)^{30}(3x-2)^{20}}{(2x+1)^{50}}$.

*2. 求极限 $\displaystyle\lim_{x\to+\infty}\dfrac{\sqrt{4x^2+x-1}+x+1}{\sqrt{x^2+\sin x}}$.

【练习题 1-2 答案】

1.(1) $\dfrac{1}{2}$ (2) $\left(\dfrac{3}{2}\right)^{20}$

* 2. 3

3. 极限呈"∞-∞"型的计算方法

(1)通分化为分式成为"$\dfrac{0}{0}$"或"$\dfrac{\infty}{\infty}$"

例 1-11   求极限$\displaystyle\lim_{x\to 1}\left(\dfrac{3}{1-x^3}-\dfrac{1}{1-x}\right)$

解 $\displaystyle\lim_{x\to 1}\left(\dfrac{3}{1-x^3}-\dfrac{1}{1-x}\right)=\lim_{x\to 1}\dfrac{3-(1+x+x^2)}{(1-x)(1+x+x^2)}=\lim_{x\to 1}\dfrac{(1-x)(x+2)}{(1-x)(1+x+x^2)}$

$$=\lim_{x\to 1}\dfrac{x+2}{1+x+x^2}=1.$$

(2)带根式函数(有理化变为"$\dfrac{0}{0}$"或"$\dfrac{\infty}{\infty}$")

例 1-12   求极限$\displaystyle\lim_{n\to\infty}(\sqrt{n+1}-\sqrt{n-1})$.

解 $\displaystyle\lim_{n\to\infty}(\sqrt{n+1}-\sqrt{n-1})=\lim_{n\to\infty}\dfrac{2}{\sqrt{n+1}+\sqrt{n-1}}=0.$

◇**练习题 1-3**

1.求下列极限.

(1)$\displaystyle\lim_{x\to 1}\left(\dfrac{2}{x^2-1}-\dfrac{1}{x-1}\right)$;   (2) $\displaystyle\lim_{x\to+\infty}(\sqrt{x+1}-\sqrt{x-1})$.

* 2.求极限 $\displaystyle\lim_{x\to+\infty}\left(\sqrt{x+\sqrt{x+\sqrt{x}}}-\sqrt{x}\right)$.

【练习题 1-3 答案】

1.(1) $-\dfrac{1}{2}$ (2)0

* 2. $\dfrac{1}{2}$

4. 极限呈"0·∞"型的计算方法

先把 $0\cdot\infty$ 化为"$\dfrac{0}{\frac{1}{\infty}}=\dfrac{0}{0}$"或"$\dfrac{\infty}{\frac{1}{0}}=\dfrac{\infty}{\infty}$"型,再用计算方法 1 或计算方法 2 求极限.

例 1-13   求极限$\displaystyle\lim_{x\to+\infty}x\sin\dfrac{1}{2x}$.

解　$\lim\limits_{x \to +\infty} x \sin \dfrac{1}{2x} = \dfrac{1}{2} \lim\limits_{x \to +\infty} \dfrac{\sin \dfrac{1}{2x}}{\dfrac{1}{2x}} = \dfrac{1}{2}.$

例 1 - 14　求极限 $\lim\limits_{x \to +\infty} x(\sqrt{x^2 + 1} - x).$

解　$\lim\limits_{x \to +\infty} x(\sqrt{x^2 + 1} - x) = \lim\limits_{x \to +\infty} \dfrac{x}{\sqrt{x^2 + 1} + x} = \lim\limits_{x \to +\infty} \dfrac{1}{\sqrt{1 + \dfrac{1}{x^2}} + 1} = \dfrac{1}{2}.$

◇**练习题 1 - 4**

1. 求下列极限.

(1) $\lim\limits_{x \to 0} x \cot 2x$；

(2) $\lim\limits_{x \to \infty} x^2 \sin \dfrac{1}{x}$；

(3) $\lim\limits_{x \to +\infty} \sqrt{x}(\sqrt{x+1} - \sqrt{x})$；

(4) $\lim\limits_{x \to +\infty} x(e^{\frac{2}{x}} - 1).$

* 2. 求下列极限.

(1) $\lim\limits_{x \to \frac{\pi}{2}} \left(x - \dfrac{\pi}{2}\right) \tan x$；

(2) $\lim\limits_{x \to +\infty} x^2 \left(a^{\frac{1}{x}} - a^{\frac{1}{x+1}}\right) (a > 0, a \neq 1).$

【**练习题 1 - 4 答案**】

1. (1) $\dfrac{1}{2}$　(2) 0　(3) $\dfrac{1}{2}$　(4) 2

* 2. (1) -1　(2) $\ln a$

5. 极限呈"1^∞"型的计算方法

利用重要公式 $\lim\limits_{x \to \infty} \left(1 + \dfrac{1}{x}\right)^x = e, \lim\limits_{x \to 0} (1 + x)^{\frac{1}{x}} = e.$

注意此公式的特点：当 $\lim\limits_{x \to x_0} f(x) = \infty$ 时，有 $\lim\limits_{x \to x_0} \left[1 + \dfrac{1}{f(x)}\right]^{f(x)} = e$；

当 $\lim\limits_{x \to x_0} f(x) = 0$ 时，有 $\lim\limits_{x \to x_0} [1 + f(x)]^{\frac{1}{f(x)}} = e.$

例 1 - 15　求极限 $\lim\limits_{x \to 0} \sqrt[x]{1 - 2x}.$

解　$\lim\limits_{x \to 0} \sqrt[x]{1 - 2x} = \lim\limits_{x \to 0} (1 - 2x)^{\frac{-1}{2x} \cdot (-2)} = e^{-2}.$

例 1 - 16   求极限 $\lim\limits_{x\to\infty}\left(\dfrac{1+x}{x}\right)^{3x}$.

解 $\lim\limits_{x\to\infty}\left(\dfrac{1+x}{x}\right)^{3x}=\lim\limits_{x\to\infty}\left[\left(1+\dfrac{1}{x}\right)^{x}\right]^{3}=\mathrm{e}^3.$

例 1 - 17   求极限 $\lim\limits_{x\to0}(1+3\tan x)^{\cot x}$.

解 $\lim\limits_{x\to0}(1+3\tan x)^{\cot x}=\lim\limits_{x\to0}(1+3\tan x)^{\frac{1}{\tan x}}=\lim\limits_{x\to0}\left[(1+3\tan x)^{\frac{1}{3\tan x}}\right]^3=\mathrm{e}^3.$

* 例 1 - 18   求极限 $\lim\limits_{x\to\infty}\left(\dfrac{x-a}{x+a}\right)^{-x}$.

解   法1 $\lim\limits_{x\to\infty}\left(\dfrac{x-a}{x+a}\right)^{-x}=\lim\limits_{x\to\infty}\left(\dfrac{\frac{x-a}{x}}{\frac{x+a}{x}}\right)^{-x}=\dfrac{\lim\limits_{x\to\infty}\left(1-\frac{a}{x}\right)^{-\frac{x}{a}a}}{\lim\limits_{x\to\infty}\left(1+\frac{a}{x}\right)^{\frac{x}{a}(-a)}}=\mathrm{e}^{2a}.$

法2 $\lim\limits_{x\to\infty}\left(\dfrac{x-a}{x+a}\right)^{-x}=\lim\limits_{x\to\infty}\left(\dfrac{x+a-2a}{x+a}\right)^{-x}$

$\qquad=\lim\limits_{x\to\infty}\left(1+\dfrac{-2a}{x+a}\right)^{-x}=\lim\limits_{x\to\infty}\left[\left(1+\dfrac{-2a}{x+a}\right)^{\frac{x+a}{-2a}}\right]^{\frac{2ax}{x+a}}=\mathrm{e}^{2a}.$

◇练习题 1 - 5

1.求下列极限.

(1) $\lim\limits_{x\to0}(1-\sin x)^{\frac{1}{x}}$;

(2) $\lim\limits_{x\to\infty}\left(\dfrac{1+x}{x}\right)^{x}$;

(3) $\lim\limits_{x\to+\infty}x[\ln(1+x)-\ln x]$.

2.求下列极限.

(1) $\lim\limits_{x\to0}(\cos^2 x)^{\frac{1}{x^2}}$;

(2) $\lim\limits_{x\to\infty}\left(\dfrac{x-1}{x+1}\right)^{-x}$;

(3) $\lim\limits_{x\to\infty}\left(\dfrac{2x+1}{2x+1}\right)^{x+1}$.

【练习题 1 - 5 答案】

1.(1) e^{-1} (2) e (3) 1

2.(1) e^{-1} (2) e^2 (3) e

6. 无穷小量乘有界变量的极限计算方法

常见的类型：$\lim\limits_{x\to\infty}\dfrac{1}{x}\sin x=0$，$\lim\limits_{x\to 0}x\sin\dfrac{1}{x}=0$，$\lim\limits_{x\to\infty}\dfrac{1}{x}\cos x=0$，$\lim\limits_{x\to\infty}\dfrac{1}{x}\arctan x=0$.

注意 $|\sin x|\leqslant 1$，$|\cos x|\leqslant 1$，$|\arctan x|<\dfrac{\pi}{2}$，$|\text{arccot} x|<\pi$.

例 1 - 19　求极限 $\lim\limits_{x\to\infty}\dfrac{x^2+1}{x^3+x}(3+\cos x)$.

解　因为 $|3+\cos x|\leqslant 4$ 且 $\lim\limits_{x\to\infty}\dfrac{x^2+1}{x^3+x}=0$，所以 $\lim\limits_{x\to\infty}\dfrac{x^2+1}{x^3+x}(3+\cos x)=0$.

注　一般函数当含有函数 $\sin x$，$\cos x(x\to\infty)$ 或 $\sin\dfrac{1}{x}$，$\cos\dfrac{1}{x}$，$\arctan\dfrac{1}{x}(x\to 0)$ 时，常用上述结果.

◇**练习题 1 - 6**

1.求下列极限.

(1) $\lim\limits_{x\to\infty}\dfrac{\sin x}{x^2}$；

(2) $\lim\limits_{x\to 0}\left(x^2\sqrt{2+\sin\dfrac{1}{x}}\right)$.

* 2.求下列极限.

(1) $\lim\limits_{x\to\infty}\dfrac{x^2+\sin x}{2x^2-\cos x}$.

(2) $\lim\limits_{n\to\infty}a^n\sin\dfrac{t}{a^n}(a\neq 1,a>0,t\neq 0)$.

【**练习题 1 - 6 答案**】

1.(1)0　(2)0

* 2.(1) $\dfrac{1}{2}$　(2) $\begin{cases} t, & a>1 \\ 0, & a<1 \end{cases}$

7. 数列极限的计算方法

(1)n 项和的极限(利用求和公式先求和再求极限)

常用的求和公式：$1+2+\cdots+n=\dfrac{1}{2}n(n+1)$；$1+3+5+\cdots+(2n-1)=n^2$；

$2+4+6+\cdots+2n=n(n+1)$；$1^2+2^2+3^2+\cdots+n^2=\dfrac{1}{6}n(n+1)(2n+1)$；

$1^3+2^3+3^3+\cdots+n^3=\left[\dfrac{1}{2}n(n+1)\right]^2$.

例 1 - 20　求极限 $\lim\limits_{n\to\infty}\left[\dfrac{1}{1\times 2}+\dfrac{1}{2\times 3}+\cdots+\dfrac{1}{(n-1)n}\right]$.

解 $\lim\limits_{n\to\infty}\left[\dfrac{1}{1\times2}+\dfrac{1}{2\times3}+\cdots+\dfrac{1}{(n-1)n}\right]$

$=\lim\limits_{n\to\infty}\left[\left(1-\dfrac{1}{2}\right)+\left(\dfrac{1}{2}-\dfrac{1}{3}\right)+\cdots+\left(\dfrac{1}{n-1}-\dfrac{1}{n}\right)\right]=\lim\limits_{n\to\infty}\left(1-\dfrac{1}{n}\right)=1.$

（2）利用夹逼准则

例 1-21 求极限 $\lim\limits_{n\to\infty}\left(\dfrac{1}{\sqrt{n^2+1}}+\dfrac{1}{\sqrt{n^2+2}}+\cdots+\dfrac{1}{\sqrt{n^2+n}}\right).$

解 由于

$\dfrac{1}{\sqrt{n^2+n}}+\dfrac{1}{\sqrt{n^2+n}}+\cdots+\dfrac{1}{\sqrt{n^2+n}}\leqslant\dfrac{1}{\sqrt{n^2+1}}+\dfrac{1}{\sqrt{n^2+2}}+\cdots+\dfrac{1}{\sqrt{n^2+n}}$

$\leqslant\dfrac{1}{\sqrt{n^2+1}}+\dfrac{1}{\sqrt{n^2+1}}+\cdots+\dfrac{1}{\sqrt{n^2+1}}.$

即 $\dfrac{n}{\sqrt{n^2+n}}\leqslant\dfrac{1}{\sqrt{n^2+1}}+\dfrac{1}{\sqrt{n^2+2}}+\cdots+\dfrac{1}{\sqrt{n^2+n}}\leqslant\dfrac{n}{\sqrt{n^2+1}},$

且 $\lim\limits_{n\to\infty}\dfrac{n}{\sqrt{n^2+n}}=\lim\limits_{n\to\infty}\dfrac{1}{\sqrt{1+\dfrac{1}{n}}}=1,\lim\limits_{n\to\infty}\dfrac{n}{\sqrt{n^2+1}}=\lim\limits_{n\to\infty}\dfrac{1}{\sqrt{1+\dfrac{1}{n^2}}}=1.$

所以,由夹逼准则得 $\lim\limits_{n\to\infty}\left(\dfrac{1}{\sqrt{n^2+1}}+\dfrac{1}{\sqrt{n^2+2}}+\cdots+\dfrac{1}{\sqrt{n^2+n}}\right)=1.$

*例 1-22 求极限 $\lim\limits_{n\to\infty}\left(\dfrac{1}{n^2+n+1}+\dfrac{2}{n^2+n+2}+\cdots+\dfrac{n}{n^2+n+n}\right).$

解 记 $x_n=\dfrac{1}{n^2+n+1}+\dfrac{2}{n^2+n+2}+\cdots+\dfrac{n}{n^2+n+n}$,由于

$\dfrac{1+2+\cdots+n}{n^2+n+n}<x_n<\dfrac{1+2+\cdots+n}{n^2+n+1},$

即 $\dfrac{\frac{n(n+1)}{2}}{n^2+n+n}<x_n<\dfrac{\frac{n(n+1)}{2}}{n^2+n+1},$

且 $\lim\limits_{n\to\infty}\dfrac{n(n+1)}{2(n^2+n+n)}=\lim\limits_{n\to\infty}\dfrac{n(n+1)}{2(n^2+n+1)}=\dfrac{1}{2},$

所以,由夹逼准则得 $\lim\limits_{n\to\infty}\left(\dfrac{1}{n^2+n+1}+\dfrac{2}{n^2+n+2}+\cdots+\dfrac{n}{n^2+n+n}\right)=\dfrac{1}{2}.$

（3）利用单调有界数列必有极限准则

单调性证明方法:①$x_n<x_{n+1}$;②$x_n-x_{n+1}<0$;③$\dfrac{x_n}{x_{n+1}}<1$;④数学归纳法.

例 1-23 设数列 $x_1=\sqrt{c}$,$x_n=\sqrt{c+x_{n-1}}$,求极限 $\lim\limits_{n\to\infty}x_n(c>0).$

解 (1)先证明数列$\{x_n\}$单调性.

显然 $x_2=\sqrt{c+x_1}>\sqrt{c}=x_1$,假设 $x_n>x_{n-1}$,则 $x_{n+1}=\sqrt{c+x_n}>\sqrt{c+x_{n-1}}=$

x_n,故数列$\{x_n\}$为单调增加数列.

（2）再证明数列$\{x_n\}$上有界.

由于$x_1=\sqrt{c}<\sqrt{c}+1$,设$x_n<\sqrt{c}+1$,从而有$x_{n+1}=\sqrt{c+x_n}<\sqrt{c+\sqrt{c}+1}<$

$\sqrt{c+2\sqrt{c}+1}=\sqrt{c}+1$,故数列$\{x_n\}$有界,因此极限$\lim\limits_{x\to\infty}x_n$存在.

（3）求出极限$\lim\limits_{x\to\infty}x_n=a$.

显然$\lim\limits_{n\to\infty}x_{n+1}=a$,事实上,$\forall\varepsilon>0$,$\exists N$,当$n>N$时,有$|x_n-a|<\varepsilon$,此时

$n+1>N$,有$|x_{n+1}-a|<\varepsilon$.对等式$x_{n+1}=\sqrt{c+x_n}$两边取极限,得$a=\sqrt{c+a}$,即

$a^2-a-c=0$,据求根公式,得$a=\dfrac{1}{2}(1\pm\sqrt{4c+1})$.又因为$a>0$,所以$a=\dfrac{1}{2}(1+$

$\sqrt{4c+1})$,故极限$\lim\limits_{n\to\infty}x_n=\dfrac{1}{2}(1+\sqrt{4c+1})$.

*例 1 - 24　设$a>0$,$x_1>0$,$x_{n+1}=\dfrac{1}{2}\left(x_n+\dfrac{a}{x_n}\right)$,证明数列$\{x_n\}$收敛,并求

其极限.

证明　由题设知,对一切n有$x_n>0$,

由于$x_n=\dfrac{1}{2}\left(x_{n-1}+\dfrac{a}{x_{n-1}}\right)\geqslant\dfrac{1}{2}\cdot 2\cdot\sqrt{x_{n-1}}\cdot\sqrt{\dfrac{a}{x_{n-1}}}=\sqrt{a}$,

$$x_{n+1}-x_n=\dfrac{1}{2}\left(x_n+\dfrac{a}{x_n}\right)-x_n=\dfrac{1}{2}\left(\dfrac{a}{x_n}-x_n\right)=\dfrac{1}{2x_n}(a-x_n^2)\leqslant 0,$$

所以,数列$\{x_n\}$单调减少且有界,从而极限一定存在.

设$\lim\limits_{n\to\infty}x_n=A$,在$x_{n+1}=\dfrac{1}{2}\left(x_n+\dfrac{a}{x_n}\right)$两边取极限,得$A=\dfrac{1}{2}\left(A+\dfrac{a}{A}\right)$,由此解出

$A=\pm\sqrt{a}$,又由于$x_n>0$,所以$\lim\limits_{n\to\infty}x_n=\sqrt{a}$.

◇练习题 1 - 7

1.求下列极限.

(1)$\lim\limits_{n\to\infty}n\left(\dfrac{1}{n^2+\pi}+\dfrac{1}{n^2+2\pi}+\cdots+\dfrac{1}{n^2+n\pi}\right)$;　　　(2)$\lim\limits_{n\to\infty}\left(1-\dfrac{1}{2^2}\right)\left(1-\dfrac{1}{3^2}\right)\cdots\left(1-\dfrac{1}{n^2}\right)$.

*2.设数列$x_{n+1}=\dfrac{x_n}{2}+\dfrac{1}{x_n}$,$x_0>0$,试证明数列$\{x_n\}$收敛,并求其极限.

【练习题 1-7 答案】

1.(1)1   (2)$\dfrac{1}{2}$

* 2.$\sqrt{2}$

8. 需考虑左右极限的题型

(1)分段函数在分段点 x_0 处的极限:

$$\lim_{x \to x_0} f(x) = A \Leftrightarrow \lim_{x \to x_0^-} f(x) = \lim_{x \to x_0^+} f(x) = A.$$

例 1-25   设函数 $f(x) = \begin{cases} x\sin\dfrac{1}{x}, & -\infty < x < 0 \\ \sin\dfrac{1}{x}, & 0 < x < +\infty \end{cases}$,问:$\lim\limits_{x \to 0} f(x)$ 是否存在?

解   因为 $\lim\limits_{x \to 0^-} f(x) = \lim\limits_{x \to 0^-} x\sin\dfrac{1}{x} = 0$,$\lim\limits_{x \to 0^+} f(x) = \lim\limits_{x \to 0^+} \sin\dfrac{1}{x}$,所以极限 $\lim\limits_{x \to 0} f(x)$ 不存在.

(2)函数中含有指数函数 $a^x (a > 0, a \neq 1)$;反正(余)切函数 $\arctan x$,当 $x \to \infty$ 时,$\lim\limits_{x \to 0^-} e^{\frac{1}{x}} = 0$,$\lim\limits_{x \to 0^+} e^{\frac{1}{x}} = +\infty$,$\lim\limits_{x \to 0^-} \arctan\dfrac{1}{x} = -\dfrac{\pi}{2}$,$\lim\limits_{x \to 0^+} \arctan\dfrac{1}{x} = \dfrac{\pi}{2}$.

例 1-26   设函数 $f(x) = e^{\frac{1}{x-1}}$,问:极限 $\lim\limits_{x \to 1} f(x)$ 是否存在?

解   因为左极限 $\lim\limits_{x \to 1^-} f(x) = \lim\limits_{x \to 1^-} e^{\frac{1}{x-1}} = 0$,右极限 $\lim\limits_{x \to 1^+} f(x) = \lim\limits_{x \to 1^+} e^{\frac{1}{x-1}} = \lim\limits_{x \to 1^+} e^{\frac{1}{x-1}} = \infty$,所以 $\lim\limits_{x \to 1} f(x)$ 不存在.

◇**练习题 1-8**

1.设函数 $f(x) = \begin{cases} \cos x, & x \leqslant 0 \\ \sin(a+x), & x > 0 \end{cases}$,问:当 a 等于多少时,极限 $\lim\limits_{x \to 0} f(x)$ 存在?

2.极限 $\lim\limits_{x \to 0} \dfrac{e^{\frac{1}{x}}+1}{e^{\frac{1}{x}}-1}$ 是否存在?

【练习题 1-8 答案】

1.$2k\pi + \dfrac{\pi}{2}$

2.极限不存在

9. 求解函数极限的逆问题(已知极限值,确定函数式中的参数)

已知函数的极限值,反求函数表达式中的参数.

例 1-27 计算下列各题.

(1)若极限 $\lim\limits_{x \to 3} \dfrac{x^2 - 2x + k}{x - 3} = 4$,求参数 k 的值.

(2)已知当 $x \to 0$ 时,函数 $1 - \cos ax$ 与函数 $\tan^2 x$ 是等价无穷小量,求参数 a 的值.

解 (1)因为 $\lim\limits_{x \to 3}(x - 3) = 0$,所以 $\lim\limits_{x \to 3}(x^2 - 2x + k) = 3 + k = 0$,从而 $k = -3$.

(2)由题设 $\lim\limits_{x \to 0} \dfrac{1 - \cos ax}{\tan^2 x} = \lim\limits_{x \to 0} \dfrac{1 - \cos ax}{\dfrac{(ax)^2}{2}} \cdot \dfrac{(ax)^2}{2} \cdot \left(\dfrac{x}{\tan x}\right)^2 \cdot \dfrac{1}{x^2} = \dfrac{a^2}{2} = 1$.

从而 $a^2 = 2, a = \pm\sqrt{2}$.

◇**练习题 1-9**

1.按要求计算下列各题.

(1)已知函数 $f(x) = \dfrac{qx^2 + 5x + 1}{x^p - 1}(q \neq 0)$,问:①当 $x \to \infty$ 时,p 满足什么条件时,函数 $f(x)$ 是无穷小量;②当 p, q 取何值时,极限 $\lim\limits_{x \to \infty} \dfrac{qx^2 + 5x + 1}{x^p - 1} = 2$?

(2)已知当 $x \to 0$ 时,函数 $\sin 2x - 2\sin x$ 与函数 x^k 是等价无穷小量,求参数 k 的值.

* 2.按要求计算下列各题.

(1)设极限 $\lim\limits_{x \to \infty}\left(\dfrac{x + 2a}{x - a}\right)^x = 8$,求参数 a 的值.

(2)已知当 $x \to 0$ 时,函数 $e^{\tan x} - e^{\sin x}$ 与函数 x^n 是同阶无穷小量,求参数 n 的值.

1.(1)①$p>2$；②$p=2,q=2$ (2)$k=3$

`2.(1)$\ln 2$ (2)$n=3$

10. 用极限式定义的函数式中极限的求法(需要讨论自变量的变化)

例 1 - 28   求函数 $f(x)=\lim\limits_{n\to\infty}\dfrac{1-x^{2n}}{1+x^{2n}}x$.

解   当 $|x|<1$ 时，函数 $f(x)=\lim\limits_{n\to\infty}\dfrac{1-x^{2n}}{1+x^{2n}}x=x$；

当 $|x|>1$ 时，函数 $f(x)=\lim\limits_{n\to\infty}\dfrac{\dfrac{1}{x^{2n}}-1}{\dfrac{1}{x^{2n}}+1}x=-x$；

当 $|x|=1$ 时，函数 $f(x)=0$.

综上所述得函数 $f(x)=\begin{cases}x, & |x|<1 \\ 0, & |x|=1. \\ -x, & |x|>1\end{cases}$

◇练习题 1 - 10

1.求函数 $f(x)=\lim\limits_{n\to\infty}\dfrac{1-x^{2n}}{1+x^{2n}}$.

2.求函数 $f(x)=\lim\limits_{t\to+\infty}\dfrac{x+\mathrm{e}^{tx}}{1+\mathrm{e}^{tx}}$.

1.$f(x)=\begin{cases}1, & |x|<1 \\ 0, & |x|=1 \\ -1, & |x|>1\end{cases}$

2.$f(x)=\begin{cases}x, & x<0 \\ \dfrac{1}{2}, & x=0 \\ 1, & x>0\end{cases}$

(二)函数的连续性

1. 讨论分段函数在分段点处的连续性

(1)若分段函数在分段点两边的表达式不同,则函数 $f(x)$ 在点 x_0 处连续的充分必要条件是 $\lim\limits_{x \to x_0^-} f(x) = \lim\limits_{x \to x_0^+} f(x) = f(x_0)$.

(2)若分段函数在分段点两边的表达式相同,则函数 $f(x)$ 在点 x_0 处连续的充分必要条件是 $\lim\limits_{x \to x_0} f(x) = f(x_0)$.

例 1 - 29 设函数 $f(x) = \begin{cases} \dfrac{1}{x^2}, & -1 \leqslant x \leqslant 1, x \neq 0 \\ x, & |x| > 1 \end{cases}$,讨论函数 $f(x)$ 在点 $x = 1$,$x = 0$,$x = -1$ 处是否连续?

解 因为函数 $f(x)$ 在点 $x = 0$ 处没定义,所以函数 $f(x)$ 在点 $x = 0$ 处不连续.

当 $x = 1$ 时,$\lim\limits_{x \to 1^-} f(x) = \lim\limits_{x \to 1^-} \dfrac{1}{x^2} = \lim\limits_{x \to 1^+} f(x) = \lim\limits_{x \to 1^+} x = 1 = f(1)$,所以 $f(x)$ 在点 $x = 1$ 处连续.

当 $x = -1$ 时,因为 $\lim\limits_{x \to -1^-} f(x) = \lim\limits_{x \to -1^-} x = -1 \neq \lim\limits_{x \to -1^+} f(x) = \lim\limits_{x \to -1^+} \dfrac{1}{x^2} = 1 = f(-1)$,所以函数 $f(x)$ 在点 $x = -1$ 处右连续,但非左连续,因此函数 $f(x)$ 在点 $x = -1$ 处不连续.

例 1 - 30 设函数 $f(x) = \begin{cases} \dfrac{\sin x + e^{2ax} - 1}{x}, & x \neq 0 \\ a, & x = 0 \end{cases}$ 在区间 $(-\infty, +\infty)$ 内连续,求 a 的值.

解 当 $x \neq 0$ 时,$f(x) = \dfrac{\sin x + e^{2ax} - 1}{x}$ 是连续函数.

当 $x = 0$ 时,要使函数 $f(x)$ 连续,只需 $\lim\limits_{x \to 0} f(x) = f(0)$.

而 $\lim\limits_{x \to 0} f(x) = \lim\limits_{x \to 0} \dfrac{\sin x + e^{2ax} - 1}{x} = \lim\limits_{x \to 0} \dfrac{\sin x}{x} + \lim\limits_{x \to 0} \dfrac{e^{2ax} - 1}{x} = 1 + 2a$,由 $\lim\limits_{x \to 0} f(x) = f(0)$,得 $1 + 2a = a$,从而 $a = -1$.

◇**练习题 1 - 11**

设函数 $f(x) = \begin{cases} x \sin \dfrac{1}{x}, & x > 0 \\ a + x^2, & x \leqslant 0 \end{cases}$,要使函数 $f(x)$ 在 $(-\infty, +\infty)$ 内连续,应当怎样选择常数 a?

【练习题 1－11 答案】

$a=0$

2. 判断间断点类型

（1）找出间断点：函数没定义的点及分段函数的分段点（是可疑的间断点）x_i．

（2）判断间断点类型：求出函数在这些点 x_i 处的极限，即 $\lim\limits_{x\to x_i} f(x)$，根据极限是否存在判断出间断点类型．

例 1－31　已知函数 $f(x)=\begin{cases}\dfrac{1}{x}\ln(1-x), & x<0 \\ 0, & x=0 \\ \dfrac{\sin x}{x-1}, & x>0\end{cases}$，试确定函数 $f(x)$ 的间断点并判别类型．

解　（1）找出函数间断点及可疑间断点：$x=1$（函数没定义的点）；$x=0$（分段点）．

（2）判别类型：在 $x=1$ 处，因为 $\lim\limits_{x\to 1} f(x)=\lim\limits_{x\to 1}\dfrac{\sin x}{x-1}=\infty$，所以 $x=1$ 为函数 $f(x)$ 的第二类间断点；在 $x=0$ 处，因为 $\lim\limits_{x\to 0^-} f(x)=\lim\limits_{x\to 0^-}\dfrac{1}{x}\ln(1-x)=$

$\lim\limits_{x\to 0^-}\dfrac{\ln(1-x)}{-x}(-1)=-1\neq\lim\limits_{x\to 0^+} f(x)=\lim\limits_{x\to 0^+}\dfrac{\sin x}{x-1}=0=f(0)$，所以点 $x=0$ 为函数 $f(x)$ 的第一类间断点．

◇**练习题 1－12**

指出函数 $f(x)=\dfrac{x}{\tan x}$ 的间断点，并判定其类型．

【练习题 1－12 答案】

$x=0$，$x=k\pi+\dfrac{\pi}{2}$ 为可去间断点；$x=k\pi(k\neq 0)$ 为第二类间断点

* **例 1－32**　找出下列函数的间断点，并判别类型．

（1）$f(x)=\dfrac{x^2-1}{x-1}\mathrm{e}^{\frac{1}{x-1}}$；

（2）$f(x)=\begin{cases}(x+1)\arctan\dfrac{1}{x^2-1}, & |x|\neq 1 \\ 0, & |x|=1\end{cases}$．

解　（1）因为函数 $f(x)$ 在 $x=1$ 处没定义，所以函数 $f(x)$ 在 $x=1$ 处间断．

又左极限 $\lim\limits_{x\to 1^-} f(x)=\lim\limits_{x\to 1^-}\dfrac{x^2-1}{x-1}\mathrm{e}^{\frac{1}{x-1}}=\lim\limits_{x\to 1^-}(x+1)\mathrm{e}^{\frac{1}{x-1}}=0$，

右极限 $\lim\limits_{x\to 1^+} f(x)=\lim\limits_{x\to 1^+}\dfrac{x^2-1}{x-1}\mathrm{e}^{\frac{1}{x-1}}=\lim\limits_{x\to 1^+}(x+1)\mathrm{e}^{\frac{1}{x-1}}=\infty$．

所以 $x=1$ 为函数的第二类间断点.

(2)因为 $x=\pm1$ 是函数的分段点,所以只需讨论函数在 $x=\pm1$ 的情况.

①当 $x=-1$ 时,因为 $\lim\limits_{x\to-1}f(x)=\lim\limits_{x\to-1}(x+1)\arctan\dfrac{1}{x^2-1}=0=f(1)$,所以函数 $f(x)$ 在 $x=-1$ 处连续.

②当 $x=1$ 时,因为 $\lim\limits_{x\to1^-}f(x)=\lim\limits_{x\to1^-}(x+1)\arctan\dfrac{1}{x^2-1}=2\left(-\dfrac{\pi}{2}\right)=-\pi\neq$

$\lim\limits_{x\to1^+}f(x)=\lim\limits_{x\to1^+}(x+1)\arctan\dfrac{1}{x^2-1}=2\left(\dfrac{\pi}{2}\right)=\pi$,所以 $x=1$ 是函数 $f(x)$ 的第一类间断点.

◇练习题 1-13

指出下列函数的间断点,并判定其类型.

1. $f(x)=\dfrac{x(1-|x|)}{x-x^3}$.

2. $f(x)=x\arctan\dfrac{1}{x-1}$.

3. $f(x)=\begin{cases}\mathrm{e}^{\frac{1}{x-1}}, & x>0 \\ \ln(1+x), & -1<x\leqslant0\end{cases}$.

【练习题 1-13 答案】

1. $x=-1,x=0,x=1$;第一类间断点

2. $x=1$;第一类间断点

3. $x=1$,第二类间断点;$x=0$,第一类间断点

3. 闭区间上连续函数的命题证明

(1)先用最值定理再用介值定理.

(2)利用介值定理或零点定理.

①将已知方程右端项全部移到左端,令其为 $f(x)$,据题意确定出区间 $[a,b]$.

②检验函数 $f(x)$ 在区间 $[a,b]$ 上的连续性及 $f(a)\cdot f(b)<0$,即可由零点定理知,在 (a,b) 内至少存在一点 ξ,使得 $f(\xi)=0$.

例 1-33 若函数 $f(x)$ 在 $[a,b]$ 上连续,且 $a<x_1<x_2<\cdots<x_n<b$,求证:在 $[x_1,x_n]$ 上必有 ξ,使 $f(\xi)=\dfrac{f(x_1)+f(x_2)+\cdots+f(x_n)}{n}$.

证明 据题设知 $f(x)$ 在 $[x_1,x_n]$ 上连续,则必有最大值 M 与最小值 m,即

$$m \leqslant f(x_1) \leqslant M, m \leqslant f(x_2) \leqslant M, \cdots, m \leqslant f(x_n) \leqslant M,$$

上边 n 个不等式相加得 $nm \leqslant f(x_1) + f(x_2) + \cdots + f(x_n) \leqslant nM$,

即有 $m \leqslant \dfrac{f(x_1) + f(x_2) + \cdots + f(x_n)}{n} \leqslant M$,

再由介值定理得,在 $[x_1, x_n]$ 上必有 ξ,使得

$$f(\xi) = \dfrac{f(x_1) + f(x_2) + \cdots + f(x_n)}{n}.$$

例 1 - 34   求证:方程 $x = \sin x + 2$ 至少有一个不超过 3 的正实根.

证明   令函数 $f(x) = x - \sin x - 2$,函数在区间 $[0, 3]$ 上连续,且 $f(0) = -2 < 0, f(3) = 1 - \sin 3 > 0$.据零点定理知,函数 $f(x)$ 在区间 $(0, 3)$ 内至少有一个根,即 $x = \sin x + 2$ 至少有一个小于 3 的正实根.

例 1 - 35   设函数 $f(x)$ 在闭区间 $[0, 1]$ 上连续,且 $0 \leqslant f(x) < 1$,证明在区间 $[0, 1)$ 上存在一点 ξ,使得 $f(\xi) = \xi$.

证明   欲证 $f(\xi) = \xi$,可以考虑函数表达式 $f(x) = x$,因此令 $F(x) = f(x) - x$.

由于函数 $f(x)$ 在闭区间 $[0, 1]$ 上连续,所以函数 $F(x)$ 在闭区间 $[0, 1]$ 上连续,又由于 $0 \leqslant f(x) \leqslant 1$,则 $F(0) = f(0) - 0 = f(0) \geqslant 0$.

(1)如果 $f(0) = 0$,则可取 $\xi = 0$ 得证.

(2)如果 $f(0) > 0$,则 $F(0) = f(0) > 0$.

又由于 $F(1) = f(1) - 1 < 0$,由连续函数在闭区间上的零点定理可知,至少存在一点 $\xi \in [0, 1)$,使得 $F(\xi) = f(\xi) - \xi = 0$,即 $f(\xi) = \xi$.

◇**练习题 1 - 14**

求证:方程 $\sin x + x + 1 = 0$ 在开区间 $\left(-\dfrac{\pi}{2}, \dfrac{\pi}{2} \right)$ 内至少有一个根.

【**练习题 1 - 14 答案**】

略

三、基础题

(一)单项选择题

1.下列各对函数相等的是(   ).

A. $\sqrt{x^2}$ 与 $(\sqrt{x})^2$ B. $\cos^2 x$ 与 $\cos x^2$

C. $\ln e^x$ 与 $e^{\ln x}$ D. $f(x) = \begin{cases} \dfrac{|x|}{x}, & x \neq 0 \\ 0, & x = 0 \end{cases}$ 与 $\operatorname{sgn} x$

2. 若极限 $\lim\limits_{n \to +\infty} \left(\dfrac{1}{n^k} + \dfrac{2}{n^k} + \cdots + \dfrac{n}{n^k} \right) = 0$，则 k 的取值范围是（　　）.

A. $0 < k < \dfrac{1}{2}$　　　　B. $0 < k < 1$　　　　C. $0 < k \leq 2$　　　　D. $k > 2$

3. 数列 $x_n = \dfrac{n}{n+1}$ 是（　　）.

A. 以 0 为极限　　　B. 以 1 为极限　　　C. 以 $\dfrac{n-2}{n}$ 为极限　　　D. 不存在极限

4. 极限 $\lim\limits_{x \to 0} \dfrac{x^2 \sin \dfrac{1}{x}}{\sin x}$ 的值是（　　）.

A. 1　　　　　　　B. ∞　　　　　　　C. 不存在　　　　　　D. 0

5. 极限 $\lim\limits_{x \to \infty} \left(1 - \dfrac{1}{x} \right)^{2x}$ 的值是（　　）.

A. e^{-2}　　　　　　B. ∞　　　　　　C. e^2　　　　　　D. 1

6. 当 $x \to 0$ 时，函数 $2x^2 + x^3$ 是 x^2 的（　　）无穷小.

A. 等价　　　　　　B. 同阶　　　　　　C. 高阶　　　　　　D. 低阶

7. 设函数 $f(x)$ 在点 $x = x_0$ 处极限存在，则函数 $f(x)$ 在点 $x = x_0$ 处（　　）.

A. 有定义　　　　B. 不一定有定义　　　C. 连续　　　　D. 不连续

8. 函数 $f(x)$ 在点 $x = x_0$ 处有定义是函数 $f(x)$ 在点 $x = x_0$ 处连续的（　　）.

A. 必要不充分条件　　　　　　　　B. 充分不必要条件

C. 充分必要条件　　　　　　　　　D. 既不充分，也不必要条件

9. 设函数 $f(x) = \begin{cases} 3x - 1, & x < 1 \\ 1, & x = 1 \\ 3 - x, & x > 1 \end{cases}$，则点 $x = 1$ 是函数 $f(x)$ 的（　　）.

A. 连续点　　　　　　　　　　　　B. 跳跃间断点

C. 可去间断点　　　　　　　　　　D. 第二类间断点

10. 设函数 $f(x) = \begin{cases} \dfrac{\sqrt{1+x} - \sqrt{1-x}}{x}, & x \neq 0 \\ k, & x = 0 \end{cases}$ 在点 $x = 0$ 处连续，则实数 k 的值是（　　）.

A. 0　　　　　　　B. 2　　　　　　　C. $\dfrac{1}{2}$　　　　　　D. 1

（二）填空题

1. 复合函数 $y = \arcsin \sqrt{\dfrac{1-x}{1+x}}$ 是由简单函数 _____ 复合而成的.

2. 若极限 $\lim\limits_{n \to \infty} \left(\dfrac{n+a}{n+1} \right)^n = e^{-3}$，则 $a = $ _____.

3. 已知极限 $\lim\limits_{x\to\infty}\dfrac{ax^2+5x+b}{3x^2-1}=2$,则 $a=$_____,$b=$_____.

4. 极限 $\lim\limits_{x\to 0}\left(x\arctan\dfrac{2}{x}+\dfrac{3}{x}\arctan x\right)=$_____.

5. 若当 $x\to 0$ 时,无穷小 $(1-\cos x)$ 与 $a\sin^2\dfrac{x}{2}$ 等价,则实数 $a=$_____.

6. 设函数 $f(x)=\begin{cases}\mathrm{e}^x, & x<1\\ x+a, & x\geqslant 1\end{cases}$,当 $a=$_____时,极限 $\lim\limits_{x\to 1}f(x)$ 存在.

7. 设函数 $f(x)=\dfrac{\sin x}{x}$,为了使函数 $f(x)$ 在点 $x=0$ 处连续,应补充定义 $f(0)=$_____.

8. 若函数 $f(x)=\begin{cases}\dfrac{\sin 2x+\mathrm{e}^{3x}-1}{x}, & x\neq 0\\ k, & x=0\end{cases}$ 在 $(+\infty,-\infty)$ 上连续,则实数 $k=$_____.

9. 函数 $f(x)=\dfrac{x^2-1}{x^2-3x+2}$ 的连续区间是_____.

10. 函数 $f(x)=\begin{cases}\mathrm{e}^{\frac{1}{x}}, & x\neq 0\\ 0, & x=0\end{cases}$ 的间断点是_____,且为第_____类.

(三)简算题

1. 当 x 取下列值时,求 $\lim\dfrac{x^2+2x-3}{x^2-4x+3}$:(1)当 $x\to 1$ 时;(2)当 $x\to -3$ 时;(3)当 $x\to 3$ 时.

2. (1) $\lim\limits_{h\to 0}\dfrac{1}{h}\left(\dfrac{1}{\sqrt{x+h}}-\dfrac{1}{\sqrt{x}}\right)$; 　　　　　(2) $\lim\limits_{x\to 1}\dfrac{\sqrt{5x-4}-\sqrt{x}}{x-1}$;

(3) $\lim\limits_{x\to +\infty}\left[\sqrt{x(x-3)}-x\right]$.

3. 当 m,n 分别取下列关系时,求极限 $\lim\limits_{x\to\infty}\dfrac{3+4x^n}{2-5x^m}$:(1)当 $m>n$ 时;(2)当 $m=n$ 时;(3)当 $m<n$ 时.

4. (1) $\lim\limits_{x\to 0}\dfrac{1-\cos 2x}{x\sin x}$;

(2) $\lim\limits_{x\to 0}\dfrac{3x+\arctan x}{2x+\arcsin x}$;

(3) $\lim\limits_{x\to 0}\left(x\sin\dfrac{3}{x}+\dfrac{2}{x}\sin x\right)$;

(4) $\lim\limits_{x\to\infty}\dfrac{3x+\arctan x}{2x+\sin x}$.

5. (1) $\lim\limits_{x\to 0}(1-3x)^{\frac{2}{x}}$;

(2) $\lim\limits_{x\to\infty}\left(\dfrac{x}{1+x}\right)^x$.

6. $\lim\limits_{n\to+\infty}\dfrac{\dfrac{1}{3}+\dfrac{1}{3^2}+\cdots+\dfrac{1}{3^n}}{\dfrac{1}{2}+\dfrac{1}{2^2}+\cdots+\dfrac{1}{2^n}}$.

（四）计算题

1. 求当 $x \to 0$ 时，函数 $\tan x - \sin x$ 是 x 的无穷小的阶数.

2. 求下列极限.

(1) $\lim\limits_{n \to +\infty} 2^n \sin \dfrac{x}{2^n}$;

(2) $\lim\limits_{x \to 0} (1+\tan^2 x)^{\frac{1}{x \sin x}}$;

(3) $\lim\limits_{x \to 0} \dfrac{e^{-x^2}-1}{x \arctan x}$.

（五）证明题

1. 利用夹逼准则，证明极限 $\lim\limits_{n \to +\infty} \left(\dfrac{1}{n+1} + \dfrac{1}{n+2} + \cdots + \dfrac{1}{n+n} \right) = 1$.

2. 利用单调有界准则，证明数列 $x_1 = \sqrt{2}$，$x_{n+1} = \sqrt{2+x_n}$，$n=1,2,\cdots$ 的极限存在，并求其极限.

3. 证明方程 $\ln x - x + 2 = 0$ 在区间 $(1, e^2)$ 内至少有一个实根.

四、提高题

（一）单项选择题

1. 下列命题中错误的是（　　）.（假设其中的函数复合运算均可行）

A. 两个偶函数的复合函数是偶函数

B. 两个奇函数的复合函数是奇函数

C. 两个单调增加函数的复合函数是单调增加函数

D. 两个单调减少函数的复合函数是单调减少函数

2. 设函数 $y=f(x)$ 的定义域是 $[-1,1]$，则 $y=f(x+a)+f(x-a)(0 \leqslant a \leqslant 1)$ 的定义域是（　　）.

A. $[a-1,a+1]$　　B. $[-a-1,-a+1]$　　C. $[a-1,1-a]$　　D. $[1-a,a-1]$

3. 当数列 $\{u_n\}$ 是（　　）时，它必定收敛.

A. 有界数列

B. 单调数列

C. 有界但不单调的数列

D. 子数列 $\{u_{2k}\}$ 与 $\{u_{2k-1}\}$ 都收敛于同一极限的数列

4. 下列题中正确的是（　　）.

A. 若数列 x_n 是有界的，则它必存在极限

B. 若 $\lim\limits_{x \to a}[f(x)+g(x)]$ 和 $\lim\limits_{x \to a}f(x)$ 都存在，则 $\lim\limits_{x \to a}g(x)$ 也存在

C. 若 $\lim\limits_{x \to a}f(x) \cdot g(x)$ 和 $\lim\limits_{x \to a}f(x)$ 都存在，则 $\lim\limits_{x \to a}g(x)$ 也存在

D. 若 $\lim\limits_{x \to a}f(x)$ 和 $\lim\limits_{x \to a}g(x)$ 都不存在，则 $\lim\limits_{x \to a}\dfrac{f(x)}{g(x)}$ 也不存在

5. 若极限 $\lim\limits_{x \to 0}\dfrac{x^k \sin \dfrac{1}{x}}{\sin x^2}=0$，则 k 的取值范围为（　　）.

A. $k \leqslant 2$　　　　　B. $k>2$　　　　　C. $k<1$　　　　　D. $k \geqslant 1$

6. 当 $x \to 1$ 时，函数 $\dfrac{x^2-1}{x-1}\mathrm{e}^{\frac{1}{x-1}}$ 的极限是（　　）.

A. 2　　　　　　　　　　　　　　　　B. 0

C. ∞　　　　　　　　　　　　　　D. 不存在但不为 ∞

7. 当 $x \to 0$ 时，函数 $f(x)=\dfrac{1}{x^2}\sin\dfrac{1}{x}$ 是（　　）.

A. 无穷小　　　　　　　　　　　　　B. 无穷大

C. 有界，但不是无穷小　　　　　　　D. 无界，但不是无穷大

8.极限 $\lim\limits_{x\to\infty}\dfrac{3x^2+1}{5x+4}\sin\dfrac{2}{x}$ 的值是( ).

A. ∞ B. 0   C. $\dfrac{6}{5}$ D. $\dfrac{3}{10}$

9.函数 $f(x)=\begin{cases}\dfrac{e^{\frac{1}{x}}-e^{-\frac{1}{x}}}{e^{\frac{1}{x}}+e^{-\frac{1}{x}}}, & x\neq 0\\ 1, & x=0\end{cases}$ 在点 $x=0$ 处( ).

A. 左连续   B. 右连续   C. 连续   D. 左右皆不连续

10.设函数 $f(x)=3^x-1$,则当 $x\to 0$ 时,函数 $f(x)$ 关于基本无穷小 x 的阶是( ).

A. 等价   B. 同阶(非等阶)   C. 高阶   D. 低阶

(二)填空题

1.设函数 $f(x+1)=\begin{cases}x+2, & 0\leqslant x\leqslant 1\\ e^x, & 1<x\leqslant 2\end{cases}$,则 $f(x)=$ _____.

2.设函数 $f(\sin x)=1+\cos 2x$,则 $f(x)=$ _____.

3.设函数 $f(x+1)=\begin{cases}1-x^2, & \text{当 } x\geqslant 0\\ (1-x)^2, & \text{当 } x<0\end{cases}$,则 $f^{-1}(-3)=$ _____.

4.若 $\{u_n\}$ 是有界数列,则 $\lim\limits_{n\to+\infty}\dfrac{u_n}{n}=$ _____.

5.已知极限 $\lim\limits_{x\to\infty}\left(\dfrac{x+c}{x-c}\right)^x=4$,则常数 $c=$ _____.

6.已知极限 $\lim\limits_{x\to+\infty}(\sqrt{x^2-x+1}-ax-b)=0$,则常数 $a=$ _____,$b=$ _____.

7.若当 $x\to 0$ 时,无穷小 $(1+ax^2)^{\frac{1}{3}}-1$ 与 $1-\cos x$ 等价,则 $a=($).

8.函数 $y=\dfrac{x}{\tan x}$ 的间断点是 _____,其中 _____ 是第一类间断点,_____ 是第二类间断点.

9.函数 $f(x)=\begin{cases}e^{\frac{1}{x-1}}, & x>0\\ \ln(1+x), & -1<x\leqslant 0\end{cases}$ 的间断点是 _____,其中 _____ 是第一类间断点,_____ 是第二类间断点.

10.方程 $5^x\cdot x-1=0$ 在区间 _____ 内至少有一个实根.

(三)简算题

1. $\lim\limits_{x\to 0}\dfrac{\sqrt{1+\tan x}-\sqrt{1+\sin x}}{x^3}$.

2. $\lim\limits_{x\to 0^+}\dfrac{1-\sqrt{\cos x}}{x(1-\cos\sqrt{x})}$.

3. $\lim\limits_{x \to 0} \dfrac{1-\cos(\sin x)}{5x^2}$.

4. $\lim\limits_{x \to 0} \dfrac{3\sin x + x^2 \cos \dfrac{1}{x}}{(1+\cos x)\ln(1+x)}$.

5. $\lim\limits_{x \to 1}(1-x^2)\tan \dfrac{\pi}{2}x$.

6. $\lim\limits_{x \to 0} \dfrac{e^x - e^{\tan x}}{x - \tan x}$.

7. $\lim\limits_{n \to +\infty} \dfrac{3^n + (-2)^n}{3^{n+1} + (-2)^{n+1}}$.

（四）计算题

1. 求下列极限.

(1) $\lim\limits_{x \to 0}\left(\dfrac{2^x + 3^x + 5^x}{3}\right)^{\frac{1}{x}}$;

(2) $\lim\limits_{x \to 0^+}(\cos\sqrt{x})^{\frac{\pi}{x}}$;

(3) $\lim\limits_{x \to 0}(\cos x + \sin x)^{\frac{1}{x}}$.

2. 试确定函数 $f(x) = \dfrac{1}{1 - e^{\frac{x}{x-1}}}$ 的间断点及间断点的类型.

3. 当 x 取下列值时，求极限 $\lim\left(\dfrac{e^{\frac{1}{x}}-e^{-\frac{1}{x}}}{e^{\frac{1}{x}}+e^{-\frac{1}{x}}}+\dfrac{\sin x}{|x|}\right)$ ：(1)当 $x\to 0^{-}$ ；(2)当 $x\to 0^{+}$.

4. 试确定常数 a,b，使得函数 $f(x)=\begin{cases}\dfrac{\sqrt{1-ax}-1}{x}, & x<0 \\ ax+b, & 0\leqslant x\leqslant 1 \\ \arctan\dfrac{1}{x-1}, & x>1\end{cases}$ 在其定义域内连续.

（五）证明题

1. 设函数 $f(x)=a^{x}(a>0,a\neq 1)$，证明 $\lim\limits_{n\to+\infty}\dfrac{1}{n^{2}}\ln[f(1)f(2)\cdots f(n)]=\dfrac{\ln a}{2}$.

2. 设函数 $f(x)$ 在闭区间 $[0,2a]$ 上连续，且 $f(0)=f(2a)$，证明方程 $f(x)-f(x+a)=0$ 在 $[0,a]$ 上至少有一个实根.

（六）综合题

1.已知数列 $u_1>0,u_{n+1}=\dfrac{1}{3}\left(2u_n+\dfrac{a}{u_n^2}\right)(a>0),n=1,2,\cdots,$ 求证数列 $\{u_n\}$ 的极限存在，并求 $\lim\limits_{n\to\infty}u_n.$

2.设函数 $f(x)$ 为连续函数，且 $\lim\limits_{x\to0}\dfrac{\ln\left[1+\dfrac{f(x)}{\sin x}\right]}{2^x-1}=3,$ 求 $\lim\limits_{x\to0}\dfrac{f(x)}{x^2}.$

3.设 $\lim\limits_{n\to\infty}\dfrac{n^\alpha}{n^\beta-(n-1)^\beta}=2015,$ 求 α 和 β 的值.

4.设 $\lim\limits_{x\to1}\dfrac{f(x)}{x-1}=1,\lim\limits_{x\to2}\dfrac{f(x)}{x-2}=2,\lim\limits_{x\to3}\dfrac{f(x)}{x-3}=3,$ 且 $f(x)$ 为多项式，试求其次数最低的那个多项式.

【基础题答案】

（一）1. D　2. D　3. B　4. D　5. A　6. B　7. B　8. A　9. C　10. D

（二）1. $y=\arcsin u,u=\sqrt{v},v=\dfrac{1-x}{1+x}$　2. $a=-2$　3. $a=6;b$ 任意　4. 3

　　5. $a=2$　6. $a=\mathrm{e}-1$　7. $f(0)=1$　8. $k=5$

　　9. $(-\infty,1)\bigcup(1,2)\bigcup(2,+\infty)$　10. 0；第二类

（三）1. (1)-2　(2)0　(3)∞　2. (1)$-\dfrac{1}{2x\sqrt{x}}$　(2)2　(3)$-\dfrac{3}{2}$　3. (1)0　(2)$-\dfrac{4}{5}$

　　(3)∞　4. (1)2　(2)$\dfrac{4}{3}$　(3)2　(4)$\dfrac{3}{2}$　5. (1)e^{-6}　(2)e^{-1}　6. $\dfrac{1}{2}$

（四）1. 3 阶　2. (1)x　(2)e　(3)-1

（五）略

【提高题答案】

（一）1. D　2. C　3. D　4. B　5. B　6. D　7. D　8. C　9. B　10. B

（二）1. $f(x)=\begin{cases}x+1,&1\leqslant x\leqslant 2\\ \mathrm{e}^{x-1},&2<x\leqslant 3\end{cases}$　2. $2-2x^2$　3. 3　4. 0　5. $\ln 2$

　　6. $a=1;b=-\dfrac{1}{2}$　7. $\dfrac{3}{2}$　8. $x=0;x=k\pi+\dfrac{\pi}{2};x=k\pi(k\neq 0)$

　　9. $x=1,x=0;x=0;x=1$　10. $(0,1)$

（三）1. $\dfrac{1}{4}$　2. $\dfrac{1}{2}$　3. $\dfrac{1}{10}$　4. $\dfrac{3}{2}$　5. $\dfrac{4}{\pi}$　6. 1　7. $\dfrac{1}{3}$

（四）1. (1)$\sqrt[3]{30}$　(2)$\mathrm{e}^{-\frac{\pi}{2}}$　(3)e

　　2. $x=1$ 是跳跃间断点，$x=0$ 是无穷间断点　3. (1)-2　(2)2

　　4. $a=\pi;b=-\dfrac{\pi}{2}$

（五）1. 略　2. 提示：令 $F(x)=f(x+a)-f(x)$，在$[0,a]$上应用零点定理.

（六）1. $\sqrt[3]{a}\left[$提示：$u_{n+1}=\dfrac{1}{3}\left(u_n+u_n+\dfrac{a}{u_n^2}\right)\geqslant\sqrt[3]{u_n^2\cdot\dfrac{a}{u_n^2}}=\sqrt[3]{a}\right]$　2. $3\ln 2$

　　3. $\alpha=-\dfrac{2004}{2005},\beta=\dfrac{1}{2005}\left[$提示：分子分母同除以 n^β，分母再用等价公式$(1+x)^{\frac{1}{n}}-1\sim\right.$

　　$\left.\dfrac{1}{n}x,(x\rightarrow 0)\right]$

　　4. $f(x)=(x-1)(x-2)(x-3)\left(3x^2-\dfrac{23}{2}x+9\right)\left[$提示：令函数 $f(x)=(x-1)(x-2)\cdot\right.$

　　$\left.(x-3)(ax^2+bx+c)\right]$

第二章

导数与微分

一、内容摘要

(一)导数的概念

1. 导数的定义

设函数 $f(x)$ 在点 x_0 的某邻域内有定义,若极限

$$\lim_{\Delta x \to 0} \frac{\Delta y}{\Delta x} = \lim_{\Delta x \to 0} \frac{f(x_0 + \Delta x) - f(x_0)}{\Delta x} = \lim_{x \to x_0} \frac{f(x) - f(x_0)}{x - x_0}$$

存在,则称 $f(x)$ 在点 x_0 处可导,记做 $f'(x_0)$, $y'|_{x=x_0}$, $\left.\dfrac{\mathrm{d}y}{\mathrm{d}x}\right|_{x=x_0}$, $\left.\dfrac{\mathrm{d}f(x)}{\mathrm{d}x}\right|_{x=x_0}$.

若上述极限不存在,则称函数 $f(x)$ 在点 x_0 处不可导.

2. 左、右导数的定义及在区间内可导

①左导数:$f'_-(x_0) = \lim_{\Delta x \to 0^-} \dfrac{f(x_0 + \Delta x) - f(x_0)}{\Delta x} = \lim_{x \to x_0^-} \dfrac{f(x) - f(x_0)}{x - x_0}$.

②右导数:$f'_+(x_0) = \lim_{\Delta x \to 0^+} \dfrac{f(x_0 + \Delta x) - f(x_0)}{\Delta x} = \lim_{x \to x_0^+} \dfrac{f(x) - f(x_0)}{x - x_0}$.

注 函数 $f(x)$ 在点 x_0 处可导 $\Leftrightarrow f'_-(x_0) = f'_+(x_0)$.

③函数 $f(x)$ 在开区间 (a,b) 内可导:函数 $f(x)$ 在区间 (a,b) 内每一点导数存在,即有导函数 $f'(x)$.

④函数 $f(x)$ 在闭区间 $[a,b]$ 上可导:函数 $f(x)$ 在区间 (a,b) 内可导,且在左端点 $x=a$ 处右可导,在右端点 $x=b$ 处左可导.

3. 函数可导性与连续性的关系

若函数 $f(x)$ 在点 x_0 处可导,则 $f(x)$ 在点 x_0 处必连续,反之不一定成立. 如函数 $y=|x|$ 在点 $x=0$ 处连续但不可导.

4. 导数的几何意义

在几何上,导数 $f'(x_0)$ 表示曲线 $y=f(x)$ 在点 $[x_0,f(x_0)]$ 处的切线斜率.

切线方程: $y-y_0=f'(x_0)(x-x_0)[f'(x_0)$ 存在$]$.

法线方程: $y-y_0=\dfrac{-1}{f'(x_0)}(x-x_0)[f'(x_0)\neq 0]$.

注 ①若 $f'(x_0)=\infty$,则曲线在点 $[x_0,f(x_0)]$ 处的切线方程为 $x=x_0$;

②若函数 $f(x)$ 在点 x_0 处可导,则表示曲线 $y=f(x)$ 在点 $[x_0,f(x_0)]$ 处是光滑的.

(二)导数的四则运算法则和基本公式

1. 导数的四则运算

设函数 $u=u(x),v=v(x)$ 在点 x 处可导(k 为常数),则

①$[u\pm v]'=u'\pm v'$;　　　　　②$(uv)'=u'v+uv'$;

③$(ku)'=ku'$;　　　　　④$\left[\dfrac{u}{v}\right]'=\dfrac{u'v-uv'}{v^2}(v\neq 0)$.

2. 导数的基本公式

①$(c)'=0$;　　　　　②$(x^\mu)'=\mu x^{\mu-1}(\mu$ 为实数$)$;

③$(a^x)'=a^x\ln a,(e^x)'=e^x$;　　④$(\log_a x)'=\dfrac{1}{x\ln a}(a>0,a\neq 1),(\ln x)'=\dfrac{1}{x}$;

⑤$(\sin x)'=\cos x$;　　　　⑥$(\cos x)'=-\sin x$;

⑦$(\tan x)'=\sec^2 x$;　　　　⑧$(\cot x)'=-\csc^2 x$;

⑨$(\sec x)'=\sec x\tan x$;　　　⑩$(\csc x)'=-\csc x\cot x$;

⑪$(\arcsin x)'=\dfrac{1}{\sqrt{1-x^2}}$;　　⑫$(\arccos x)'=\dfrac{-1}{\sqrt{1-x^2}}$;

⑬$(\arctan x)'=\dfrac{1}{1+x^2}$;　　⑭$(\text{arccot} x)'=\dfrac{-1}{1+x^2}$.

注 ①三角函数的导数必定是三角函数,指数函数的导数必定是指数函数;
②反三角函数的导数不是反三角函数,而是分式函数.

(三)求导法则

1. 复合函数的求导法则

设函数 $u=g(x)$ 在点 x 处可导,$y=f(u)$ 在对应点 u 处可导,则复合函数 $y=f[g(x)]$ 在点 x 处可导,且导数公式为

$$\frac{dy}{dx}=f'(u)\cdot g'(x) \quad 或 \quad \frac{dy}{dx}=\frac{dy}{du}\cdot\frac{du}{dx}.$$

注 上述公式可推广到任意有限次的复合情况.

2. 反函数求导法则

若函数 $x=f(y)$ 在区间 I_y 内单调、可导且 $f'(y)\neq 0$,则其反函数 $y=f^{-1}(x)$

在对应区间 $I_x=\{x\,|\,x=f(y),y\in I_y\}$ 内也可导,且有公式

$$[f^{-1}(x)]'=\frac{1}{f'(y)} \quad 或 \quad \frac{\mathrm{d}y}{\mathrm{d}x}=\frac{1}{\dfrac{\mathrm{d}x}{\mathrm{d}y}}.$$

3. 隐函数的求导法则

设方程 $F(x,y)=0$,确定 y 是 x 的隐函数 $y=y(x)$,于是将函数 $y=y(x)$ 代入方程,得到恒等式 $F[x,y(x)]=0$.

方程两边对 x 求导,即 $F[x,y(x)]=0$ 两边对 x 求导. 求导时将 y 看作中间变量,便得到含有导数 y' 的方程,从中解出 y' 即为所求.

4. 对数求导法

将函数表达式两边取自然对数,并利用对数性质将表达式简化,再应用隐函数求导方法求导.

适合函数:幂指函数及多因子的积、商、幂的函数.

5. 参数方程所确定函数的导数(是复合函数与反函数求导的一个应用)

设参数方程 $\begin{cases}x=\varphi(t)\\y=\psi(t)\end{cases}$ 确定了 y 是 x 的函数 $y=y(x)$,则

$$\frac{\mathrm{d}y}{\mathrm{d}x}=\frac{\psi'(t)}{\varphi'(t)},\quad \frac{\mathrm{d}^2 y}{\mathrm{d}x^2}=\frac{\mathrm{d}\left[\dfrac{\psi'(t)}{\varphi'(t)}\right]}{\mathrm{d}t}\frac{\mathrm{d}t}{\mathrm{d}x}=\frac{\varphi'(t)\psi''(t)-\psi'(t)\varphi''(t)}{[\varphi'(t)]^3}.$$

(四)高阶导数的概念及计算

1. 高阶导数定义

①二阶导数定义:$f''(x)=\lim\limits_{\Delta x\to 0}\dfrac{f'(x+\Delta x)-f'(x)}{\Delta x}=\dfrac{\mathrm{d}^2 y}{\mathrm{d}x^2}.$

②n 阶导数定义:$f^{(n)}(x)=\lim\limits_{\Delta x\to 0}\dfrac{f^{(n-1)}(x+\Delta x)-f^{(n-1)}(x)}{\Delta x}=\dfrac{\mathrm{d}^n y}{\mathrm{d}x^n}.$

函数的 n 阶导数是其 $n-1$ 阶导数的导数,即

$$\frac{\mathrm{d}^n y}{\mathrm{d}x^n}=\frac{\mathrm{d}}{\mathrm{d}x}\left(\frac{\mathrm{d}^{n-1}y}{\mathrm{d}x^{n-1}}\right) \quad 或 \quad y^{(n)}=[y^{(n-1)}]'.$$

2. n 阶导数公式

设函数 $u(x),v(x)$ 在点 x 处有 n 阶导数,则 $u(x)\pm v(x),u(x)v(x)$ 在点 x 处有 n 阶导数,且

①$(au+bv)^{(n)}=au^{(n)}+bv^{(n)}$;

②$(uv)^{(n)}=\sum\limits_{k=0}^{n}C_n^k u^{(n-k)}v^{(k)}$(莱布尼兹公式).

常用的几个简单函数 n 阶导数公式:

①$(x^{\mu})^{(n)}=\mu(\mu-1)\cdots(\mu-n+1)x^{\mu-n}$;

②$(a^x)^{(n)}=(\ln a)^n a^x,(e^x)^{(n)}=e^x$;

③$(\sin x)^{(n)}=\sin\left(x+n\cdot\dfrac{\pi}{2}\right),(\cos x)^{(n)}=\cos\left(x+n\cdot\dfrac{\pi}{2}\right);$

④$(\ln x)^{(n)}=(-1)^{n-1}\dfrac{(n-1)!}{x^n}.$

(五)微分概念与计算

1. 微分的定义

设 $f(x)$ 在点 x 的某邻域内有定义,若 $\Delta y=A\Delta x+o(\Delta x)$,则称 $A\Delta x$ 为函数 $f(x)$ 在点 x 处的微分,记 $\mathrm{d}y$ 或 $\mathrm{d}f(x)$,即 $\mathrm{d}y=A\Delta x$.

2. 微分与增量的关系

在 $f'(x_0)\neq 0$ 的条件下,当 $\Delta x\to 0$ 时,$\mathrm{d}y,\Delta y$ 有如下关系:$\mathrm{d}y$ 是 Δx 的线性函数,$\Delta y-\mathrm{d}y=o(\Delta x)(\Delta x\to 0)$.因此,$\mathrm{d}y$ 是 Δy 的线性主要部分,且 $\mathrm{d}y\approx\Delta y(|\Delta x|$ 很小时).

3. 可微性与可导性的关系

函数 $f(x)$ 在点 x_0 处可微的充分必要条件是 $f(x)$ 在点 x_0 处可导,且 $\mathrm{d}y=f'(x_0)\mathrm{d}x.$

4. 微分的几何意义

函数 $f(x)$ 在点 x_0 处微分 $\mathrm{d}y=f'(x_0)\mathrm{d}x$ 是曲线 $y=f(x)$ 在点 $M[x_0,f(x_0)]$ 处切线纵坐标的增量.

5. 微分法则

设函数 $u(x),v(x)$ 可微分,则

①$\mathrm{d}[u\pm v]=\mathrm{d}u\pm\mathrm{d}v;$②$\mathrm{d}(u\cdot v)=v\mathrm{d}u+u\mathrm{d}v;$③$\mathrm{d}\left(\dfrac{u}{v}\right)=\dfrac{u\mathrm{d}v-v\mathrm{d}u}{v^2}(v\neq 0).$

6. 一元函数的微分形式不变性

设函数 $y=f(u),u=g(x)$,则无论 u 为自变量还是中间变量,均有微分形式:

①当 u 是自变量时,$\mathrm{d}y=f'(u)\mathrm{d}u;$

②当 u 是中间变量时,$\mathrm{d}y=y'\mathrm{d}x=f'(u)g'(x)\mathrm{d}x=f'(u)\mathrm{d}u.$

(六)近似计算

若函数 $y=f(x)$ 在点 x_0 处导数 $f'(x_0)\neq 0$,且当 $|\Delta x|$ 很小时,有

(1)函数增量的近似计算:$\Delta y\approx f'(x_0)\Delta x.$

(2)函数值的近似计算:$f(x_0+\Delta x)\approx f(x_0)+f'(x_0)\Delta x$(在 x_0 附近的函数值)或 $f(x)\approx f(x_0)+f'(x_0)(x-x_0).$

(3)函数的近似计算:$f(x)\approx f(0)+f'(0)x$(在 0 附近的函数值).

常用的近似计算公式:当 $|x|$ 很小时,可以证明

①$\sqrt[n]{1\pm x}\approx 1\pm\dfrac{1}{n}x;$②$\sin x\approx x;$③$\tan x\approx x;$④$\mathrm{e}^x\approx 1+x;$⑤$\ln(1+x)\approx x.$

注 用上面式子作近似计算时,要求在点 x_0 很小邻域内,即 $|\Delta x|$ 很小.从几何上看就是用曲线在点 $[x_0,f(x_0)]$ 处的切线近似代替该曲线.

二、典型例题与同步练习

1. 利用导数定义求极限

导数定义式:$f'(x)=\lim\limits_{\Delta x \to 0}\dfrac{f(x+\Delta x)-f(x)}{\Delta x}=\lim\limits_{h \to 0}\dfrac{f(x)-f(x-h)}{h}.$

$f'(x_0)=\lim\limits_{\Delta x \to 0}\dfrac{f(x_0+\Delta x)-f(x_0)}{\Delta x}=\lim\limits_{x \to x_0}\dfrac{f(x)-f(x_0)}{x-x_0}=\lim\limits_{h \to 0}\dfrac{f(x_0)-f(x_0-h)}{h}.$

注 定义中、分子、分母的 Δx(或 h)完全一样.

例 2-1 设函数 $f(x)$ 在点 x_0 处可导,求下列极限.

(1) $\lim\limits_{\Delta x \to 0}\dfrac{f(x_0+2\Delta x)-f(x_0)}{\Delta x}$;(2) $\lim\limits_{h \to 0}\dfrac{f(x_0+h)-f(x_0-h)}{h}.$

解 (1) $\lim\limits_{\Delta x \to 0}\dfrac{f(x_0+2\Delta x)-f(x_0)}{\Delta x}=\lim\limits_{\Delta x \to 0}\dfrac{f(x_0+2\Delta x)-f(x_0)}{2\Delta x}\cdot 2=2f'(x_0).$

(2) $\lim\limits_{h \to 0}\dfrac{f(x_0+h)-f(x_0-h)}{h}=\lim\limits_{h \to 0}\dfrac{f(x_0+h)-f(x_0)-f(x_0-h)+f(x_0)}{h}$

$=\lim\limits_{h \to 0}\dfrac{f(x_0+h)-f(x_0)}{h}-\lim\limits_{h \to 0}\dfrac{f(x_0-h)-f(x_0)}{-h}(-1)$

$=f'(x_0)+f'(x_0)=2f'(x_0).$

◇**练习题 2-1**

1.设 $f'(x_0)$ 存在,求极限 $\lim\limits_{\Delta x \to 0}\dfrac{f(x_0-\Delta x)-f(x_0)}{\Delta x}.$

2.已知 $f'(0)=2$,求极限 $\lim\limits_{x \to 0}\dfrac{f(3x)-f(0)}{x}.$

*3.已知 $f'(0)=2$,求极限 $\lim\limits_{x \to 0}\dfrac{f(3x)-f(x)}{x}.$

【练习题 2-1 答案】

1.$-f'(x_0)$ 2.6 *3.4

2.求曲线在点 $[x_0,f(x_0)]$ 处的切线方程和法线方程

切线方程：$y-y_0=f'(x_0)(x-x_0)[f'(x_0)$ 存在 $]$.

法线方程：$y-y_0=\dfrac{-1}{f'(x_0)}(x-x_0)[f'(x_0)\neq 0]$.

注 若 $f'(x_0)=0$，法线方程 $x=x_0$，即为通过 x_0 且垂直于 x 轴的直线.

例 2-2 确定 a,b 的值，使曲线 $y=x^2+ax+b$ 与直线 $y=2x$ 相切于点 $(2,4)$.

分析 曲线 $y=x^2+ax+b$ 在点 $(2,4)$ 的切线斜率等于直线 $y=2x$ 的斜率.

解 因为 $y'=(2x+a)|_{x=2}=4+a=2$，所以 $a=-2$. 又因为点 $(2,4)$ 在曲线 $y=x^2+ax+b$ 上，所以将点 $(2,4)$ 代入曲线方程中，得 $4=2^2-2\times 2+b$，即有 $b=4$. 于是，当 $a=-2,b=4$ 时，曲线 $y=x^2+ax+b$ 与直线 $y=2x$ 相切于点 $(2,4)$.

◇**练习题 2-2**

求曲线 $y=x^3$ 在点 $(1,1)$ 处的切线方程和法线方程.

【**练习题 2-2 答案**】

切线方程 $y-3x+2=0$，法线方程 $x+3y-4=0$

3.讨论分段函数在分段点的导数

（1）已知分段函数，求分段点的导数，用导数定义求

①若分段函数在分段点 x_0 左右两侧的表达式不同时，需用导数定义求出左导数 $f'_-(x_0)$，右导数 $f'_+(x_0)$，考察 $f'_-(x_0)=f'_+(x_0)$ 是否成立判断函数 $f(x)$ 在点 x_0 处是否可导.

②若分段函数在分段点 x_0 两侧的表达式相同时，用导数定义求 $f'(x_0)$ 是否存在，判断函数 $f(x)$ 在点 x_0 处是否可导.

例 2-3 讨论函数 $f(x)=\begin{cases}x^2\sin\dfrac{1}{x}, & x\neq 0\\ 0, & x=0\end{cases}$ 在点 $x=0$ 处的连续性与可导性.

解 首先讨论函数 $f(x)$ 在点 $x=0$ 处的连续性.

因为 $\lim\limits_{x\to 0}f(x)=\lim\limits_{x\to 0}x^2\sin\dfrac{1}{x}=f(0)=0$，所以函数 $f(x)$ 在点 $x=0$ 处连续.

再讨论函数 $f(x)$ 在点 $x=0$ 处的可导性.

因为 $f'(0)=\lim\limits_{\Delta x\to 0}\dfrac{f(0+\Delta x)-f(0)}{\Delta x}=\lim\limits_{\Delta x\to 0}\dfrac{(\Delta x)^2\sin\dfrac{1}{\Delta x}-0}{\Delta x}=\lim\limits_{\Delta x\to 0}\Delta x\sin\dfrac{1}{\Delta x}=0$，

所以函数 $f(x)$ 在点 $x=0$ 处可导.

*例 2-4　讨论函数 $f(x)=\begin{cases}3x-\ln x,0<x<1\\3x+\ln x,x\geqslant 1\end{cases}$,在点 $x=1$ 处的可导性.

解　因为 $f'_-(1)=\lim\limits_{x\to 1^-}\dfrac{f(x)-f(1)}{x-1}=\lim\limits_{x\to 1^-}\dfrac{3x-\ln x-3}{x-1}=\lim\limits_{x\to 1^-}\left[\dfrac{3(x-1)}{x-1}-\dfrac{\ln x}{x-1}\right]$

$$=3-\lim\limits_{x\to 1^-}\dfrac{\ln[1+(x-1)]}{x-1}=3-1=2.$$

$f'_+(1)=\lim\limits_{x\to 1^+}\dfrac{f(x)-f(1)}{x-1}=\lim\limits_{x\to 1^+}\dfrac{3x+\ln x-3}{x-1}=\lim\limits_{x\to 1^+}\left[\dfrac{3(x-1)}{x-1}+\dfrac{\ln x}{x-1}\right]$

$$=3+\lim\limits_{x\to 1^+}\dfrac{\ln[1+(x-1)]}{x-1}=3+1=4.$$

所以 $f'_-(1)\neq f'_+(1)$,于是函数在点 $x=1$ 处的导数 $f'(1)$ 不存在,即函数 $f(x)$ 在点 $x=1$ 处不可导.

◇**练习题 2-3**

1.设函数 $f(x)=\begin{cases}x\sin\dfrac{1}{x},&x\neq 0\\0,&x=0\end{cases}$,讨论函数 $f(x)$ 在点 $x=0$ 处的连续性与可导性.

2.设函数 $f(x)=\begin{cases}x,&x<0\\\ln(1+x),&x\geqslant 0\end{cases}$,讨论函数 $f(x)$ 在点 $x=0$ 处的连续性与可导性.

【练习题 2-3 答案】

1.连续,不可导　　2.连续,可导

（2）已知分段函数在分段点可导,反求分段函数中的参数

由可导必连续,得 $\lim\limits_{x\to x_0^-}f(x)=\lim\limits_{x\to x_0^+}f(x)=f(x_0)$.

由左导数等于右导数,得 $f'_-(x_0)=f'_+(x_0)$.

解联立方程组,即可求出函数中的参数.

例 2-5　设函数 $f(x)=\begin{cases}\sin x,&x<0\\\ln(ax+b),&x\geqslant 0\end{cases}$,问 a,b 为何值时,函数 $f(x)$ 在点 $x=0$ 处可导?

解　首先讨论函数 $f(x)$ 在点 $x=0$ 处的连续性,

因为 $\lim\limits_{x\to 0^-}f(x)=\lim\limits_{x\to 0^+}f(x)=f(0)$,

即 $\lim\limits_{x\to 0^-}\sin x=\lim\limits_{x\to 0^+}\ln(ax+b)=\ln b,\ln b=0$,所以 $b=1$;

又函数 $f(x)$ 在点 $x=0$ 处可导,即左导数等于右导数,有 $f'_-(0)=f'_+(0)$,

即 $1 = \lim\limits_{x \to 0^-} \dfrac{f(x) - f(0)}{x - 0} = \lim\limits_{x \to 0^-} \dfrac{\sin x}{x} = \lim\limits_{x \to 0^+} \dfrac{\ln(ax + 1)}{x} = \lim\limits_{x \to 0^+} \dfrac{\ln(ax + 1)}{ax} a = a$，从而 $a = 1$，因此，当 $a = b = 1$ 时，函数 $f(x)$ 在点 $x = 0$ 处连续、可导.

注 对于带有绝对值函数的可导性可归为分段函数情况讨论（打开绝对值），如讨论函数 $y = |\sin x|$ 在点 $x = 0$ 处的连续性、可导性.

◇练习题 2 - 4

1. 设函数 $f(x) = \begin{cases} e^{ax}, & x < 0 \\ b + \sin 2x, & x \geqslant 0 \end{cases}$ 在点 $x = 0$ 处可导，求 a, b 的值.

*2. 设函数 $f(x) = \begin{cases} x^n \sin \dfrac{1}{x}, & x \neq 0 \\ 0, & x = 0 \end{cases}$ 在点 $x = 0$ 处导函数连续，求 n 的值.

【练习题 2 - 4 答案】

1. $a = 2, b = 1$ *2. $n > 2$

4. 求显函数的导数

复合函数求导法：
①将给定函数分解为一系列基本初等函数及其和、差、积、商；
②按照复合关系，从外向内依次求导直至对自变量求导为止.

例 2 - 6 求下列函数的导数.

$(1) y = (x - e^{-x^2})^{10}$；

$(2) y = x^a \cdot a^{-x} + \sqrt{1 - x^2} \arcsin x + e^\pi$；

$(3) y = 2^{\tan \frac{1}{x}} + \sin 2^x$；

$(4) y = \arctan \sqrt{x^2 - 1} - \dfrac{\ln x}{\sqrt{x^2 - 1}}$；

$(5) y = \arctan \left(2 \tan \dfrac{x}{2} \right)$；

$(6) y = \arcsin(\sin x)$.

解 $(1) y' = 10(x - e^{-x^2})^9 (1 + 2x e^{-x^2})$；

$(2) y' = a x^{a-1} a^{-x} - x^a a^{-x} \ln a - \dfrac{x \arcsin x}{\sqrt{1 - x^2}} + 1$；

$(3) y' = 2^{\tan \frac{1}{x}} \cdot \ln 2 \cdot \sec^2 \dfrac{1}{x} \left(-\dfrac{1}{x^2} \right) + \cos 2^x \cdot 2^x \cdot \ln 2$；

$(4) y' = \dfrac{1}{1 + x^2 - 1} \cdot \dfrac{x}{\sqrt{x^2 - 1}} - \dfrac{\dfrac{1}{x} \sqrt{x^2 - 1} - \ln x \cdot \dfrac{x}{\sqrt{x^2 - 1}}}{x^2 - 1} = \dfrac{x \ln x}{(x^2 - 1)^{\frac{3}{2}}}$；

$(5)\, y'=\dfrac{2\sec^2\dfrac{x}{2}\cdot\dfrac{1}{2}}{1+4\tan^2\dfrac{x}{2}}=\dfrac{\sec^2\dfrac{x}{2}}{1+4\tan^2\dfrac{x}{2}}$;

$(6)\, y'=\dfrac{\cos x}{\sqrt{1-\sin^2 x}}=\dfrac{\cos x}{|\cos x|}$.

* **例 2 - 7** 求函数 $y=f(x)=\lim\limits_{t\to 0}\big[(1+tx)^{\frac{1}{t}}\ln(t^2+x)\big]$ 的导数.

解 因为 $y=f(x)=\lim\limits_{t\to 0}(1+tx)^{\frac{1}{tx}x}\lim\limits_{t\to 0}\ln(t^2+x)=\mathrm{e}^x\ln x$,

所以 $y'=\mathrm{e}^x\left(\ln x+\dfrac{1}{x}\right)$.

◇ **练习题 2 - 5**

1. 求下列函数的导数及微分.

(1) 设函数 $y=\ln\tan\dfrac{x}{2}-\cos x\ln\tan x$, 求 $\dfrac{\mathrm{d}y}{\mathrm{d}x}$;

(2) 设函数 $y=\mathrm{e}^{2x}\sin(3x+5)$, 求 $\mathrm{d}y$;

(3) 设函数 $y=x\arcsin\dfrac{x}{2}+\sqrt{4-x^2}$, 求 y';

(4) 设函数 $y=x^{a^2}+a^{x^2}$, 求 $\mathrm{d}y$.

* 2. 设函数 $f(x)=\lim\limits_{t\to\infty}t^2\sin\dfrac{x}{t}\cdot\left[\varphi\left(x+\dfrac{\pi}{t}\right)-\varphi(x)\right]$, 其中 φ 具有二阶导数, 求 $f'(x)$.

【**练习题 2 - 5 答案**】

1. (1) $\dfrac{\mathrm{d}y}{\mathrm{d}x}=\sin x\ln\tan x$ (2) $\mathrm{d}y=\mathrm{e}^{2x}[2\sin(3x+5)+3\cos(3x+5)]\mathrm{d}x$

(3) $y'=\arcsin\dfrac{x}{2}$ (4) $\mathrm{d}y=(a^2 x^{a^2-1}+a^{x^2}\ln a\cdot 2x)\mathrm{d}x$

* 2. $f'(x)=\pi\varphi'(x)+\pi x\varphi''(x)$

例 2 - 8 求下列抽象函数的导数.

(1) 设函数 $y=f[x^2+f(x^2)]$, 其中 $f(u)$ 为可导函数, 求 $\dfrac{\mathrm{d}y}{\mathrm{d}x}$;

(2) 设函数 $y=\sin f(x)+\sqrt{f(x)}+f[\sqrt{\sin f(x)}]$, 其中 $f(u)$ 为可导函数, 求 $\dfrac{\mathrm{d}y}{\mathrm{d}x}$;

（3）设函数 $f(x)$ 二阶可导，且 $y=\ln f(x)+\mathrm{e}^{f(x)}$，求 $\dfrac{\mathrm{d}^2y}{\mathrm{d}x^2}$.

解　（1）$\dfrac{\mathrm{d}y}{\mathrm{d}x}=f'[x^2+f(x^2)][2x+2xf'(x^2)]$；

（2）$\dfrac{\mathrm{d}y}{\mathrm{d}x}=f'(x)\cos f(x)+\dfrac{f'(x)}{2\sqrt{f(x)}}+f'[\sqrt{\sin f(x)}]\dfrac{\cos f(x)}{2\sqrt{\sin f(x)}}f'(x)$；

（3）$\dfrac{\mathrm{d}y}{\mathrm{d}x}=\dfrac{f'(x)}{f(x)}+\mathrm{e}^{f(x)}f'(x)$，

　　　$\dfrac{\mathrm{d}^2y}{\mathrm{d}x^2}=\dfrac{f''(x)f(x)-[f'(x)]^2}{[f(x)]^2}+\mathrm{e}^{f(x)}[f'(x)]^2+\mathrm{e}^{f(x)}f''(x)$.

◇**练习题 2-6**

设 $f(u)$ 为可导函数，求下列函数的导数及微分.

（1）设 $y=f\left(\dfrac{1}{x}\right)$，求 $\mathrm{d}y$；　　　　　　　（2）设 $y=f[\tan x+f(\tan^2x)]$，求 $\dfrac{\mathrm{d}y}{\mathrm{d}x}$.

【练习题 2-6 答案】

（1）$\mathrm{d}y=-f'\left(\dfrac{1}{x}\right)\cdot\left(\dfrac{1}{x^2}\right)\mathrm{d}x$

（2）$\dfrac{\mathrm{d}y}{\mathrm{d}x}=f'[\tan x+f(\tan^2x)]\sec^2x[1+2\tan xf'(\tan^2x)]$

5. 求隐函数的导数

（1）由方程 $F(x,y)=0$ 确定的隐函数 $y=y(x)$ 的求导法

方程两边同时对 x 求导，其中 $y=y(x)$ 为 x 的函数，通过求导后的方程解出导数 y'.

（2）由参数方程 $\begin{cases}x=\varphi(t)\\y=\psi(t)\end{cases}$ 确定的函数 $y=y(x)$ 的求导法

$$\frac{\mathrm{d}y}{\mathrm{d}x}=\frac{\dfrac{\mathrm{d}y}{\mathrm{d}t}}{\dfrac{\mathrm{d}x}{\mathrm{d}t}}=\frac{\psi'(t)}{\varphi'(t)}\quad\text{或}\quad\frac{\mathrm{d}y}{\mathrm{d}x}=\frac{\psi'(t)\mathrm{d}t}{\varphi'(t)\mathrm{d}t}=\frac{\psi'(t)}{\varphi'(t)}.$$

二阶导数：$\dfrac{\mathrm{d}^2y}{\mathrm{d}x^2}=\dfrac{\mathrm{d}}{\mathrm{d}t}\left(\dfrac{\mathrm{d}y}{\mathrm{d}x}\right)\cdot\dfrac{1}{\dfrac{\mathrm{d}x}{\mathrm{d}t}}$.

（3）隐函数求导数的应用，对数求导法

适合函数：幂指函数及多因子的积、商、幂的函数.

例 2-9　按要求求下列函数的导数.

（1）设方程 $y=1-x\mathrm{e}^y$ 确定隐函数 $y=y(x)$，求 $\dfrac{\mathrm{d}y}{\mathrm{d}x}\Big|_{x=0}$，$\dfrac{\mathrm{d}^2y}{\mathrm{d}x^2}\Big|_{x=0}$；

(2)设参数方程 $\begin{cases} x=\ln\sqrt{1+t^2} \\ y=\arctan t \end{cases}$ 确定隐函数 $y=y(x)$，求 $\dfrac{\mathrm{d}^2 y}{\mathrm{d}x^2}$；

(3)设 $(\cos x)^y=(\sin y)^x(\cos x>0,\sin y>0)$，求 $\dfrac{\mathrm{d}y}{\mathrm{d}x}$；

(4)设 $y=\sqrt[3]{\dfrac{x\ln x}{\mathrm{e}^x(x^2+1)}}$，求 $\dfrac{\mathrm{d}y}{\mathrm{d}x}$.

解　(1)方程 $y=1-x\mathrm{e}^y$ 两端对 x 求导，得 $\dfrac{\mathrm{d}y}{\mathrm{d}x}=-\mathrm{e}^y-x\mathrm{e}^y\dfrac{\mathrm{d}y}{\mathrm{d}x}$.

从中解出 $\dfrac{\mathrm{d}y}{\mathrm{d}x}=-\dfrac{\mathrm{e}^y}{1+x\mathrm{e}^y}=\dfrac{\mathrm{e}^y}{y-2}$，且当 $x=0$ 时，$y=1$，于是 $\dfrac{\mathrm{d}y}{\mathrm{d}x}\bigg|_{x=0}=-\mathrm{e}$.

为求二阶导数，$\dfrac{\mathrm{d}y}{\mathrm{d}x}=-\dfrac{\mathrm{e}^y}{1+x\mathrm{e}^y}=\dfrac{\mathrm{e}^y}{y-2}$ 两端对 x 求导，得

$$\frac{\mathrm{d}^2 y}{\mathrm{d}x^2}=\frac{\mathrm{e}^y y'(y-2)-\mathrm{e}^y y'}{(y-2)^2}=\frac{\mathrm{e}^y(y-3)}{(y-2)^2}y'=\frac{\mathrm{e}^{2y}(y-3)}{(y-2)^3},$$

于是 $\dfrac{\mathrm{d}^2 y}{\mathrm{d}x^2}\bigg|_{x=0}=\dfrac{\mathrm{e}^2(1-3)}{(1-2)^3}=2\mathrm{e}^2$.

(2)参数方程变形为 $\begin{cases} x=\dfrac{1}{2}\ln(1+t^2) \\ y=\arctan t \end{cases}$.

一阶导数 $\dfrac{\mathrm{d}y}{\mathrm{d}x}=\dfrac{\dfrac{\mathrm{d}y}{\mathrm{d}t}}{\dfrac{\mathrm{d}x}{\mathrm{d}t}}=\dfrac{\dfrac{1}{1+t^2}}{\dfrac{t}{1+t^2}}=\dfrac{1}{t}$.

注　一阶导数一定化简，二阶导数才不易求错.

于是，二阶导数为

$$\frac{\mathrm{d}^2 y}{\mathrm{d}x^2}=\frac{\mathrm{d}}{\mathrm{d}t}\left(\frac{1}{t}\right)\cdot\frac{1}{\dfrac{t}{1+t^2}}=-\frac{1+t^2}{t^3}.$$

(3)方程 $(\cos x)^y=(\sin y)^x$ 两边取自然对数，得 $y\ln\cos x=x\ln\sin y$，

上式两边对 x 求导，得 $\dfrac{\mathrm{d}y}{\mathrm{d}x}\ln\cos x+y\left(-\dfrac{\sin x}{\cos x}\right)=\ln\sin y+x\dfrac{\cos y}{\sin y}\dfrac{\mathrm{d}y}{\mathrm{d}x}$，

从中解出 $\dfrac{\mathrm{d}y}{\mathrm{d}x}=\dfrac{\ln\sin y+y\tan x}{\ln\cos x-x\cot y}$.

(4)因为 $\ln y=\dfrac{1}{3}[\ln x+\ln\ln x-\ln\mathrm{e}^x-\ln(x^2+1)]$

$$=\frac{1}{3}[\ln x+\ln\ln x-x-\ln(x^2+1)],$$

所以 $y'=\dfrac{y}{3}\left[\dfrac{1}{x}+\dfrac{1}{x\ln x}-1-\dfrac{2x}{x^2+1}\right]$

$$=\frac{1}{3}\sqrt[3]{\frac{x\ln x}{\mathrm{e}^x(x^2+1)}}\left[\frac{1}{x}+\frac{1}{x\ln x}-1-\frac{2x}{x^2+1}\right].$$

◇**练习题 2 − 7**

按要求计算下列题.

1. 设方程 $y + \sin y = x$ 确定隐函数 $y = y(x)$, 求 $\dfrac{\mathrm{d}y}{\mathrm{d}x}$, $\dfrac{\mathrm{d}^2 y}{\mathrm{d}x^2}$.

2. 设参数方程 $\begin{cases} x = \ln(1 + t^2) \\ y = t - \arctan t \end{cases}$ 确定隐函数 $y = y(x)$, 求 $\dfrac{\mathrm{d}y}{\mathrm{d}x}\Big|_{t=1}$, $\dfrac{\mathrm{d}^2 y}{\mathrm{d}x^2}\Big|_{t=1}$.

* 3. 设方程 $\arctan \dfrac{y}{x} = \ln \sqrt{x^2 + y^2}$ 确定隐函数 $y = y(x)$, 求 $\dfrac{\mathrm{d}y}{\mathrm{d}x}$, $\dfrac{\mathrm{d}^2 y}{\mathrm{d}x^2}$.

【**练习题 2 − 7 答案**】

1. $\dfrac{1}{1 + \cos y}$; $\dfrac{\sin y}{(1 + \cos y)^3}$

2. $\dfrac{1}{2}$; $\dfrac{1}{2}$

* 3. $\dfrac{x + y}{x - y}$; $\dfrac{2(x^2 + y^2)}{(x - y)^3}$

例 2 − 10　求解下列题.

(1) 求曲线 $\begin{cases} x = 2\mathrm{e}^t \\ y = \mathrm{e}^{-t} \end{cases}$ 在 $t = 0$ 相应点处的切线方程及法线方程;

* (2) 设方程组 $\begin{cases} x = y^2 + y \\ u = (x^2 + x)^{\frac{3}{2}} \end{cases}$ 确定函数 $y = y(u)$, 求 $\dfrac{\mathrm{d}y}{\mathrm{d}u}$;

* (3) 设函数 $y = f(x)$ 是由方程组 $\begin{cases} x = 3t^2 + 2t + 3 \\ \mathrm{e}^y \sin t - y + 1 = 0 \end{cases}$ 所确定的, 求 $\dfrac{\mathrm{d}y}{\mathrm{d}x}\Big|_{t=0}$.

解　(1) 当 $t = 0$ 时, 对应曲线上的点是 $(2, 1)$, 且曲线的斜率为

$$k\Big|_{t=0} = \dfrac{\dfrac{\mathrm{d}y}{\mathrm{d}t}}{\dfrac{\mathrm{d}x}{\mathrm{d}t}}\Bigg|_{t=0} = \dfrac{-\mathrm{e}^{-t}}{2\mathrm{e}^t}\Bigg|_{t=0} = -\dfrac{1}{2\mathrm{e}^{2t}}\Bigg|_{t=0} = -\dfrac{1}{2},$$

于是曲线的切线方程为 $y - 1 = -\dfrac{1}{2}(x - 2)$, 即 $x + 2y - 4 = 0$,

法线方程为 $y - 1 = 2(x - 2)$, 即 $2x - y - 3 = 0$.

* (2) **方法 1**　因为 $\dfrac{\mathrm{d}y}{\mathrm{d}u} = \dfrac{\mathrm{d}y}{\mathrm{d}x} \cdot \dfrac{\mathrm{d}x}{\mathrm{d}u}$, 所以方程 $x = y^2 + y$ 两边对 x 求导, 得

$$1 = 2y\frac{\mathrm{d}y}{\mathrm{d}x} + \frac{\mathrm{d}y}{\mathrm{d}x},$$

从中解出 $\dfrac{\mathrm{d}y}{\mathrm{d}x} = \dfrac{1}{1+2y}.$

又方程 $u = (x^2 + x)^{\frac{3}{2}}$ 两边对 u 求导,得

$$1 = \frac{3}{2}(x^2 + x)^{\frac{1}{2}}(2x+1)\frac{\mathrm{d}x}{\mathrm{d}u},$$

从中解出 $\dfrac{\mathrm{d}x}{\mathrm{d}u} = \dfrac{2}{3(x^2+x)^{\frac{1}{2}}(2x+1)}.$

于是 $\dfrac{\mathrm{d}y}{\mathrm{d}u} = \dfrac{2}{3(x^2+x)^{\frac{1}{2}}(1+2y)(2x+1)}.$

方法 2 可以利用反函数求导公式求出 $\dfrac{\mathrm{d}y}{\mathrm{d}x} = \dfrac{1}{\frac{\mathrm{d}x}{\mathrm{d}y}}$, $\dfrac{\mathrm{d}x}{\mathrm{d}u} = \dfrac{1}{\frac{\mathrm{d}u}{\mathrm{d}x}}.$

*(3)当 $t = 0$ 时, $x = 3, y = 1.$

因为 $\dfrac{\mathrm{d}y}{\mathrm{d}x} = \dfrac{\frac{\mathrm{d}y}{\mathrm{d}t}}{\frac{\mathrm{d}x}{\mathrm{d}t}}$,所以方程 $x = 3t^2 + 2t + 3$ 两边对 t 求导,得 $\dfrac{\mathrm{d}x}{\mathrm{d}t} = 6t + 2.$

方程 $\mathrm{e}^y \sin t - y + 1 = 0$ 两边对 t 求导,得 $\mathrm{e}^y \sin t \dfrac{\mathrm{d}y}{\mathrm{d}t} + \mathrm{e}^y \cos t - \dfrac{\mathrm{d}y}{\mathrm{d}t} = 0,$

从中解出 $\dfrac{\mathrm{d}y}{\mathrm{d}t} = \dfrac{\mathrm{e}^y \cos t}{1 - \mathrm{e}^y \sin t}.$

于是 $\dfrac{\mathrm{d}y}{\mathrm{d}x} = \dfrac{\mathrm{e}^y \cos t}{(1 - \mathrm{e}^y \sin t)(6t+2)},$

故 $\dfrac{\mathrm{d}y}{\mathrm{d}x}\Big|_{t=0} = \dfrac{\mathrm{e}}{2}.$

◇练习题 **2 - 8**

1.设曲线方程为 $x^3 + y^3 + (x+1)\cos \pi y + 9 = 0$,试求此曲线在 $x = -1$ 对应点处的法线方程.

2.设参数方程 $\begin{cases} x = t + 2 + \sin t \\ y = t + \cos t \end{cases}$,求曲线在点 $x = 2$ 处的切线方程的二阶导数 $\dfrac{\mathrm{d}^2 y}{\mathrm{d}x^2}\Big|_{x=2}.$

3.求曲线 $r = a\sin 2\theta (a$ 为常数)在 $\theta = \dfrac{\pi}{4}$ 对应点处的切线方程.

【练习题 2-8 答案】

1. $y-3x-1=0$

2. $y-1=\dfrac{1}{2}(x-2)$; $\left.\dfrac{\mathrm{d}^2 y}{\mathrm{d}x^2}\right|_{x=2}=-\dfrac{1}{4}$

3. $x+y=\sqrt{2}a$

6. 求函数的高阶导数

注 求函数高阶导数应及时归纳表达式的规律.

(1)归纳求导法

直接求出前几阶导数即可找出规律.

(2)分离求导法

由代数或三角公式将原式恒等变形为几项和(差),以容易求出各项高阶导数并能找出规律为准.

(3)用莱布尼茨公式

用莱布尼茨公式求函数的 n 阶导数.

例 2-11 求下列函数的 n 阶导数.

(1)设 $y=\dfrac{x+a}{x+b}$,求 $y^{(n)}$;

*(2)设 $y=\dfrac{2x+3}{x^2+3x}$,求 $y^{(n)}$;

*(3)设 $y=\mathrm{e}^x\cos x$,求 $y^{(n)}$.

解 (1)因为 $y=1+\dfrac{a-b}{x+b}$,

所以 $y'=-\dfrac{(a-b)}{(x+b)^2}$, $y''=\dfrac{2!(a-b)}{(x+b)^3}$, $y'''=\dfrac{(-1)^3 3!\ (a-b)}{(x+b)^4}$, $\cdots$

由此可得 $y^{(n)}=(-1)^n\dfrac{n!(a-b)}{(x+b)^{n+1}}$.

*(2)因为 $y=\dfrac{2x+3}{x^2+3x}=\dfrac{1}{x+3}+\dfrac{1}{x}$,

所以 $y'=-\dfrac{1}{(x+3)^2}-\dfrac{1}{x^2}$, $y''=\dfrac{2!}{(x+1)^3}+\dfrac{2!}{x^3}$, $y'''=\dfrac{(-1)^3 3!}{(x+1)^4}+\dfrac{(-1)^3 3!}{x^4}$, $\cdots$

由此可得 $y^{(n)}=(-1)^n n!\left[\dfrac{1}{(x+1)^{n+1}}+\dfrac{1}{x^{n+1}}\right]$.

*(3)利用公式 $\cos(\alpha+\beta)=\cos\alpha\cos\beta-\sin\alpha\sin\beta$

因为 $y'=\mathrm{e}^x(\cos x-\sin x)=2^{\frac{1}{2}}\mathrm{e}^x\left(\dfrac{\sqrt{2}}{2}\cos x-\dfrac{\sqrt{2}}{2}\sin x\right)=2^{\frac{1}{2}}\mathrm{e}^x\cos\left(x+\dfrac{\pi}{4}\right)$,

$y''=2^{\frac{1}{2}}\mathrm{e}^x\left[\cos\left(x+\dfrac{\pi}{4}\right)-\sin\left(x+\dfrac{\pi}{4}\right)\right]=2^{\frac{2}{2}}\mathrm{e}^x\cos\left(x+2\cdot\dfrac{\pi}{4}\right)$,

$\cdots$

得 n 阶导数 $y^{(n)} = 2^{\frac{n}{2}} e^x \cos\left(x + n \cdot \dfrac{\pi}{4}\right)$.

◇练习题 2 – 9

求下列函数的 n 阶导数.

1. $y = x\ln x$, 求 $y^{(n)}$.

* 2. $y = \dfrac{1}{x^2 - 3x + 2}$, 求 $y^{(n)}$.

【练习题 2 – 9 答案】

1. $(-1)^{n-2} \dfrac{(n-2)!}{x^{n-1}}, n > 2$

* 2. $(-1)^n n! \left[\dfrac{1}{(x-2)^{n+1}} - \dfrac{1}{(x-1)^{n+1}} \right]$

*7. 相关变化率

可导函数的参数方程为 $\begin{cases} x = x(t) \\ y = y(t) \end{cases}$，变化率 $\dfrac{dy}{dt}$ 与 $\dfrac{dx}{dt}$ 之间相互依赖的变化率称为相关变化率.

相关变化率问题是研究这两个变化率之间的关系，以便从其中一个变化率求出另一个变化率.

具体做法：

(1)先建立联系 x 和 y 的方程；

(2)然后利用求导法则，在方程两端对 t 求导，得到变化率之间的方程并解出所求的变化率；

(3)最后将已知信息代入，得到所要结果.

例 2 – 12　一长为 5 米的梯子斜靠在墙上，如果梯子下端以 0.5 米/秒的速度滑离墙壁，试求：

(1)当梯子下端离墙 3 米时，梯子上端向下滑落的速度；

(2)当梯子与墙的夹角为 $\dfrac{\pi}{3}$ 时，该夹角的增加率.

解　如图 2.1 所示，x 表示梯子下端离墙的距离，y 表示梯子上端到地面的距离，θ 表示梯子与墙的夹角，这里 x, y, θ 都是时间 t 的函数.

(1)已知 $\dfrac{dx}{dt} = 0.5$，求当 $x = 3$ 时，$\left| \dfrac{dy}{dt} \right|$ 的值.

由于 x, y 满足 $x^2 + y^2 = 25$，方程两边对 t 求导得

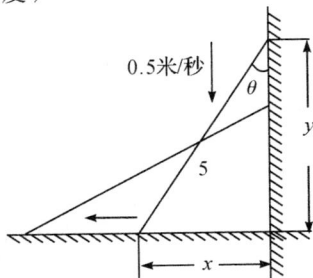

图 2.1

$$2x\frac{\mathrm{d}x}{\mathrm{d}t}+2y\frac{\mathrm{d}y}{\mathrm{d}t}=0,$$

解得 $\frac{\mathrm{d}y}{\mathrm{d}t}=-\frac{x}{y}\frac{\mathrm{d}x}{\mathrm{d}t}$.

当 $x=3$ 时，由 $x^2+y^2=25$，得 $y=4$.

所以 $\frac{\mathrm{d}y}{\mathrm{d}t}=-\frac{3}{4}\times0.5=-\frac{3}{8}$ 米/秒，负号代表方向向下.

（2）已知 $\frac{\mathrm{d}x}{\mathrm{d}t}=0.5$，求当 $\theta=\frac{\pi}{3}$ 时，$\frac{\mathrm{d}\theta}{\mathrm{d}t}$ 的值.

因为 x,θ 满足 $\sin\theta=\frac{x}{5}$，两边对 t 求导，得 $\cos\theta\frac{\mathrm{d}\theta}{\mathrm{d}t}=\frac{\frac{\mathrm{d}x}{\mathrm{d}t}}{5}$，

解得 $\frac{\mathrm{d}\theta}{\mathrm{d}t}=\frac{1}{5\cos\theta}\cdot\frac{\mathrm{d}x}{\mathrm{d}t}$.

将 $\theta=\frac{\pi}{3}$，$\frac{\mathrm{d}x}{\mathrm{d}t}=0.5$ 代入得 $\frac{\mathrm{d}\theta}{\mathrm{d}t}=\frac{1}{5\cos\frac{\pi}{3}}\times0.5=\frac{1}{5}$，即夹角的增加率为 $\frac{1}{5}$ 弧度/秒.

三、基础题

（一）单项选择题

1. 若函数 $f(x)$ 在点 x_0 处有极限，则 $f(x)$ 在点 x_0 处（　　）.
A. 有定义　　　　　B. 连续　　　　　C. 可导　　　　　D. 局部有界

2. 函数 $f(x)$ 在点 x_0 处可导（可微）是 $f(x)$ 在点 x_0 处连续的（　　）条件.
A. 充分不必要　　　　　　　　B. 必要不充分
C. 充分必要　　　　　　　　　D. 既不充分，也不必要

3. 函数 $f(x)$ 在点 x_0 处连续是 $f(x)$ 在点 x_0 处可导（可微）的（　　）条件.
A. 充分不必要　　　　　　　　B. 充分必要
C. 必要不充分　　　　　　　　D. 既不充分，也不必要

4. 函数 $f(x)$ 在点 x_0 处的左导数 $f'_-(x_0)$ 和右导数 $f'_+(x_0)$ 都存在且相等是 $f(x)$ 在点 x_0 可导的（　　）条件.
A. 充分不必要　　　　　　　　B. 充分必要
C. 必要不充分　　　　　　　　D. 既不充分，也不必要

5. 设 $f'(x_0)$ 存在，则下列 4 个极限中等于 $f'(x_0)$ 的是（　　）.
A. $\lim\limits_{\Delta x\to0}\dfrac{f(x_0-\Delta x)-f(x_0)}{\Delta x}$　　　　　　B. $\lim\limits_{h\to0}\dfrac{f(x_0+h)-f(x_0-h)}{h}$

C. $\lim\limits_{x \to x_0} \dfrac{f(x_0) - f(x)}{x - x_0}$ 　　　　　　　　　　D. $\lim\limits_{h \to 0} \dfrac{f(x_0) - f(x_0 - h)}{h}$

6. 设函数 $f(x^2) = x^3 \, (x > 0)$，则 $f'(4) = ($ 　　　$)$.

A. 2　　　　　　　　　B. 3　　　　　　　　C. 4　　　　　　　　D. 16

7. 若 $f(x)$ 为可导的偶函数，则 $f'(x)$ 是（　　　）.

A. 偶函数　　　　　　　　　　　　　B. 奇函数

C. 既非奇又非偶函数　　　　　　　　D. 不能确定

8. 设函数 $g(x) = \begin{cases} \dfrac{x^2}{2}, & x \leqslant 1 \\ x, & x > 1 \end{cases}$，则 $g(x)$ 在点 $x = 1$ 处的（　　　）.

A. 左、右导数都存在　　　　　　　　B. 左导数存在，但右导数不存在

C. 左导数不存在，但右导数存在　　　D. 左、右导数都不存在

9. 设 $f(x)$ 为可微分函数，当 $\Delta x \to 0$ 时，则在点 x 处的 $\Delta y - \mathrm{d}y$ 是关于 Δx 的（　　　）.

A. 高阶无穷小　　　　　　　　　　　B. 等价无穷小

C. 低阶无穷小　　　　　　　　　　　D. 不可比较

10. 下列说法中，正确的是（　　　）.

A. 连续的曲线上每一点都有切线

B. 若 $f'(x) = g'(x)$，则必有 $f(x) = g(x)$

C. 若函数可导，则其反函数必定可导

D. 可导函数的图形上每一点处都有切线

（二）填空题

1. 设函数 $f(x)$ 在点 $x = a$ 处可导，则 $\lim\limits_{h \to 0} \dfrac{f(a + nh) - f(a)}{h} = $ _____.

2. 曲线 $y = \ln x$ 在点 $(1, 0)$ 处的切线与 x 轴的夹角是 _____.

3. 设函数 $y^2 = x^{\sin x} \, (x > 0)$，则微分 $\mathrm{d}y = $ _____.

4. 设函数 $f(x) = x(x+1)(x+2)(x+3)$，则 $f'(0) = $ _____.

5. 若函数 $f(x) = \begin{cases} ax + b, & x < 0 \\ \ln(1+x), & x \geqslant 0 \end{cases}$ 在点 $x = 0$ 处可导，则 $a = $ _____，$b = $ _____.

6. 设函数 $y = f(x)$ 满足 $y' = 2\mathrm{e}^x$，则其反函数的导数 $\dfrac{\mathrm{d}x}{\mathrm{d}y} = $ _____.

7. 函数 $f(x) = \dfrac{1}{1 - x}$ 的 n 阶导数 $\dfrac{\mathrm{d}^n y}{\mathrm{d}x^n} = $ _____.

8. 函数 $y = f(x)$ 的微分 $\mathrm{d}y$ 在几何上表示 _____.

9. 设函数 $f(x)$ 在点 $x = x_0$ 处可导，且 $f'(x_0) \neq 0$，当 $|\Delta x|$ 很小时，则 Δy _____ $\mathrm{d}y$.

（三）简算题

1.求下列函数的导数与微分.

（1）设函数 $y=\ln\tan\dfrac{x}{2}-\cos x\ln\tan x$，求 $\dfrac{\mathrm{d}y}{\mathrm{d}x}$；

（2）设函数 $y=x\arcsin\dfrac{x}{2}+\sqrt{4-x^2}$，求 y'；

（3）设函数 $y=x^{\frac{1}{x}}+a^{\frac{1}{x}}$，求 $\mathrm{d}y$.

2.设函数 $f(u)$ 为可导函数，求下列函数的导数及微分.

（1）设函数 $y=f(\ln x)+\ln f(x)$，求 $\mathrm{d}y$；

（2）设函数 $y=x^2 f\left(\sin\dfrac{1}{x}\right)$，求 $\dfrac{\mathrm{d}y}{\mathrm{d}x}$.

（四）计算题

1.设方程 $xy+\ln y=1$，求 $\dfrac{\mathrm{d}y}{\mathrm{d}x}\Big|_{x=1}$，$\dfrac{\mathrm{d}^2 y}{\mathrm{d}x^2}\Big|_{x=1}$.

2.设参数方程 $\begin{cases}x=a\cos t\\y=b\sin t\end{cases}$，求 $\dfrac{\mathrm{d}^2 y}{\mathrm{d}x^2}$.

3.设函数 $y=x\mathrm{e}^x$,求 $\dfrac{\mathrm{d}^n y}{\mathrm{d}x^n}$.

(五)应用题

1.求曲线 $y=x-\dfrac{1}{x}$ 与 x 轴交点处的切线方程.

2.求曲线 $\cos(xy)-\ln\dfrac{x+1}{y}=1$ 上点 $(0,1)$ 处的切线方程和法线方程.

四、提高题

(一)单项选择题

1.设函数 $f(x)$ 可导,则 $\lim\limits_{x\to 2}\dfrac{f(4-x)-f(2)}{x-2}$ 的值是(　　　　).

A. $-f'(x-2)$ 　　　　B. $f'(x-2)$ 　　　　C. $f'(2)$ 　　　　D. $-f'(2)$

2.设函数 $F(x)=\begin{cases}\dfrac{f(x)}{x}, & x\neq 0 \\ f(0), & x=0\end{cases}$,其中函数 $f(x)$ 在 $x=0$ 处可导,且 $f'(0)\neq 0$,

$f(0)=0$,则 $x=0$ 是函数 $F(x)$ 的(　　　).

A. 连续点 　　　　　　　　　　　B. 第一类间断点

C. 第二类间断点 　　　　　　　　D. 不能确定

3.设函数 $y=3x^2+x^2|x|$,则使 $f^{(n)}(0)$ 存在的最高阶数 n 为(　　　).

A. 0 　　　　　　B. 1 　　　　　　C. 2 　　　　　　D. 3

4.设函数 $f(x)=xg(x)$, $g(x)$ 在点 $x=0$ 上连续,则 $f(x)$ 在点 $x=0$

处(　　　).

A. 不连续,不可导 　　B. 连续,不可导 　　C. 连续,可导 　　　D. 不能确定

5.已知导函数 $f'(x)=[f(x)]^2$,且 $f(x)$ 的 n 阶导数存在 $(n \geqslant 2)$,则 $f^{(n)}(x)$ 的表达才是(　　).

A. $n[f(x)]^{n+1}$ 　　　　　　　　 B. $n[f(x)]^{2n}$

C. $n! [f(x)]^{n+1}$ 　　　　　　　 D. $n! [f(x)]^{2n}$

(二)填空题

1.已知函数 $f(x)=\begin{cases} x^n \sin \dfrac{1}{x}, & x \neq 0 \\ 0, & x=0 \end{cases}$ 在点 $x=0$ 处的导函数连续,则 n 应取_____.

2.已知 $f(-x)=-f(x)$,且 $f'(-x_0)=m \neq 0$,则 $f'(x_0)=$ _____.

3.已知 $y=f(x+y)$,其中 f 二阶可导,且 $f' \neq 1$,则 $\dfrac{d^2 y}{dx^2}=$ _____.

4.已知曲线 $y=x^2+ax+b$ 与曲线 $2y=-1+xy^3$ 在点 $(1,-1)$ 相切,则 $a=$ _____, $b=$ _____.

5.设函数 $f(x)=\dfrac{x^n}{1-x}$,则 $f^{(n)}(x)=$ _____.

(三)计算题(按要求解下列各题)

1.设函数 $f(x)=\lim\limits_{t \to \infty} t^2 \sin \dfrac{x}{t} \left[\varphi \left(x+\dfrac{\pi}{t} \right) - \varphi(x) \right]$,其中 φ 具有二阶导数,求 $f'(x)$.

2.设函数 $y=a^{x^2}+x^{a^2}+\left(\dfrac{\sin x}{x} \right)^x$,求 $\dfrac{dy}{dx}$.

3.设方程 $\sqrt{x^2+y^2}=e^{\arctan \frac{y}{x}}$ 确定了隐含数 $y=y(x)$,求 y' 与 y''.

4.心形线的极坐标方程为 $\rho=a(1+\cos\theta)(a>0)$,其中 ρ 为极径,θ 为极角,求 $\dfrac{dy}{dx}$.

5. 设方程 $\begin{cases} x = 3t^2 + 2t + 3 \\ e^y \sin t - y + 1 = 0 \end{cases}$ 确定了 y 为 x 的函数，t 为参变量，求 $\dfrac{d^2 y}{dx^2}\Big|_{t=0}$.

6. 设函数 $y = \sin^2 x$，求 $\dfrac{d^n y}{dx^n}$.

（四）应用题

1. 设曲线 $\begin{cases} x = \varphi(t) \\ y = \varphi(t) \end{cases}$，由方程组 $\begin{cases} x^2 + 5xt + 4t^3 = 0 \\ e^y + (t-1)y + \ln t = 1 \end{cases}$ 确定，求该曲线上对应于点 $t=1$ 处的切线方程.

2. 一正圆锥形容器，高 10 米，锥顶朝下放置，顶圆半径为 3 米，现以 8 米³/分的速度向内注水，问：当水深为 4 米时，液面上升的速率为多少？液面面积扩大的速率为多少？

（五）证明题

1. 设函数 $f(x)$ 对任意实数 x_1, x_2 都有 $f(x_1 + x_2) = f(x_1)f(x_2)$，且 $f'(0)=1$. 证明 $f'(x) = f(x)$.

2. 设函数 $y = y(x)$ 是定义在 $[-1,1]$ 上的二阶可导函数，且满足方程
$$(1-x^2)\frac{d^2 y}{dx^2} - x\frac{dy}{dx} + a^2 y = 0,$$
做变量替换 $x = \sin t$ 后，证明函数 $y = y(x)$ 满足方程
$$\frac{d^2 y}{dt^2} + a^2 y = 0.$$

【基础题答案】

（一）1. D 2. A 3. C 4. B 5. D 6. B 7. B 8. B 9. A 10. D

（二）1. $nf'(a)$ 2. $\dfrac{\pi}{4}$ 3. $\dfrac{y}{2}\left(\cos x\ln x+\dfrac{\sin x}{x}\right)dx$ 4. $3!$ 5. $a=1;b=0$ 6. $\dfrac{1}{2e^x}$

7. $\dfrac{n!}{(1-x)^{n+1}}$ 8. 曲线在某点处切线纵坐标的增量

9. $\approx$（近似等于）

（三）1.（1）$\sin x\ln\tan x$ （2）$\arcsin\dfrac{x}{2}$ （3）$dy=\left[x^{\frac{1}{x}}\left(\dfrac{1-\ln x}{x^2}\right)-\dfrac{1}{x^2}a^{\frac{1}{x}}\ln a\right]dx$

2.（1）$dy=\left[f'(\ln x)\dfrac{1}{x}+\dfrac{f'(x)}{f(x)}\right]dx$

（2）$\dfrac{dy}{dx}=2xf\left(\sin\dfrac{1}{x}\right)-\cos\dfrac{1}{x}f'\left(\sin\dfrac{1}{x}\right)$

（四）1. $-\dfrac{1}{2}$；$\dfrac{5}{8}$ 2. $\dfrac{d^2y}{dx^2}=-\dfrac{b}{a^2\sin^3 t}$ 3. $\dfrac{d^n y}{dx^n}=(n+x)e^x$

（五）1. $y=2x\pm2$ 2. $y-x=1$；$y+x=1$

【提高题答案】

（一）1. D 2. B 3. C 4. C 5. C

（二）1. $n>2$ 2. m 3. $\dfrac{f''}{(1-f')^3}$ 4. $a=b=-1$ 5. $\dfrac{n!}{(1-x)^{n+1}}$

（三）1. $\pi\varphi'(x)+\pi x\varphi''(x)$

2. $2xa^{x^2}\ln a+a^2 x^{a^2-1}+\left(\dfrac{\sin x}{x}\right)^x\left[\ln\dfrac{\sin x}{x}+x\left(\dfrac{\cos x}{\sin x}-\dfrac{1}{x}\right)\right]$

3. $y'=\dfrac{x+y}{x-y}$，$y''=\dfrac{2(x^2+y^2)}{(x-y)^3}$ 4. $-\dfrac{\cos2\theta+\cos\theta}{\sin2\theta+\sin\theta}$

5. $\dfrac{d^2y}{dx^2}\Big|_{t=0}=\dfrac{1}{4}(2e^2-3e)$ 6. $\dfrac{d^n y}{dx^n}=2^{n-1}\sin\left[2x+(n-1)\dfrac{\pi}{2}\right]$

（四）1. $y=\dfrac{3}{7}x+\dfrac{3}{7}$ 或 $y=\dfrac{3}{8}x+\dfrac{3}{2}$ 2. 约 1.77 米/分；4 米^2/分

（五）1. 提示：因为 $f(x)\neq0$，则至少存在一点 x，使得 $f(x)\neq0$，由 $f(x)=f(x+0)=$
$f(x)f(0)$，得 $f(0)=1$，再用导数定义即可求出 $f'(x)=f(x)$.

2. 按复合函数求导方法即可求出 $\dfrac{dy}{dt}=\dfrac{dy}{dx}\cdot\dfrac{dx}{dt}=\dfrac{dy}{dx}\cos t$

$$\Rightarrow\dfrac{d^2y}{dt^2}=\dfrac{d\left(\dfrac{dy}{dt}\right)}{dt}=\dfrac{d\left(\dfrac{dy}{dx}\cos t\right)}{dt}=\dfrac{d\left(\dfrac{dy}{dx}\right)}{dt}\cos t-\dfrac{dy}{dx}\sin t$$

$$=\dfrac{d\left(\dfrac{dy}{dx}\right)}{dx}\dfrac{dx}{dt}\cos t-\dfrac{dy}{dx}\sin t=\dfrac{d^2y}{dx^2}\cos^2 t-\dfrac{dy}{dx}\sin t$$

$$=\dfrac{d^2y}{dx^2}(1-x^2)-\dfrac{dy}{dx}x=-a^2 y,$$

即 $\dfrac{d^2y}{dt^2}+a^2 y=0$.

第三章

微分中值定理与导数应用

一、内容摘要

（一）中值定理

1. 微分中值定理：罗尔定理、拉格朗日中值定理、柯西中值定理

定理	条件	结论	几何意义
罗尔定理	1. $f(x)$在$[a,b]$上连续 2. $f(x)$在(a,b)内可导 3. $f(a)=f(b)$	至少存在一点 $\xi\in(a,b)$，使得 $f'(\xi)=0$	
拉格朗日定理	1. $f(x)$在$[a,b]$上连续 2. $f(x)$在(a,b)内可导	至少存在一点 $\xi\in(a,b)$，使得 $f'(\xi)=\dfrac{f(b)-f(a)}{b-a}$	
柯西定理	1. $F(x),f(x)$在$[a,b]$上连续 2. $F(x),f(x)$在(a,b)内可导，且 $F'(x)\neq0$	至少存在一点 $\xi\in(a,b)$，使得 $\dfrac{f'(\xi)}{F'(\xi)}=\dfrac{f(b)-f(a)}{F(b)-F(a)}$	

  注 ①拉格朗日中值定理的公式也可写成 $f(x_0+\Delta x)-f(x_0)=f'(x_0+\theta\Delta x)\Delta x(0<\theta<1)$，称为函数的有限增量公式.

  ②微分中值定理的作用：建立了函数增量、自变量增量与导数之间的联系. 函数的许多性质可用自变量增量与函数增量的关系来描述.

推论 1 若函数 $f(x)$ 在区间 I 上可导，且当 $x \in I$ 时，$f'(x) \equiv 0$，则函数在 I 上 $f(x) \equiv C$.

推论 2 若函数 $f(x)$ 与 $g(x)$ 在区间 I 上可导，且当 $x \in I$ 时，$f'(x) \equiv g'(x)$，则在 I 上 $f(x) = g(x) + C$.

2. 泰勒中值定理

（1）泰勒公式

若函数 $f(x)$ 在含 x_0 的开区间 (a,b) 内有 $n+1$ 阶导数，则当 $x \in (a,b)$ 时，有

$$f(x) = f(x_0) + f'(x_0)(x-x_0) + \frac{f''(x)}{2!}(x-x_0)^2 + \cdots + \frac{f^{(n)}(x_0)}{n!}(x-x_0)^n + R_n(x).$$

其中 $R_n(x) = \frac{f^{(n+1)}(\xi)}{(n+1)!}(x-x_0)^{n+1}$，$\xi = x_0 + \theta(x-x_0)$，$(0 < \theta < 1)$，称拉格朗日余项.

$R_n(x) = o[(x-x_0)^n]$ 称佩亚诺余项.

（2）麦克劳林公式

$$f(x) = f(0) + f'(0)x + \frac{f''(0)}{2!}x^2 + \cdots + \frac{f^{(n)}(0)}{n!}x^n + R_n(x),$$

其中 $R_n(x) = \frac{f^{(n+1)}(\xi)}{(n+1)!}x^{n+1}$，$\xi = \theta x (0 < \theta < 1)$.

$R_n(x) = o(x^n)$.

（3）常用的麦克劳林公式

$$\mathrm{e}^x = 1 + x + \frac{1}{2!}x^2 + \cdots + \frac{1}{n!}x^n + o(x^n).$$

$$\sin x = x - \frac{1}{3!}x^3 + \frac{1}{5!}x^5 + \cdots + (-1)^{n-1}\frac{x^{2n-1}}{(2n-1)!} + o(x^{2n}).$$

$$\ln(1+x) = x - \frac{1}{2}x^2 + \frac{1}{3}x^3 + \cdots + (-1)^{n-1}\frac{x^n}{n} + o(x^n).$$

$$(1+x)^m = 1 + mx + \frac{m(m-1)}{2!}x^2 + \cdots + \frac{m(m-1)\cdots(m-n+1)}{n!}x^n + o(x^n).$$

3. 洛必达法则

（1）基本不定式 "$\frac{0}{0}$"，"$\frac{\infty}{\infty}$" 型

洛必达法则：设在自变量变化过程的某一区间内，函数 $f(x)$，$F(x)$ 可导，且 $F'(x) \neq 0$，如果极限 $\lim \frac{f(x)}{F(x)}$ 是 "$\frac{0}{0}$"，"$\frac{\infty}{\infty}$" 型不定式，且 $\lim \frac{f'(x)}{F'(x)} = A$ 或 ∞，则

$$\lim \frac{f(x)}{F(x)} = \lim \frac{f'(x)}{F'(x)} = \lim \frac{f''(x)}{F''(x)} = \cdots = \lim \frac{f^{(n)}(x)}{F^{(n)}(x)}.$$

注 ①这里的极限 $x \to x_0$，$x \to x_0^-$，$x \to x_0^+$，$x \to \infty$，$x \to -\infty$，$x \to +\infty$ 均可以，只要函数满足条件.

②求导后函数极限要存在或者为 ∞，才可使用洛必达法则，否则不可使用洛必达法则.

③在计算过程中,要及时分离出极限存在的因子,以简化运算.

④用洛必达法则求极限,常与以前学过的方法(重要极限、等价无穷小的代换等)结合起来使用.

(2)不定式"$0 \cdot \infty$","$\infty - \infty$"型

通过恒等变形将其化为基本不定式"$\dfrac{0}{0}$"或"$\dfrac{\infty}{\infty}$"型,再利用洛必达法则.

(3)不定式"1^{∞}","0^{0}","∞^{0}"型

均是幂指函数的极限问题,通过取对数完成.

注　不定式"1^{∞}"型,也可以使用重要极限$\lim\limits_{x \to 0}(1+x)^{\frac{1}{x}} = \lim\limits_{x \to \infty}\left(1 + \dfrac{1}{x}\right)^{x} = \mathrm{e}$ 计算.

(二)导数的应用

1. 单调性及其判别法

(1)利用单调性的定义判断

(2)利用导数符号判断

若函数 $f(x)$ 在闭区间 $[a,b]$ 上连续,在开区间 (a,b) 内可导,则

①若在 (a,b) 内,$f'(x) > 0$,则函数 $f(x)$ 在 $[a,b]$ 上单调增加.

②若在 (a,b) 内,$f'(x) < 0$,则函数 $f(x)$ 在 $[a,b]$ 上单调减少.

注　①个别点导数为零不影响函数的单调性.

②几何意义:函数 $f(x)$ 在 $[a,b]$ 上单调增加(减少),即曲线 $y = f(x)$ 的切线的倾角均为锐角(钝角).

2. 函数的极值及其判别法

(1)利用极值的定义判断

设函数 $y = f(x)$ 在 x_0 的某个领域 $U(x_0)$ 内有定义,当 $x \in \overset{0}{U}(x_0)$ 时,有 $f(x) < f(x_0)$ 成立,则称 x_0 是函数 $y = f(x)$ 的极大值点,$f(x_0)$ 是函数 $y = f(x)$ 的极大值;当 $x \in \overset{0}{U}(x_0)$ 时,有 $f(x) > f(x_0)$ 成立,则称 x_0 是函数 $y = f(x)$ 的极小值点,$f(x_0)$ 是函数 $y = f(x)$ 的极小值.

(2)函数取得极值的必要条件

设函数 $f(x)$ 在点 x_0 处可导,且在点 x_0 处取得极值,那么函数 $f(x)$ 在点 x_0 处的导数为零,即 $f'(x_0) = 0$.

思考题:函数导数为零的点称为函数的驻点,驻点是否为极值点?

(3)利用极值的第一充分条件

设函数 $f(x)$ 在点 x_0 处连续,且在点 x_0 的某去心邻域 $\overset{0}{U}(x_0)$ 内可导.

①若 $x \in (x_0 - \delta, x_0)$ 时,$f'(x) > 0$;而 $x \in (x_0, x_0 + \delta)$ 时,$f'(x) < 0$,则函数 $f(x)$ 在点 x_0 处取得极大值.

②若 $x \in (x_0 - \delta, x_0)$ 时,$f'(x) < 0$;而 $x \in (x_0, x_0 + \delta)$ 时,$f'(x) > 0$,则函数

$f(x)$ 在点 x_0 处取得极小值.

③若 $x \in \overset{0}{U}(x_0)$ 时,导数 $f'(x)$ 的符号保持不变,则函数 $f(x)$ 在点 x_0 处没有极值.

④利用极值的第二充分条件［要求函数 $f(x)$ 在点 x_0 处有二阶导数,且 $f'(x_0)=0$,但 $f''(x_0) \neq 0$］.

设函数 $f(x)$ 在点 x_0 处具有二阶导数,且 $f'(x_0)=0$,则

①当 $f''(x_0)>0$ 时,$f(x_0)$ 是极小值.

②当 $f''(x_0)<0$ 时,$f(x_0)$ 是极大值.

③当 $f''(x_0)=0$ 时,不能判定 $f(x_0)$ 是否为极值.

注　极值点与驻点的关系及区别:可导函数的极值点就是驻点;反之,驻点不一定是极值点.如函数 $y=x^3$ 在点 $x=0$ 处.

3. 函数的凹凸性及判别法

(1)利用凹凸性的定义判断

设函数 $f(x)$ 在区间 I 上连续:

①如果对区间 I 上任意两点 x_1,x_2,恒有 $f\left(\dfrac{x_1+x_2}{2}\right)<\dfrac{f(x_1)+f(x_2)}{2}$ 成立,则称函数 $f(x)$ 在区间 I 上的图形是凹的(或凹弧).

②如果对区间 I 上任意两点 x_1,x_2,恒有 $f\left(\dfrac{x_1+x_2}{2}\right)>\dfrac{f(x_1)+f(x_2)}{2}$ 成立,则称函数 $f(x)$ 在区间 I 上的图形是凸的(或凸弧).

(2)利用二阶导数的符号判别

设 $y=f(x)$ 在区间 (a,b) 上连续,且在 (a,b) 内具有一阶和二阶导数,则:

①当 $x \in (a,b)$ 时,$f''(x)>0$,曲线 $y=f(x)$ 在 (a,b) 内图形是凹的.

②当 $x \in (a,b)$ 时,$f''(x)<0$,曲线 $y=f(x)$ 在 (a,b) 内图形是凸的.

4. 曲线的拐点及其判别法

(1)找出可疑的拐点

从 $f''(x)=0$ 或使 $f''(x)$ 不存在的点中找出 x_0.

(2)利用二阶导数符号判别

若当 x 从 x_0 的左侧经过 x_0 到右侧时,二阶导数 $f''(x)$ 变号,则 $[x_0,f(x_0)]$ 是曲线的拐点,否则不是曲线的拐点.

5. 函数的作图

函数单调性、极值、凹凸与拐点的一种综合应用.

6. 弧微分公式,曲率及曲率半径计算公式

(1)弧微分

函数 $y=f(x)$ 的弧微分 $\mathrm{d}s=\sqrt{1+y'^2}\,\mathrm{d}x=\sqrt{1+[f'(x)]^2}\,\mathrm{d}x$.

(2)曲率

设曲线 $y=f(x)$ 具有二阶导数.则曲率 $K=\dfrac{|y''|}{(1+y'^2)^{\frac{3}{2}}}$.

（3）曲率半径

$$\rho = \frac{1}{K}.$$

二、典型例题与同步练习

1. 验证中值定理条件并求中值

例 3 - 1　验证函数 $f(x) = x^3$ 在区间 $[0,1]$ 上满足拉格朗日中值定理的条件，写出相应的拉格朗日中值公式，求出 ξ 的值.

解　函数 $f(x) = x^3$ 在区间 $[0,1]$ 上可导，满足拉格朗日中值定理的条件，于是函数 $f(x) = x^3$ 在区间 $[0,1]$ 上的拉格朗日中值公式是

$$f(1) - f(0) = f'(\xi),$$

即 $1 = 3\xi^2$，$\xi = \frac{1}{\sqrt{3}}$.

例 3 - 2　验证函数 $f(x) = (x - \frac{1}{2})^{\frac{2}{3}}$ 在区间 $[0,1]$ 上是否满足罗尔定理的条件.

解　函数 $f(x) = (x - \frac{1}{2})^{\frac{2}{3}}$ 在区间 $[0,1]$ 上是连续的，且 $f(0) = f(1)$，但是函数 $f(x)$ 在 $x = \frac{1}{2}$ 处不可导，因为

$$\lim_{\Delta x \to 0} \frac{f\left(\frac{1}{2} + \Delta x\right) - f\left(\frac{1}{2}\right)}{\Delta x} = \lim_{\Delta x \to 0} \frac{\sqrt[3]{(\Delta x)^2}}{\Delta x} = \infty.$$

因此，函数不满足罗尔定理的条件.

◇**练习题 3 - 1**
验证罗尔定理对函数 $f(x) = x^2 - 4x + 3$ 在 $[1,3]$ 上的正确性.

【**练习题 3 - 1 答案**】
略

2. 利用中值定理证明等式
利用中值定理证明等式常要做出辅助函数：
（1）将等式变形，使得一端为零，令另一端为 $f(x)$.
（2）对等式用逆推的方法找出某个辅助函数.

例 3 - 3　设 $x \geqslant 1$,证明 $2\arctan x + \arcsin \dfrac{2x}{1+x^2} = \pi$.

证明　令 $f(x) = 2\arctan x + \arcsin \dfrac{2x}{1+x^2}$,则函数 $f(x)$ 在区间 $[1, +\infty)$ 上连续、可导,且

$$f'(x) = \frac{2}{1+x^2} + \frac{1}{\sqrt{1-\left(\dfrac{2x}{1+x^2}\right)^2}} \cdot \frac{2(1+x^2)-4x^2}{(1+x^2)^2}$$

$$= \frac{2}{1+x^2} - \frac{1+x^2}{1-x^2} \cdot \frac{2(1-x^2)}{(1+x^2)^2} \equiv 0.$$

故 $f(x) = c$,

又 $f(1) = 2\arctan 1 + \arcsin 1 = \dfrac{\pi}{2} + \dfrac{\pi}{2} = \pi$,所以 $c = \pi$,

即 $2\arctan x + \arcsin \dfrac{2x}{1+x^2} = \pi$.

[*]**例 3 - 4**　设 $0 < a < b$,函数 $f(x)$ 在闭区间 $[a,b]$ 上连续,在开区间 (a,b) 内可导,证明存在一点 $\xi \in (a,b)$,使得 $f(b) - f(a) = \xi f'(\xi) \ln \dfrac{b}{a}$.

分析　由结论得 $\dfrac{f(b)-f(a)}{\ln b - \ln a} = \dfrac{f'(\xi)}{\dfrac{1}{\xi}}$,即对等式用逆推的方法,从中可以看出辅助函数为 $F(x) = \ln x$ 及 $f(x)$,应用柯西中值定理,证明略.

◇**练习题 3 - 2**

1. 证明 $\arcsin x + \arccos x = \dfrac{\pi}{2}$ $(-1 \leqslant x \leqslant 1)$.

2. 设函数 $f(x)$ 在闭区间 $[0,a]$ 上连续,在开区间 $(0,a)$ 内可导,且 $f(a) = 0$,证明存在一点 $\xi \in (0,a)$,使得 $f(\xi) + \xi f'(\xi) = 0$.

【**练习题 3 - 2 答案**】

1. 参见例 3 - 3.

2. 提示:设辅助函数 $F(x) = xf(x)$.

3. 不等式的证明

(1)利用中值定理

方法如下:①等式经变形为 $\dfrac{f(b)-f(a)}{b-a}$ 或 $\dfrac{f(b)-f(a)}{F(b)-F(a)}$ 形式.

②利用中值定理,得$\dfrac{f(b)-f(a)}{b-a}=f'(\xi)$ 或 $\dfrac{f(b)-f(a)}{F(b)-F(a)}=\dfrac{f'(\xi)}{F'(\xi)}$.

③根据条件对 $f'(\xi)$ 或 $\dfrac{f'(\xi)}{F'(\xi)}$ 适当地放大或缩小即可.

(2)利用函数的单调性

可以归结为证明某函数 $f(x)$ 在某区间 I 上恒正或者非负.方法如下:

①移项,使不等式一端为零,令另一端为 $f(x)$.

②求出导函数 $f'(x)$,并验证函数 $f(x)$ 在给定区间上的增减性[若不能确定 $f'(x)$ 的符号,可对 $f'(x)$ 再求导].

③求出端点处的函数值,进行比较即可证得.

(3)利用函数的凹凸性

在某区间上成立的函数不等式.方法如下:

①不等式能够变形为 $f\left(\dfrac{x_1+x_2}{2}\right)<(>)\dfrac{f(x_1)+f(x_2)}{2}$ 形式.

②设出函数 $f(x)$ 及相应的区间.

③利用函数的凹凸性判别法即可证得.

(4)利用泰勒公式

适合函数 $f(x)$ 具有二阶以上导数的情况.方法如下:

①将函数展为低一阶的带拉格朗日余项的泰勒公式.

②根据条件,将拉格朗日余项根据需要适当放大或缩小即可.

例 3 - 5　设 $a>b>0$,证明 $\dfrac{a-b}{a}<\ln\dfrac{a}{b}<\dfrac{a-b}{b}$.

证明　因为 $\dfrac{a-b}{a}<\ln a-\ln b<\dfrac{a-b}{b}$,所以设函数 $f(x)=\ln x$,区间 $[b,a]$.

函数 $f(x)=\ln x$ 在区间 $[b,a]$ 上满足拉格朗日中值定理的条件,应用拉格朗日中值公式,得

$$\ln a-\ln b=\frac{1}{\xi}(a-b).$$

由于 $b<\xi<a$,所以 $\dfrac{1}{a}<\dfrac{1}{\xi}<\dfrac{1}{b}$,

于是 $\dfrac{a-b}{a}<\ln a-\ln b<\dfrac{a-b}{b}$.

例 3 - 6　证明当 $x>0$ 时,$\sin x+\cos x>1+x-x^2$.

证明　令函数 $f(x)=\sin x+\cos x-1-x+x^2$,$x>0$,

$$f'(x)=\cos x-\sin x-1+2x,$$

因为导数的符号不好判别,所以对导函数 $f'(x)$ 再求导数,得

$$f''(x)=-\sin x-\cos x+2\geqslant 0,x>0.$$

所以当 $x>0$ 时,$f'(x)$ 为单调增加的函数,则有 $f'(x)>f'(0)=0$.

又由于 $f'(x)>0$,所以当 $x>0$ 时,函数 $f(x)$ 是单调增加的函数,则有
$$f(x)>f(0)=0,$$
即有 $\sin x+\cos x>1+x-x^2$,$x>0$.

*例 3-7　设 $b>a>e$,证明 $a^b>b^a$.

证明　只需证明 $b\ln a>a\ln b$,即 $\dfrac{\ln a}{a}>\dfrac{\ln b}{b}$.

设函数 $f(x)=\dfrac{\ln x}{x}$,则 $f'(x)=\dfrac{1-\ln x}{x^2}<0(x>e)$,

从而当 $x>e$ 时,函数 $f(x)$ 单调减少.

因此当 $a<b$ 时,有 $\dfrac{\ln a}{a}>\dfrac{\ln b}{b}$,即证明 $a^b>b^a(b>a>e)$.

*例 3-8　设函数 $f(x)$ 在 (a,b) 内二阶可导,且 $f''(x)\geqslant0$,证明对于 (a,b) 内任意两点 x_1,x_2 及 $0\leqslant t\leqslant1$,有 $f[(1-t)x_1+tx_2]\leqslant(1-t)f(x_1)+tf(x_2)$.

证明　用泰勒公式证明,令 $x_0=(1-t)x_1+tx_2$,将 $f(x)$ 在点 x_0 处展成一阶泰勒公式,
$$f(x)=f(x_0)+f'(x_0)(x-x_0)+\frac{f''(\xi)}{2!}(x-x_0)^2\geqslant f(x_0)+f'(x_0)(x-x_0).$$

再将 x_1,x_2 分别代入上式,得
$$\begin{cases}f(x_1)\geqslant f(x_0)+f'(x_0)(x_1-x_0)\\ f(x_2)\geqslant f(x_0)+f'(x_0)(x_2-x_0)\end{cases}. \qquad①\\②$$

由 $(1-t)×①+t×②$,得
$$(1-t)f(x_1)+tf(x_2)\geqslant(1-t)f(x_0)+tf(x_0)+(1-t)f'(x_0)(x_1-x_0)+tf'(x_0)(x_2-x_0)$$
$$=f(x_0)+f'(x_0)[(1-t)x_1+tx_2-x_0]=f(x_0),$$
所以 $f[(1-t)x_1+tx_2]\leqslant(1-t)f(x_1)+tf(x_2)$.

◇**练习题 3-3**

求证下列不等式.

1. 当 $x>0$ 时,$\dfrac{x}{1+x^2}<\arctan x<x$.

2. 当 $x>0$ 时,$\dfrac{\arctan x}{1+x}<\ln(1+x)$.

*3. 当 $0<x<\dfrac{\pi}{2}$ 时,$\sin x+\tan x>2x$.

【练习题 3-3 答案】

略

4. 利用单调性及零点定理确定方程的根

方法如下：

①移项，使等式一端为零，令另一端为 $f(x)$.

②写出函数 $f(x)$ 的定义域，并求出导数 $f'(x)$.

③找出 $f'(x)=0$ 及 $f'(x)$ 不存在点插入 $f(x)$ 定义域内，将其分为若干个小区间.

④在每个区间上判别导数 $f'(x)$ 的符号，即可得到函数 $f(x)$ 在各区间上的单调性.

⑤把各区间端点处的函数值求出进行比较，若各区间端点的函数值为异号，则在该区间上方程必有一根；若各区间端点的函数值为同号，则在该区间上方程无根.

例 3-9 求方程 $xe^x=2$ 实根的个数.

解 令函数 $f(x)=xe^x-2$，则函数 $f(x)$ 在 $(-\infty,+\infty)$ 内可导，且 $f'(x)=(x+1)e^x$.

令 $f'(x)=0$，得 $x=-1$，用 $x=-1$ 将函数的定义域分成如下区间，并判别其单调性.

列出表格如下：

x	$(-\infty,-1)$	-1	$(-1,+\infty)$
$f'(x)$	$-$	0	$+$
$f(x)$	单调减少	$-e^{-1}-2<0$	单调增加

又因为 $\lim\limits_{x\to-\infty} f(x)=-2<0$，$\lim\limits_{x\to+\infty} f(x)=+\infty$，所以方程在区间 $(-\infty,-1)$ 内无根，在区间 $(-1,+\infty)$ 内有一个根.

例 3-10 问：方程 $\ln x=ax(a>0)$ 有几个实根？

解 令函数 $f(x)=\ln x-ax$，其定义域为 $(0,+\infty)$.

由于 $f'(x)=\dfrac{1}{x}-a=0$，得 $x=\dfrac{1}{a}$.

当 $0<x<\dfrac{1}{a}$ 时，因为 $f'(x)=\dfrac{1-ax}{x}>0$，所以函数 $f(x)$ 单调增加；

当 $x>\dfrac{1}{a}$ 时，因为 $f'(x)=\dfrac{1-ax}{x}<0$，所以函数 $f(x)$ 单调减少.

并且 $\lim\limits_{x\to0^+} f(x)=\lim\limits_{x\to0^+}(\ln x-ax)=-\infty$，$\lim\limits_{x\to+\infty} f(x)=\lim\limits_{x\to+\infty}(\ln x-ax)=-\infty$，

因此，函数 $f(x)$ 至多只有两个实根，且依赖于函数值 $f\left(\dfrac{1}{a}\right)$ 的符号.

又因为 $f\left(\dfrac{1}{a}\right)=-\ln a-\ln e=-\ln(ae)$，所以

①当 $a<\dfrac{1}{e}$ 时，$-\ln(ae)>0$，方程有两个根；

②当 $a>\dfrac{1}{e}$ 时，$-\ln(ae)<0$，方程无根；

③当 $a=\dfrac{1}{e}$ 时，$-\ln(ae)=0$，方程只有唯一的一个根 $x=\dfrac{1}{a}$.

*例 3 - 11　证明多项式 $f(x)=x^3-3x+a$ 在闭区间 $[0,1]$ 上不可能有两个零点.

证明　利用反证法证明.

反设函数 $f(x)$ 在 $[0,1]$ 上有两个零点 x_1,x_2，且 $x_1<x_2$.

因为函数 $f(x)$ 在闭区间 $[x_1,x_2]$ 上连续，在开区间 (x_1,x_2) 内可导，且 $f(x_1)=f(x_2)=0$，由罗尔定理知函数 $f(x)$ 在区间 (x_1,x_2) 内至少有一点 ξ，使得 $f'(\xi)=3\xi^2-3=0$，但是 $3\xi^2-3<0(0<\xi<1)$，与其产生了矛盾，所以函数 $f(x)$ 在 $[0,1]$ 上不可能有两个零点.

◇**练习题 3 - 4**

1. 证明方程 $x^3-5x-2=0$ 只有一个正根.

*2. 设函数 $f(x)$ 可导，证明 $f(x)$ 的两个零点之间一定有 $f(x)+f'(x)$ 的零点.

【练习题 3 - 4 答案】

1. 提示：参见例 9 - 9.

*2. 提示：构造函数 $F(x)=e^x f(x)$.

5. 求函数的极值、最值问题

（1）找出函数取得极值的可疑点：①驻点；②导数不存在点；③分段函数分段点.

（2）利用第一、第二充分条件判别.

（3）若是实际问题，可以根据实际问题的性质加以判别.

例 3 - 12　求函数 $f(x)=(x-1)\sqrt[3]{x^2}$ 在闭区间 $\left[-1,\dfrac{1}{2}\right]$ 上的最值.

解　求函数的导数 $y'=\dfrac{5x-2}{3x^{\frac{1}{3}}}$.

令 $y'=0$，得 $x=\dfrac{2}{5}$.

当 $x=0$ 时，导数 y' 不存在，求出这些点处的函数值：

$$f\left(\dfrac{2}{5}\right)=-\dfrac{3}{5}\sqrt[3]{\dfrac{4}{25}}, f(0)=0, f(-1)=-2, f\left(\dfrac{1}{2}\right)=-\dfrac{1}{4}\sqrt[3]{2}.$$

经过比较得到最大值为 $M=f(0)=0$，最小值为 $m=f(-1)=-2$.

*例 3 - 13　设函数 $f(x)=\begin{cases}x^{2x}, & x>0 \\ x+2, & x\leqslant 0\end{cases}$，求 $f(x)$ 的极值.

解　当 $x<0$ 时,$f(x)=x+2$ 导数 $f'(x)=1>0$,函数 $f(x)$ 单调增加;

当 $x>0$ 时,函数 $f(x)=e^{2x\ln x}$ 导数 $f'(x)=x^{2x}2(\ln x+1)$.

令 $f'(x)=0$,得 $x=\dfrac{1}{e}$,所以列表讨论如下:

x	$(-\infty,0)$	0	$\left(0,\dfrac{1}{e}\right)$	$\dfrac{1}{e}$	$\left(\dfrac{1}{e},+\infty\right)$
$f'(x)$	$+$	分段点	$-$	0	$+$
$f(x)$	单调增加	极大值 $f(0)=2$	单调减少	极小值 $f\left(\dfrac{1}{e}\right)=e^{-\frac{2}{e}}$	单调增加

于是,函数的极大值为 $M=f(0)=2$,极小值为 $m=f\left(\dfrac{1}{e}\right)=e^{-\frac{2}{e}}$.

* 例 3 - 14　求数列 $\{\sqrt[n]{n}\}$ 的最大值.

解　讨论相应的函数 $y=f(x)=x^{\frac{1}{x}}$,定义域为 $(0,+\infty)$.

由于 $f'(x)=(e^{\frac{1}{x}\ln x})'=x^{\frac{1}{x}}\left(\dfrac{1-\ln x}{x^2}\right)=0$,得 $x=e$.

当 $x\in(0,e)$ 时,$f'(x)>0$,函数 $f(x)$ 单调增加;

当 $x\in(e,+\infty)$ 时,$f'(x)<0$,函数 $f(x)$ 单调减少.

所以函数 $f(x)$ 的极大值为 $f(e)=e^{\frac{1}{e}}$,于是数列 $\{\sqrt[n]{n}\}$ 的最大值为

$$M=\max\{\sqrt{2},\sqrt[3]{3}\}=\sqrt[3]{3}.$$

注　求数列 $x_n=f(n)$ 的最大值或最小值的方法常是转化为求相应的函数 $f(x)$ 在区间 $[1,+\infty)$ 上的最大值或最小值,我们可以用求函数最值的方法求得 $x=c$ 是函数 $f(x)$ 在区间 $[1,+\infty)$ 上的最大值点或最小值点.若 $c=m$ 为自然数,则 x_n 的最大或最小项就是 x_m;若 c 不是自然数,可设 $m<c<m+1$,当函数 $f(x)$ 在 $x=c$ 两侧分别单调时,则可通过比较 $f(m)$ 与 $f(m+1)$ 的大小来确定 x_n 的最大值或最小值.

◇**练习题 3 - 5**

1.设函数 $y=x^2-2x-1$,问 x 等于多少时,y 的值最小,并求最小值.

* 2.求函数 $y=\left(1+x+\dfrac{x^2}{2!}+\dfrac{x^3}{3!}+\cdots+\dfrac{x^n}{n!}\right)e^{-x}$ 的极值.

3.要造一个圆柱形油罐,体积为 V,问:当底半径 r 和高 h 等于多少时,才能使表面积最小?这时,底半径与高的比是多少?

【练习题 3 - 5 答案】

1.极小值 $y|_{x=1}=-2$;最小值 $y|_{x=1}=-2$

*2.当 n 为奇数时,有极大值 $y(0)=1$;当 n 为偶数时,没有极值

3.$r=\sqrt[3]{\dfrac{V}{2\pi}}$;$h=2\sqrt[3]{\dfrac{V}{2\pi}}$

6.利用洛必达法则或泰勒公式求极限

例 3 - 15 求下列极限.

(1)$\lim\limits_{x\to 0}\left(\dfrac{1}{x}-\dfrac{1}{e^x-1}\right)$;　　　(2)$\lim\limits_{x\to 0}\dfrac{x-\sin x}{x^3}$;　　　(3)$\lim\limits_{x\to 0^+}x^{\tan x}$;

(4)$\lim\limits_{x\to 1}x^{\frac{1}{1-x}}$;　　　(5)$\lim\limits_{x\to 0^+}\left(\dfrac{\sin x}{x}\right)^{\frac{1}{x^2}}$.

解 (1)$\lim\limits_{x\to 0}\left(\dfrac{1}{x}-\dfrac{1}{e^x-1}\right)=\lim\limits_{x\to 0}\dfrac{e^x-1-x}{x(e^x-1)}=\lim\limits_{x\to 0}\dfrac{e^x-1}{e^x-1+xe^x}$

$$=\lim\limits_{x\to 0}\dfrac{e^x}{2e^x+xe^x}=\lim\limits_{x\to 0}\dfrac{1}{2+x}=\dfrac{1}{2}.$$

(2)$\lim\limits_{x\to 0}\dfrac{x-\sin x}{x^3}=\lim\limits_{x\to 0}\dfrac{1-\cos x}{3x^2}=\dfrac{1}{3}\lim\limits_{x\to 0}\dfrac{1-\cos x}{x^2}=\dfrac{1}{6}.$

(3)$\lim\limits_{x\to 0^+}x^{\tan x}=\lim\limits_{x\to 0^+}e^{\tan x\ln x}=\lim\limits_{x\to 0^+}e^{\frac{\sin x\ln x}{\cos x}}$

$$=\lim\limits_{x\to 0^+}e^{\frac{\ln x}{\csc x}}=\lim\limits_{x\to 0^+}e^{\frac{\frac{1}{x}}{-\csc x\cot x}}=\lim\limits_{x\to 0^+}e^{\frac{-\sin^2 x}{x\cos x}}=e^0=1.$$

(4)$\lim\limits_{x\to 1}x^{\frac{1}{1-x}}=e^{\lim\limits_{x\to 1}\frac{\ln x}{1-x}}=e^{\lim\limits_{x\to 1}\frac{\frac{1}{x}}{-1}}=e^{-1}.$

还可以用其他方法求这个极限,读者可尝试自己求出.

(5)**方法 1** 因为 $\lim\limits_{x\to 0^+}\left(\dfrac{\sin x}{x}\right)^{\frac{1}{x^2}}=e^{\lim\limits_{x\to 0^+}\frac{\ln\frac{\sin x}{x}}{x^2}}$,

又因为极限 $\lim\limits_{x\to 0^+}\dfrac{\ln\dfrac{\sin x}{x}}{x^2}=\lim\limits_{x\to 0^+}\dfrac{\dfrac{x}{\sin x}\cdot\dfrac{x\cos x-\sin x}{x^2}}{2x}$

$$=\dfrac{1}{2}\lim\limits_{x\to 0^+}\dfrac{x}{\sin x}\cdot\lim\limits_{x\to 0^+}\dfrac{x\cos x-\sin x}{x^3}=\dfrac{1}{2}\lim\limits_{x\to 0^+}\dfrac{\cos x-x\sin x-\cos x}{3x^2}$$

$$=\dfrac{1}{6}\lim\limits_{x\to 0^+}\dfrac{-x\sin x}{x^2}=-\dfrac{1}{6}\lim\limits_{x\to 0^+}\dfrac{\sin x}{x}=-\dfrac{1}{6},$$

所以 $\lim\limits_{x\to 0^+}\left(\dfrac{\sin x}{x}\right)^{\frac{1}{x^2}}=e^{-\frac{1}{6}}.$

方法 2 $\lim\limits_{x\to 0^+}\left(\dfrac{\sin x}{x}\right)^{\frac{1}{x^2}}=\lim\limits_{x\to 0^+}\left(1+\dfrac{\sin x-x}{x}\right)^{\frac{1}{x^2}}$

$$=\lim\limits_{x\to 0^+}\left(1+\dfrac{\sin x-x}{x}\right)^{\frac{x}{\sin x-x}\cdot\frac{\sin x-x}{x}\cdot\frac{1}{x^2}}$$

$$=\lim\limits_{x\to 0^+}e^{\frac{\sin x-x}{x^3}}=e^{-\frac{1}{6}}.\text{[由题(2)可以得到]}$$

◇**练习题 3-6**

求下列极限.

1. $\lim\limits_{x\to 0}\dfrac{e^x\cos x-1}{\sin 2x}$.

2. $\lim\limits_{x\to 0}\dfrac{\tan x-x}{x^2\sin x}$.

3. $\lim\limits_{x\to 0}\left[\dfrac{1}{\ln(1+x)}-\dfrac{1}{x}\right]$.

4. $\lim\limits_{x\to 0^+}\left(\dfrac{\tan x}{x}\right)^{\frac{1}{x^2}}$.

【**练习题 3-6 答案**】

1. $\dfrac{1}{2}$ 2. $\dfrac{1}{3}$ 3. $\dfrac{1}{2}$ 4. $e^{\frac{1}{3}}$

***例 3-16** 求极限 $\lim\limits_{x\to 0}\left(\dfrac{1}{x^2}-\cot^2 x\right)$.

解 $\lim\limits_{x\to 0}\left(\dfrac{1}{x^2}-\cot^2 x\right)=\lim\limits_{x\to 0}\dfrac{\sin^2 x-x^2\cos^2 x}{x^2\sin^2 x}$

$$=\lim_{x\to 0}\dfrac{\sin x+x\cos x}{\sin x}\cdot\dfrac{\sin x-x\cos x}{x^2\sin x}$$

$$=2\lim_{x\to 0}\dfrac{\sin x-x\cos x}{x^2\sin x}=2\lim_{x\to 0}\dfrac{\sin x-x\cos x}{x^3}$$

$$=\dfrac{2}{3}\lim_{x\to 0}\dfrac{x\sin x}{x^2}=\dfrac{2}{3}.$$

***例 3-17** 求极限 $\lim\limits_{n\to\infty}\left(\dfrac{2}{\pi}\arctan n\right)^n$.

解 先求函数极限 $\lim\limits_{x\to +\infty}\left(\dfrac{2}{\pi}\arctan x\right)^x$.

因为 $\lim\limits_{x\to +\infty}\left(\dfrac{2}{\pi}\arctan x\right)^x=e^{\lim\limits_{x\to +\infty}x\ln\left(\frac{2}{\pi}\arctan x\right)}$，并且

$$\lim_{x\to +\infty}x\ln\left(\dfrac{2}{\pi}\arctan x\right)=\lim_{x\to +\infty}\dfrac{\ln\left(\dfrac{2}{\pi}\arctan x\right)}{x^{-1}}=\lim_{x\to +\infty}\dfrac{\dfrac{1}{\dfrac{2}{\pi}\arctan x}\cdot\dfrac{2}{\pi}\cdot\dfrac{1}{1+x^2}}{-x^{-2}}$$

$$=\lim_{x\to +\infty}\dfrac{-x^2}{(1+x^2)\arctan x}=-\dfrac{2}{\pi},$$

所以 $\lim\limits_{x\to +\infty}\left(\dfrac{2}{\pi}\arctan x\right)^x=e^{-\frac{2}{\pi}}$，于是 $\lim\limits_{n\to\infty}\left(\dfrac{2}{\pi}\arctan n\right)^n=e^{-\frac{2}{\pi}}$.

◇**练习题 3 - 7**

求下列极限.

1. $\lim\limits_{x \to 0} \left(\dfrac{\arctan x}{x} \right)^{\frac{1}{x^2}}$.

2. $\lim\limits_{x \to +\infty} (e^x + x)^{\frac{1}{x}}$.

3. $\lim\limits_{x \to 0} \dfrac{(1+x)^{\frac{1}{x}} - e}{x}$.

4. $\lim\limits_{n \to \infty} n^2 \left(1 - n \sin \dfrac{1}{n} \right)$.

【**练习题 3 - 7 答案**】

1. $e^{-\frac{1}{3}}$ 2. e 3. $-\dfrac{e}{2}$ 4. 提示:利用 $\lim\limits_{x \to 0} \dfrac{x - \sin x}{x^3} = \dfrac{1}{6}$.

例 3 - 18   求极限 $\lim\limits_{x \to 0} \dfrac{e^x \sin x - x(1+x)}{x^3}$.

解   将分子展为带佩亚诺三阶泰勒公式,

$$\lim_{x \to 0} \frac{e^x \sin x - x(1+x)}{x^3}$$

$$= \lim_{x \to 0} \frac{\left[1 + x + \dfrac{x^2}{2!} + \dfrac{x^3}{3!} + o(x^3) \right] \left[x - \dfrac{x^3}{3!} + o(x^3) \right] - x - x^2}{x^3}$$

$$= \lim_{x \to 0} \frac{\dfrac{x^3}{3} + o(x^3)}{x^3} = \frac{1}{3}.$$

◇**练习题 3 - 8**

求极限 $\lim\limits_{x \to 0} \dfrac{\cos x - e^{-\frac{x^2}{2}}}{x^4}$.

【**练习题 3 - 8 答案**】

$-\dfrac{1}{12}$(提示:利用泰勒公式计算极限,分子展开到 4 次方)

7. 函数的凹凸性及曲线的拐点

例 3 - 19   求函数 $y = (x-1) \sqrt[3]{x^2}$ 的凹凸区间及拐点.

解 因为一阶导数 $y'=\dfrac{5x-2}{3x^{\frac{1}{3}}}$，二阶导数 $y''=\dfrac{2(5x+1)}{9x^{\frac{4}{3}}}$.

令 $y''=0$，得 $x=-\dfrac{1}{5}$，当 $x=0$ 时，y'' 不存在. 列表如下：

x	$\left(-\infty,-\dfrac{1}{5}\right)$	$-\dfrac{1}{5}$	$\left(-\dfrac{1}{5},0\right)$	0	$(0,+\infty)$
y''	—	0	$+$	不存在	$+$
凹凸性与拐点	凸	拐点 $\left(-\dfrac{1}{5},-\dfrac{6}{5}\sqrt[3]{\dfrac{1}{25}}\right)$	凹	不是拐点	凹

注 二阶导数不存在的点也可能成为拐点.

* 例 3-20 设函数 $f(x)$ 在 $x=x_0$ 的某邻域内具有三阶连续导数，如果 $f'(x_0)=f''(x_0)=0$，而 $f'''(x_0)\neq0$，试问 $x=x_0$ 是否为极值点？为什么？又 $[x_0,f(x_0)]$ 是否为拐点？为什么？

解 点 x_0 不是极值点，$[x_0,f(x_0)]$ 为拐点.

将函数 $f(x)$ 在 x_0 的某邻域 $U(x_0)$ 内展为二阶泰勒公式，

$$f(x)=f(x_0)+f'(x_0)(x-x_0)+\frac{f''(x_0)}{2!}(x-x_0)^2+\frac{f'''(\xi)}{6}(x-x_0)^3,$$

即有 $f(x)-f(x_0)=\dfrac{f'''(\xi)}{6}(x-x_0)^3$（$\xi$ 介于 x_0 与 x 之间）.

因为 $f'''(x_0)\neq0$，不妨设 $f'''(x_0)>0$，由于函数 $f'''(x)$ 连续，故当 $x\in U(x_0)$ 时，有 $f'''(x)>0$，因此有 $f'''(\xi)>0$.

于是当 $x<x_0$ 时，$f(x)<f(x_0)$；当 $x>x_0$ 时，$f(x)>f(x_0)$，故 x_0 不是极值点.

再对 $f(x)-f(x_0)=\dfrac{f'''(\xi)}{6}(x-x_0)^3$ 求导，得到 $f''(x)=f'''(\xi)(x-x_0)$.

当 $x<x_0$ 时，$f''(x)<0$；当 $x>x_0$ 时，$f''(x)>0$，故 $[x_0,f(x_0)]$ 为拐点.

8. 利用导数描绘函数图形

利用导数描绘函数图形的一般步骤：

(1) 确定函数 $y=f(x)$ 的定义域，讨论函数的奇偶性、对称性及周期性等.

(2) 利用一阶导数 $f'(x)$ 确定函数 $y=f(x)$ 的单调区间和极值点.

(3) 利用二阶导数 $f''(x)$ 确定函数 $y=f(x)$ 的凹凸区间和拐点.

(4) 利用极限运算确定曲线 $y=f(x)$ 的渐近线.

(5) 找出关键的辅助点（如曲线与坐标轴的交点等），将这些点（极值、拐点及与坐标轴的交点）用光滑的曲线连接起来就得到函数 $y=f(x)$ 的图形.

注 列出表格讨论单调性、极值、凹凸性、拐点，应简洁、清晰、明了.

9. 曲线渐近线的求法

（1）若极限 $\lim\limits_{x \to +\infty} f(x) = b\left[\lim\limits_{x \to -\infty} f(x) = b\right]$，则直线 $y = b$ 是曲线 $y = f(x)$ 的水平渐近线.

（2）若极限 $\lim\limits_{x \to a^+} f(x) = \infty\left[\text{或} \lim\limits_{x \to a^-} f(x) = \infty\right]$，则直线 $x = a$ 是曲线 $y = f(x)$ 的垂直渐近线.

（3）若极限 $\lim\limits_{x \to +\infty} \dfrac{f(x)}{x} = k\left[\text{或} \lim\limits_{x \to -\infty} \dfrac{f(x)}{x} = k\right](k \neq 0)$，且 $\lim\limits_{x \to -\infty}[f(x) - kx] = b$ $\left\{\text{或} \lim\limits_{x \to +\infty}[f(x) - kx] = b\right\}$，则直线 $y = kx + b$ 是曲线 $y = f(x)$ 的斜渐近线.

注 ①求曲线 $y = f(x)$ 的垂直渐近线，就是考虑函数 $y = f(x)$ 的全体间断点，当 $x = a$ 是函数 $f(x)$ 的无穷间断点时，$x = a$ 才是曲线 $y = f(x)$ 的垂直渐近线.

②求曲线 $y = f(x)$ 的水平渐近线，需要考虑极限 $\lim\limits_{x \to +\infty} f(x) = b\left[\text{或} \lim\limits_{x \to -\infty} f(x) = b\right]$，如果极限不存在，则没有水平渐近线.

例 3 - 21 求下列曲线的渐近线.

（1）$f(x) = \dfrac{2x-1}{(x-1)^2}$；

（2）$f(x) = \sqrt{\dfrac{x^3}{x-1}}$.

解 （1）函数的间断点为 $x = 1$，又 $\lim\limits_{x \to 1} \dfrac{2x-1}{(x-1)^2} = +\infty$，所以 $x = 1$ 为曲线的垂直渐近线.

又因为 $\lim\limits_{x \to \pm\infty} \dfrac{2x-1}{(x-1)^2} = 0$，所以 $y = 0$ 是曲线的水平渐近线，无斜渐近线.

（2）函数的间断点为 $x = 1$，又 $\lim\limits_{x \to 1^+} \sqrt{\dfrac{x^3}{x-1}} = +\infty$，所以 $x = 1$ 为曲线的垂直渐近线.

又因为 $\lim\limits_{x \to +\infty} \dfrac{y}{x} = \lim\limits_{x \to +\infty} \sqrt{\dfrac{x}{x-1}} = 1$，

$$\lim\limits_{x \to +\infty}(y - x) = \lim\limits_{x \to +\infty} x\left(\sqrt{\dfrac{x}{x-1}} - 1\right) = \lim\limits_{x \to +\infty} \dfrac{x\left(\dfrac{x}{x-1} - 1\right)}{\sqrt{\dfrac{x}{x-1}} + 1} = \lim\limits_{x \to +\infty} \dfrac{\dfrac{x}{x-1}}{\sqrt{\dfrac{x}{x-1}} + 1} = \dfrac{1}{2},$$

所以 $x \to +\infty$ 有斜渐近线 $y = x + \dfrac{1}{2}$.

又 $\lim\limits_{x \to -\infty} \dfrac{y}{x} = \lim\limits_{x \to -\infty}\left(-\sqrt{\dfrac{x}{x-1}}\right) = -1$，

$$\lim\limits_{x \to -\infty}(y - x) = \lim\limits_{x \to -\infty} x\left(-\sqrt{\dfrac{x}{x-1}} + 1\right) = \lim\limits_{x \to -\infty} \dfrac{\dfrac{-x}{x-1}}{\sqrt{\dfrac{x}{x-1}} + 1} = -\dfrac{1}{2},$$

所以 $x \to -\infty$ 有斜渐近线 $y = -x - \dfrac{1}{2}$.

◇练习题 3-9

1.描绘下列函数的图形.

(1) $y = \ln(x^2 + 1)$；   (2) $y = \dfrac{4(x+1)}{x^2} - 2$.

2.求下列曲线的渐近线.

(1) $y = \dfrac{x}{2-x^2}$；   (2) $y = \dfrac{x^3}{(1+x)^2}$；   (3) $y = x + \dfrac{\ln x}{x}$.

【练习题 3-9 答案】

1.略

2.(1) $x = \pm\sqrt{2}$ 为垂直渐近线, $y = 0$ 为水平渐近线　　(2)斜渐近线 $y = x - 2$

　(3)垂直渐近线 $x = 0$,斜渐近线 $y = x$

*10. 曲率

例 3-21　求摆线 $\begin{cases} x = a(t - \sin t) \\ y = a(1 - \cos t) \end{cases}$ 在点 $t = \pi$ 处的曲率以及曲率半径.

解　因为 $x'(t) = a(1 - \cos t)$, $y'(t) = a\sin t$,

则
$$\frac{\mathrm{d}y}{\mathrm{d}x} = \frac{\sin t}{1 - \cos t}, \frac{\mathrm{d}^2 y}{\mathrm{d}x^2} = \frac{-1}{a(1 - \cos t)^2},$$

于是
$$K = \frac{\left| -\dfrac{1}{a(1-\cos t)^2} \right|}{\left[1 + \dfrac{\sin^2 t}{(1-\cos t)^2} \right]^{\frac{3}{2}}} = \frac{|\cos t - 1|}{2\sqrt{2}\, a(1-\cos t)^{\frac{3}{2}}} = \frac{1}{4a \left| \sin\dfrac{t}{2} \right|}.$$

故曲率 $K|_{t=\pi} = \dfrac{1}{4a}$,曲率半径为 $\rho = \dfrac{1}{K} = 4a$.

◇练习题 3-10

求曲线 $x = a\cos^2 t, y = a\sin^2 t$ 在 $t = t_0$ 处的曲率.

【练习题 3-10 答案】

$K = 0$

三、基础题

(一)单项选择题

1.函数 $f(x)=x^2-x$ 在区间 $[-1,3]$ 上满足拉格朗日中值定理的点 ξ 是(　　).

　A. $\dfrac{1}{2}$　　　　　　　　B. $\dfrac{9}{4}$　　　　　　　　C. 1　　　　　　　　D. $\dfrac{5}{2}$

2.函数 $f(x)$ 在点 $x=x_0$ 处有 $f'(x_0)=0$,在 $x=x_1$ 处有 $f'(x_1)$ 不存在,则(　　).

　A. $x=x_0,x=x_1$ 都是极值点　　　　　　B. $x=x_0,x=x_1$ 至少有一个极值点

　C. $x=x_0,x=x_1$ 都可能不是极值点　　　D. 只有 $x=x_0$ 可能是极值点

3.设函数 $f(x)=\sqrt[3]{x}$,下列命题中正确的是(　　).

　A. $x=0$ 是 $f(x)$ 的驻点　　　　　　B. $x=0$ 是 $f(x)$ 的极大值点

　C. $x=0$ 是 $f(x)$ 的极小值点　　　　D. $(0,0)$ 是曲线 $y=\sqrt[3]{x}$ 的拐点

4.函数 $y=2x^3-9x^2+12x+1$ 在区间 $[0,2]$ 上的最大值点与最小值点分别是(　　).

　A.1 与 0　　　　　　B.1 与 2　　　　　　C.2 与 0　　　　　　D.2 与 1

5.设 $f(x)$ 在 $(-\infty,+\infty)$ 上连续,$x_0(x_0\neq0)$ 是 $f(x)$ 的一个极小值点,则下列判断正确的是(　　).

　A. x_0 必为 $f(x)$ 的驻点

　B. 对任一 $x\in(-\infty,+\infty)$ 都有 $f(x)\geqslant f(x_0)$

　C. $f(-x_0)$ 是极大值

　D. 以上皆非

6.设函数 $f(x)$ 二阶可导,如果 $f'(x_0)=f''(x_0)+1=0$,那么点 x_0 是(　　).

　A. 极大值点　　　　　　　　　　B. 极小值点

　C. 不是极值点　　　　　　　　　　D. 不是驻点

7.若点 $[x_0,f(x_0)]$ 为曲线 $y=f(x)$ 的拐点,则(　　).

　A. 必有 $f''(x_0)$ 存在且等于零　　　　B. 必有 $f''(x_0)$ 存在但不一定等于零

　C. 如果 $f''(x_0)$ 存在,则必等于零　　　D. 如果 $f''(x_0)$ 存在,则必不等于零

8.设函数 $f(x)=(x^2-3x+2)\sin x$,则方程 $f'(x)=0$ 在 $(0,\pi)$ 内根的个数是(　　).

　A.0 个　　　　　　　　　　　　B. 至多 1 个

　C.2 个　　　　　　　　　　　　D. 至少 3 个

9. 曲线 $y=\dfrac{x}{3-x^2}$ 的渐近线是(　　).

A. 仅有水平渐近线 $y=0$

B. $x=\pm\sqrt{3}$ 为垂直渐近线,$y=0$ 为水平渐近线

C. 仅有垂直渐近线 $x=\sqrt{3}$

D. 没有渐近线

10. 设计高为 h,底面半径为 r,容积为 V 的圆柱形密封食品罐时,为使罐用料最省,应取 $\dfrac{r}{h}$ 等于(　　).

A. 1　　　　　　　B. $\dfrac{1}{2}$　　　　　　　C. $\dfrac{1}{\sqrt{2}}$　　　　　　　D. $\dfrac{1}{\sqrt[3]{2}}$

(二)填空题

1. 如果函数 $y=f(x)$ 在闭区间 $[a,b]$ 上连续,在开区间 (a,b) 内可导,当_____时,必有 $\xi\in(a,b)$,使得 $f'(\xi)=0$.

2. 罗尔定理与拉格朗日中值定理关系是_____.

3. 设函数 $y=f(x)$ 在区间 I 内可导,如果 $f'(x)$_____ 0,那么 $y=f(x)$ 在区间 I 内是单调减少的.

4. 设函数 $y=f(x)$ 在区间 I 内二阶可导,如果 $f''(x)$_____ 0,那么曲线 $y=f(x)$ 在区间 I 内是凹的.

5. 某质点做直线运动,其位置函数是 $s=s(t)$,如果质点的运动速度是单调减少的,则 $s=s(t)$ 的图形是一条_____弧.

6. 函数 $y=2x^2-\ln x$ 的严格单调增区间是_____;严格单调减区间是_____.

7. 设曲线 $y=x^3+ax^2+bx+c$ 有拐点 $(1,-1)$,且在点 $x=0$ 处取到极大值 1,则 $a=$_____,$b=$_____,$c=$_____.

8. 设函数 $f(x)=xe^x$,则 $f^{(n)}(x)$ 在_____处取得极值_____.

9. 当 $x\to0$ 时,无穷小量 $\dfrac{1}{x}-\dfrac{1}{\sin x}$ 是 x 的_____无穷小.

*10. 曲线 $y=\sin x$ 在点 $\left(\dfrac{\pi}{2},1\right)$ 的曲率是_____.

(三)计算题

计算下列极限.

1. $\lim\limits_{x\to0}\dfrac{\tan x-\sin x}{x^3}$.　　　　2. $\lim\limits_{x\to1}\left[\dfrac{1}{\ln x}-\dfrac{1}{x-1}\right]$.　　　　3. $\lim\limits_{x\to\infty}\dfrac{3x-2\cos x}{x}$.

4. $\lim\limits_{x\to+\infty}\dfrac{e^x-e^{-x}}{e^x+e^{-x}}$.　　　　5. $\lim\limits_{x\to0}\left[\dfrac{1}{x}+\dfrac{1}{x^2}\ln(1-x)\right]$.　　6. $\lim\limits_{x\to a}\left(\dfrac{\sin x}{\sin a}\right)^{\frac{1}{x-a}}$.

(四)证明不等式

1. 当 $x>0$ 时,有 $1+x\ln(x+\sqrt{1+x^2})\geqslant\sqrt{1+x^2}$.

2. 当 $x>0$ 时,有 $x-\dfrac{x^2}{2}<\ln(1+x)<x$.

3. 当 $0\leqslant x\leqslant1$ 时,有 $2^{1-p}\leqslant(1-x)^p+x^p\leqslant1$($p$ 为大于 1 的正整数).

(五)证明题

1. 设 $a_0+\dfrac{a_1}{2}+\cdots+\dfrac{a_n}{n+1}=0$,求证:多项式 $f(x)=a_0+a_1x+\cdots+a_nx^n$ 在$(0,1)$内至少有一个零点.

*2. 设 $a_1,a_2,\cdots,a_n$ 均为实数,且满足

$$a_0+\dfrac{a_1}{2}+\dfrac{a_2}{3}+\cdots+\dfrac{a_n}{n+1}=0.$$

求证:方程 $a_0+a_1x+a_2x^2+\cdots+a_nx^n=0$ 在$(0,1)$内至少有一个实根.

*3. 设函数 $f(x)$ 在 $[0,a]$ 上有连续的二阶导数，且 $f(0)=0$，$f''(x)>0$，求证：函数 $g(x)=\dfrac{f(x)}{x}$ 在 $(0,a)$ 内严格单调递增.

*4. 设函数 $f(x)$ 和 $g(x)$ 在 $[a,b]$ 上连续，在 (a,b) 内可导，且 $f(a)=g(b)=0$，求证：在 (a,b) 内至少存在一点 ξ，使得 $f'(\xi)g(\xi)+f(\xi)g'(\xi)=0$.

（六）应用题

1. 从斜边为 l 的一切直角三角形中求有最大周长的直角三角形.

2. 画出函数 $y=\dfrac{2x}{1+x^2}$ 的图形.

四、提高题

（一）单项选择题

1. 设函数 $f(x)$ 在闭区间 $[0,1]$ 上满足 $f''(x)>0$，则 $f'(0)$，$f'(1)$，$f(1)-f(0)$ 或 $f(0)-f(1)$ 的大小顺序为（　　）.

A. $f'(1)>f'(0)>f(1)-f(0)$　　　　　B. $f(1)-f(0)>f'(1)>f'(0)$

C. $f'(1)>f(1)-f(0)>f'(0)$　　　　　D. $f'(1)>f'(0)-f(1)>f'(0)$

2. 设函数 $y=f(x)$ 满足关系式 $f''(x)+[f'(x)]^2=x$,且 $f'(0)=0$,则(   ).

A. $f(0)$ 是 $f(x)$ 的极大值   B. $f(0)$ 是 $f(x)$ 的极小值

C. $[0,f(0)]$ 是曲线 $y=f(x)$ 的拐点   D. 不能判定 0 是何种点

3. 设常数 $k>0$,函数 $f(x)=\ln x-\dfrac{x}{e}+k$,在 $(0,+\infty)$ 内零点的个数为(   ).

A. 3   B. 2   C. 1   D. 0

4. 设函数 $f(x),g(x)$ 是恒大于零的可导函数,且 $f'(x)g(x)-f(x)g'(x)<0$,则当 $a<x<b$ 时,有(   ).

A. $f(x)g(b)>f(b)g(x)$ B. $f(x)g(a)>g(x)f(a)$

C. $f(x)g(x)>f(b)g(b)$ D. $f(x)g(x)>f(a)g(a)$

5. 曲线 $y=\dfrac{1+e^{-x^2}}{1-e^{-x^2}}$(   ).

A. 没有渐近线   B. 仅有水平渐近线

C. 仅有垂直渐近线   D. 既有水平渐近线又有垂直渐近线

(二)填空题

1. 当 $x=$ _____ 时,函数 $y=x\cdot 2^x$ 取得极小值.

2. 若极限 $\lim\limits_{x\to 0}\dfrac{ax-x\cos x}{\ln(1+x^3)}=b(b\neq 0)$,则 $a=$ _____,$b=$ _____.

3. 曲线 $y=(x-1)^2(x-3)^2$ 的拐点的个数是 _____.

4. 设 $f(x)$ 在点 x_0 某邻域内具有连续的四阶导数,若 $f'(x_0)=f''(x_0)=f'''(x_0)=0$,且 $f^{(4)}(x_0)<0$,则函数 $f(x)$ 在点 x_0 处取得极 _____ 值.

5. 函数 $f(x)=nx(1-x)^n$ 在区间 $[0,1]$ 上最大值的极限 $\lim\limits_{n\to\infty}M(n)=$ _____.

(三)计算题

1. $\lim\limits_{x\to 0}\dfrac{e^x-\sin x-1}{1-\sqrt{1-x^2}}$.   2. $\lim\limits_{x\to 0}\cot x\left(\dfrac{1}{\sin x}-\dfrac{1}{x}\right)$.

3. $\lim\limits_{x\to\infty}\left(\sin\dfrac{3}{x}+\cos\dfrac{2}{x}\right)^x$.   4. $\lim\limits_{x\to 0}\left[\dfrac{(1+x)^{\frac{1}{x}}}{e}\right]^{\frac{1}{x}}$.

（四）求证下列不等式

1. 当 $x>0$ 时,有 $\arctan x + \dfrac{1}{x} > \dfrac{\pi}{2}$.

2. 当 $x>1$ 时,有 $\dfrac{\ln(1+x)}{\ln x} > \dfrac{x}{1+x}$.

3. 当 $x>0$ 时,有 $(x^2-1)\ln x \geqslant (x-1)^2$.

（五）证明题

1. 设函数 $f(x)$ 在 $[a,b]$ 上连续,在 (a,b) 内二阶可导,过点 $P_1[a,f(a)]$ 和 $P_2[b,f(b)]$ 的直线与曲线 $y=f(x)$ 相交于点 $Q[c,f(c)]$,$c\in(a,b)$,求证:在 (a,b) 内至少存在一点 ξ,使得 $f''(\xi)=0$.

2. 设 $f(x)$ 在 $[a,b]$ 上连续,在 (a,b) 内可导 $(0<a<b)$,求证:在 (a,b) 内至少存在一点 ξ,使得 $2\xi[f(b)-f(a)]=(b^2-a^2)f'(\xi)$.

（六）应用题

1. 就 c 的取值范围讨论方程 $\ln x - \dfrac{x}{3} + c = 0$ 的实根个数.

2. 测量某物的长度 n 次,得数据 $x_1,x_2,\cdots,x_n$. 问:x 取何数(作为该物的长度)时,才能使平方误差和 $\delta=\sum\limits_{i=1}^{n}(x-x_i)^2$ 最小?

3. 船航行一昼夜的耗费由两部分组成,一部分为固定耗费 a 元,另一部分为变动耗费,它与速度的立方成正比,试问:应以怎样的速度(v)行驶最经济?

【基础题答案】

(一)1.C 2.C 3.D 4.A 5.D 6.A 7.C 8.D 9.B 10.B

(二)1. $f(a)=f(b)$ 2. 当 $f(a)=f(b)$ 时,即是拉格朗日中值定理 3. $\leqslant$

4. $>$ 5. 凸 6. $\left(\dfrac{1}{2},+\infty\right)$;$\left(0,\dfrac{1}{2}\right)$ 7. $a=-3$;$b=0$;$c=1$

8. $-(n+1)$;$-\dfrac{1}{e^{n+1}}$ 9.1 阶 *10. $K=1$

(三)1. $\dfrac{1}{2}$ 2. $\dfrac{1}{2}$ 3.3 4.1 5. $-\dfrac{1}{2}$ 6. $e^{\cot a}$

(四)1.提示:利用单调性证明.

2.提示:利用单调性分别证明两边不等式,或利用泰勒公式证明.

3.提示:求函数 $f(x)=(1-x)^p+x^p$ 在区间 $[0,1]$ 上的最大值与最小值即可得证.

(五)1.提示:构造辅助函数 $F(x)=a_0x+\dfrac{a_1}{2}x^2+\cdots+\dfrac{a_n}{n+1}x^{n+1}$.

*2.提示:构造辅助函数 $F(x)=a_0x+\dfrac{a_1}{2}x^2+\dfrac{a_2}{3}x^3+\cdots+\dfrac{a_n}{n+1}x^{n+1}$,在区间 $[0,1]$ 上利用罗尔定理证明.

*3.提示:用泰勒公式证明,将 $f(x)$,$x\in[0,a]$ 在点 $x=0$ 处展成一阶麦克劳林公式,

$$f(x)=f(0)+f'(0)x+\dfrac{f''(\xi)}{2!}x^2(\xi\text{介于}0\text{与}x\text{之间})$$

$$\Rightarrow\dfrac{f(x)}{x}=f'(0)+\dfrac{f''(\xi)}{2!}x\Rightarrow g'(x)=\left[\dfrac{f(x)}{x}\right]'=\dfrac{f''(\xi)}{2!}>0.$$

故 $g(x)=\dfrac{f(x)}{x}$ 在 $(0,a)$ 内严格单调递增.

*4.提示:构造辅助函数 $F(x)=f(x)g(x)$,在区间 $[a,b]$ 上应用罗尔定理.

(六)1.其中两边长均为 $\dfrac{\sqrt{2}}{2}l$ 2.略

【提高题答案】

(一)1. C　2. C　3. B　4. A　5. D

(二)1. $-\dfrac{1}{\ln 2}$　2. $a=1;b=\dfrac{1}{2}$　3. 2　4. 大　5. e^{-1}

(三)1. 1　2. $\dfrac{1}{6}$　3. e^3　4. $\mathrm{e}^{-\frac{1}{2}}$

(四)1. 提示:利用单调性证明,控制点考虑 $\lim\limits_{x\to+\infty} f(x)=0$.

　　2. 提示:利用单调性证明,构造函数 $f(x)=(1+x)\ln(1+x)-x\ln x$,在 $x\geqslant1$ 上考虑.

　　3. 提示:利用单调性证明,通过求二阶导数来判别.

(五)1. 提示:分别在区间 $[a,c],[c,b]$ 上使用拉格朗日中值定理,再在区间 $[\xi_1,\xi_2]$ 上使用罗尔定理即可.

　　2. 提示:构造辅助函数 $f(x),F(x)=x^2$,应用柯西中值定理即可.

(六)1. 当 $c>1-\ln3$ 时,有两个根;当 $c=1-\ln3$ 时,有一个根;当 $c<1-\ln3$ 时,没有根.

　　2. $\overline{x}=\dfrac{1}{n}\sum_{i=1}^{n}x_i$

　　3. $\sqrt[3]{\dfrac{a}{2k}}$ [提示:行程一昼夜的路程为 $s=24v$,每单位路程的费用为 $W(v)=\dfrac{a+kv^3}{24v}$]

第四章

不定积分

一、内容摘要

(一)原函数与不定积分

1. 定义

若当 $x \in I$ 时,$F'(x) = f(x)$ 或 $\mathrm{d}F(x) = f(x)\mathrm{d}x$,则称函数 $F(x)$ 为 $f(x)$ 在区间 I 上的一个原函数.

若 $F(x)$ 是函数 $f(x)$ 在区间 I 上的一个原函数,则称全体原函数 $F(x) + C$ 为 $f(x)$ 在区间 I 上的不定积分,记做 $\int f(x)\mathrm{d}x = F(x) + C$.

2. 性质与定理

(1)定理

设函数 $f(x)$ 在区间 I 上连续,则必存在原函数.

(2)性质

以下公式均假设函数在所论区间上连续.

① $\left(\int f(x)\mathrm{d}x\right)' = f(x), \mathrm{d}\int f(x)\mathrm{d}x = f(x)\mathrm{d}x$;

② $\int f'(x)\mathrm{d}x = f(x) + C, \int \mathrm{d}f(x) = f(x) + C$;

③ $\int [f(x) \pm g(x)]\mathrm{d}x = \int f(x)\mathrm{d}x \pm \int g(x)\mathrm{d}x$;

④ $\int kf(x)\mathrm{d}x = k\int f(x)\mathrm{d}x$ ($k \neq 0$ 常数).

3. 基本积分公式

① $\int x^{\mu}\mathrm{d}x = \dfrac{1}{\mu+1}x^{\mu+1} + C(\mu \neq -1)$;   ② $\int \dfrac{\mathrm{d}x}{x} = \ln |x| + C$;

③ $\displaystyle\int a^x \mathrm{d}x = \frac{a^x}{\ln a} + C;$

④ $\displaystyle\int \mathrm{e}^x \mathrm{d}x = \mathrm{e}^x + C;$

⑤ $\displaystyle\int \sin x \mathrm{d}x = -\cos x + C;$

⑥ $\displaystyle\int \cos x \mathrm{d}x = \sin x + C;$

⑦ $\displaystyle\int \tan x \mathrm{d}x = -\ln|\cos x| + C;$

⑧ $\displaystyle\int \cot x \mathrm{d}x = \ln|\sin x| + C;$

⑨ $\displaystyle\int \sec x \tan x \mathrm{d}x = \sec x + C;$

⑩ $\displaystyle\int \csc x \cot x \mathrm{d}x = -\csc x + C;$

⑪ $\displaystyle\int \sec x \mathrm{d}x = \int \frac{1}{\cos x}\mathrm{d}x = \ln|\sec x + \tan x| + C;$

⑫ $\displaystyle\int \csc x \mathrm{d}x = \int \frac{1}{\sin x}\mathrm{d}x = \ln|\csc x - \cot x| + C;$

⑬ $\displaystyle\int \sec^2 x \mathrm{d}x = \int \frac{1}{\cos^2 x}\mathrm{d}x = \tan x + C;$

⑭ $\displaystyle\int \csc^2 x \mathrm{d}x = \int \frac{1}{\sin^2 x}\mathrm{d}x = -\cot x + C;$

⑮ $\displaystyle\int \mathrm{sh}\, x \mathrm{d}x = \mathrm{ch}\, x + C;$

⑯ $\displaystyle\int \mathrm{ch}\, x \mathrm{d}x = \mathrm{sh}\, x + C;$

⑰ $\displaystyle\int \frac{\mathrm{d}x}{a^2 + x^2} = \frac{1}{a}\arctan\frac{x}{a} + C;$

⑱ $\displaystyle\int \frac{\mathrm{d}x}{a^2 - x^2} = \frac{1}{2a}\ln\left|\frac{a+x}{a-x}\right| + C;$

⑲ $\displaystyle\int \frac{\mathrm{d}x}{\sqrt{a^2 - x^2}} = \arcsin\frac{x}{a} + C;$

⑳ $\displaystyle\int \frac{\mathrm{d}x}{\sqrt{x^2 \pm a^2}} = \ln\left|x + \sqrt{x^2 \pm a^2}\right| + C.$

注 ①这些公式是计算函数不定积分的基本工具,必须熟记,可在熟记导数公式的基础上进行记忆,但是要与导数公式严格区别.

②计算的原函数是否正确,可以通过对原函数求导,是否等于被积函数来验证.

4. 原函数的存在性

若函数 $f(x)$ 在区间 I 上连续,则函数 $f(x)$ 在区间 I 上存在原函数.

由于初等函数在其定义区间上连续,所以初等函数在其定义区间上都有原函数,但是初等函数的原函数并不都是初等函数,如,函数 e^{-x^2},e^{x^2},$\mathrm{e}^{\frac{1}{x}}$,$\sin x^2$,$\dfrac{\sin x}{x}$,$\dfrac{1}{\ln x}$ 等的原函数无法用初等函数表示.

(二)不定积分的计算方法

1. 凑微分法(第一换元法)

如果 $f[\varphi(x)]\varphi'(x)$ 连续,则有公式

$$\int f[\varphi(x)]\varphi'(x)\mathrm{d}x = \int f[\varphi(x)]\mathrm{d}\varphi(x) \xlongequal{\varphi(x)=u} \int f(u)\mathrm{d}u$$
$$= F(u) + C = F[\varphi(x)] + C.$$

常见的几种凑微分的形式:

①$\displaystyle\int f(ax+b)\mathrm{d}x = \frac{1}{a}\int f(ax+b)\mathrm{d}(ax+b)$;

②$\displaystyle\int f(ax^2+bx+c)(2ax+b)\mathrm{d}x = \int f(ax^2+bx+c)\mathrm{d}(ax^2+bx+c)$;

③$\displaystyle\int f(\ln x)\frac{\mathrm{d}x}{x} = \int f(\ln x)\mathrm{d}\ln x$;

④$\displaystyle\int f(\sqrt{x})\frac{\mathrm{d}x}{\sqrt{x}} = 2\int f(\sqrt{x})\mathrm{d}(\sqrt{x})$;

⑤$\displaystyle\int f(\sin x)\cos x\mathrm{d}x = \int f(\sin x)\mathrm{d}(\sin x)$;

⑥$\displaystyle\int f(\cos x)\sin x\mathrm{d}x = -\int f(\cos x)\mathrm{d}(\cos x)$;

⑦$\displaystyle\int f(\tan x)\sec^2 x\mathrm{d}x = \int f(\tan x)\mathrm{d}(\tan x)$;

⑧$\displaystyle\int f(\arcsin x)\frac{\mathrm{d}x}{\sqrt{1-x^2}} = \int f(\arcsin x)\mathrm{d}\arcsin x$;

⑨$\displaystyle\int f(\arctan x)\frac{\mathrm{d}x}{1+x^2} = \int f(\arctan x)\mathrm{d}\arctan x$;

⑩$\displaystyle\int f(\mathrm{sh}x)\mathrm{ch}x\mathrm{d}x = \int f(\mathrm{sh}x)\mathrm{d}(\mathrm{ch}x)$.

2. 换元积分法(第二换元法)

设函数 $f(x)$ 连续,而 $x=\psi(t)$ 单值、有连续导数 $\psi'(t)$,且 $\psi'(t)\neq 0$,则
$$\int f(x)\mathrm{d}x \xlongequal{x=\psi(t)} \left\{\int f[\psi(t)]\psi'(t)\mathrm{d}t\right\}_{t=\psi^{-1}(x)},$$
其中 $t=\psi^{-1}(x)$ 是 $x=\psi(t)$ 的反函数.

常见的几种典型类型的换元法:

(1)三角代换法(根式内的二次三项式,三角代换去根号)

适合的积分有 $\displaystyle\int R(x,\sqrt{a^2-x^2})\mathrm{d}x$,$\displaystyle\int R(x,\sqrt{x^2\pm a^2})\mathrm{d}x$,$a>0$.

①含 $\sqrt{a^2-x^2}$,令 $x=a\sin t$,$\mathrm{d}x=a\cos t\mathrm{d}t\left(-\dfrac{\pi}{2}<t<\dfrac{\pi}{2}\right)$;

②含 $\sqrt{a^2+x^2}$,令 $x=a\tan t$,$\mathrm{d}x=a\sec^2 t\mathrm{d}t\left(-\dfrac{\pi}{2}<t<\dfrac{\pi}{2}\right)$;

③含 $\sqrt{x^2-a^2}$,令 $x=a\sec t$,$\mathrm{d}x=a\sec t\tan t\mathrm{d}t\left(0<t<\dfrac{\pi}{2}\right)$.

注 ①这里需要三角公式 $\sin^2 x+\cos^2 x=1$,$\sec^2 x-\tan^2 x=1$.
②这里也可以用双曲函数作代换,利用公式 $\mathrm{ch}^2 x-\mathrm{sh}^2 x=1$.

（2）根式代换法

适合的积分有：

① $\int R(x, \sqrt[n]{ax+b}, \sqrt[m]{ax+b})\mathrm{d}x, a \neq 0.$

令 $\sqrt[mn]{ax+b} = t, x = \dfrac{t^{mn} - b}{a}, \mathrm{d}x = \dfrac{m\,n}{a} t^{mn-1}\mathrm{d}t.$

② $\int R\left(x, \sqrt{\dfrac{ax+b}{cx+d}}\right)\mathrm{d}x.$

令 $\sqrt{\dfrac{ax+b}{cx+d}} = t, x = \dfrac{dt^2 - b}{a - ct^2}, \mathrm{d}x = \dfrac{2(ad-bc)t}{(a - ct^2)^2}\mathrm{d}t.$

3. 分部积分法

公式：$\int u(x)v'(x)\mathrm{d}x = u(x)v(x) - \int v(x)u'(x)\mathrm{d}x$ 或

$$\int u(x)\mathrm{d}v(x) = u(x)v(x) - \int v(x)\mathrm{d}u(x).$$

常见的应用分部积分公式的几种题型：

(1) $\int x^n \mathrm{e}^x \mathrm{d}x = \int x^n \mathrm{d}\mathrm{e}^x;$

(2) $\int x^n \sin x \mathrm{d}x = -\int x^n \mathrm{d}\cos x, \int x^n \cos x \mathrm{d}x = \int x^n \mathrm{d}\sin x;$

(3) $\int x^n \ln x \mathrm{d}x = \dfrac{1}{n+1} \int \ln x \mathrm{d}x^{n+1};$

(4) $\int x^n \arctan x \mathrm{d}x = \dfrac{1}{n+1} \int \arctan x \mathrm{d}x^{n+1}, \int x^n \arcsin x \mathrm{d}x = \dfrac{1}{n+1} \int \arcsin x \mathrm{d}x^{n+1};$

(5) $\int \mathrm{e}^x \sin x \mathrm{d}x, \int \mathrm{e}^x \cos x \mathrm{d}x$，连续使用两次分部积分公式，再解一个代数方程即可，此方法称为循环积分.

注　一般而言，遇到不同类型函数的积分时，要想到用分部积分法.

4. 几种特殊类型函数的一般积分法

（1）有理函数的积分

一般方法：

$\int \dfrac{P(x)}{Q(x)} \mathrm{d}x = \int \left[P_1(x) + \dfrac{P_2(x)}{Q(x)} \right] \mathrm{d}x$，其中 $P(x), Q(x), P_1(x), P_2(x)$ 均为多项式，$\dfrac{P_2(x)}{Q(x)}$ 为有理真分式.

注　① 由真分式分解理论，$\dfrac{P_2(x)}{Q(x)}$ 可分解为若干个简单分式之和，而简单分式有以下 4 种：

(i) $\dfrac{A}{x-a}$;　　　　　　　　　　　　　(ii) $\dfrac{A}{(x-a)^n}$;

(iii) $\dfrac{Mx+N}{x^2+px+q}(p^2-4q<0)$;   (iv) $\dfrac{Mx+N}{(x^2+px+q)^n}(p^2-4q<0)$.

②上面 4 种简单分式的积分均可以用已经学的方法计算出来.

(2)三角函数有理式的积分

万能代换:令 $t=\tan\dfrac{x}{2}$,则 $\sin x=\dfrac{2t}{1+t^2}$,$\cos x=\dfrac{1-t^2}{1+t^2}$,$dx=\dfrac{2}{1+t^2}dt$,于是

$$\int R(\sin x,\cos x)dx=\int R\left(\dfrac{2t}{1+t^2},\dfrac{1-t^2}{1+t^2}\right)\dfrac{2}{1+t^2}dt$$

成为 t 的有理函数,按有理函数积分的计算方法计算.

(三) 不定积分的递推公式

不定积分的递推公式通常使用分部积分法求出.

①$I_n=\displaystyle\int\dfrac{dx}{(x^2+a^2)^n}=\dfrac{1}{2a^2(n-1)}\left[\dfrac{x}{(x^2+a^2)^{n-1}}+(2n-3)I_{n-1}\right]$,$n=2,3,\cdots$,

其中 $I_1=\displaystyle\int\dfrac{dx}{x^2+a^2}=\dfrac{1}{a}\arctan\dfrac{x}{a}+C$.

②$I_n=\displaystyle\int\sin^n x\,dx=-\dfrac{1}{n}\sin^{n-1}x\cdot\cos x+\dfrac{n-1}{n}I_{n-2}$,$n=2,3,\cdots$,

其中 $I_0=\displaystyle\int dx$,$I_1=\displaystyle\int\sin x\,dx$.

二、典型例题与同步练习

1. 原函数与不定积分关系

例 4-1   若函数 $f(x)$ 的导数是 $\sin x$,求函数 $f(x)$ 的原函数.

解   这是两次积分问题. 设函数 $f(x)$ 的原函数为 $F(x)$,据题意

$$F'(x)=f(x),F''(x)=f'(x)=\sin x.$$

于是 $F'(x)=\displaystyle\int\sin x\,dx=-\cos x+C_1$,

$$F(x)=\int(-\cos x+C_1)dx=-\sin x+C_1 x+C_2(其中 C_1,C_2 为任意常数).$$

例 4-2   设 $f'(\ln x)=1+x$,求函数 $f(x)$.

解   令 $\ln x=t$,$x=e^t$,则 $f'(t)=1+e^t$,

即 $f'(x)=1+e^x$.

所以 $f(x)=\displaystyle\int(1+e^x)dx=x+e^x+C$.

例 4 - 3　一曲线通过点 $(e^2, 3)$，且在任一点处的切线的斜率等于该点横坐标的倒数，求该曲线方程.

解　设所求曲线的方程为 $y = f(x)$，由题意，曲线上任一点 (x, y) 处的切线斜率为 $y' = \dfrac{1}{x}$.

因为 $\displaystyle\int \dfrac{1}{x} \mathrm{d}x = \ln|x| + C$，且曲线过点 $(e^2, 3)$，所以存在某个常数 C 使得

$$y = f(x) = \ln|x| + C, \ 且 \ 3 = \ln e^2 + C, \ 即有 \ C = 1.$$

于是所求的曲线方程为 $y = \ln x + 1 \ (x > 0)$.

◇**练习题 4 - 1**

1. 已知函数 $f(x)$ 满足下列条件，求函数 $f(x)$.

(1) $f'(x)(1 + x^2) = 1, x \in (-\infty, +\infty)$，且 $f(0) = 1$；

(2) $[\ln f(x)]' = x^2$.

2. 曲线 $y = f(x)$ 在任一点处的切线斜率与该点的横坐标成正比，又该曲线经过点 $(1, 3)$，并且在这点处切线的倾角为 $45°$，求该曲线方程.

*3. 设 $f'(\cos^2 x) = \sin^2 x + (1 + \cos^2 x)^2$，求函数 $f(x)$.

【练习题 4 - 1 答案】

1. (1) $f(x) = \arctan x + 1$　(2) $f(x) = C e^{\frac{1}{3} x^3}$

2. $f(x) = \dfrac{1}{2} x^2 + \dfrac{5}{2}$

*3. $f(x) = 2x + \dfrac{1}{2} x^2 + \dfrac{1}{3} x^3 + C$

2. 换元积分法

例 4 - 4　计算下列不定积分.

(1) $\displaystyle\int \dfrac{\sec^2 x}{\tan x} \mathrm{d}x$；

(2) $\displaystyle\int \dfrac{x \mathrm{d}x}{1 + \sqrt{2x + 1}}$；

$(3) \int \dfrac{\mathrm{d}x}{x^2+2x+3}$; $(4) \int \dfrac{\mathrm{d}x}{\sqrt{1+x-x^2}}$;

$(5) \int \dfrac{\mathrm{e}^x(1+\mathrm{e}^x)}{\sqrt{1-\mathrm{e}^{2x}}}\mathrm{d}x$; $(6) \int \dfrac{x^3}{\sqrt{1+x^2}}\mathrm{d}x$.

解 $(1) \int \dfrac{\sec^2 x}{\tan x}\mathrm{d}x = \int \dfrac{(\tan x)'}{\tan x}\mathrm{d}x = \ln|\tan x| + C.$

(2) 令 $\sqrt{2x+1} = t$，则 $x = \dfrac{t^2-1}{2}, \mathrm{d}x = t\mathrm{d}t.$

于是 $\displaystyle\int \dfrac{x\mathrm{d}x}{1+\sqrt{2x+1}} = \int \dfrac{\dfrac{t^2-1}{2}}{1+t}t\mathrm{d}t = \dfrac{1}{2}\int (t^2-t)\mathrm{d}t = \dfrac{1}{2}\left[\dfrac{1}{3}t^3 - \dfrac{1}{2}t^2\right] + C$

$$= \dfrac{1}{6}(2x+1)^{\frac{3}{2}} - \dfrac{1}{4}(2x+1) + C.$$

$(3) \displaystyle\int \dfrac{\mathrm{d}x}{x^2+2x+3} = \int \dfrac{\mathrm{d}(x+1)}{(x+1)^2+(\sqrt{2})^2} = \dfrac{1}{\sqrt{2}}\arctan\dfrac{x+1}{\sqrt{2}} + C.$

$(4) \displaystyle\int \dfrac{\mathrm{d}x}{\sqrt{1+x-x^2}} = \int \dfrac{\mathrm{d}\left(x-\dfrac{1}{2}\right)}{\sqrt{\left(\dfrac{\sqrt{5}}{2}\right)^2 - \left(x-\dfrac{1}{2}\right)^2}} = \arcsin\dfrac{2x-1}{\sqrt{5}} + C.$

$(5) \displaystyle\int \dfrac{\mathrm{e}^x(1+\mathrm{e}^x)}{\sqrt{1-\mathrm{e}^{2x}}}\mathrm{d}x = \int \dfrac{\mathrm{e}^x}{\sqrt{1-\mathrm{e}^{2x}}}\mathrm{d}x + \int \dfrac{\mathrm{e}^{2x}}{\sqrt{1-\mathrm{e}^{2x}}}\mathrm{d}x$

$$= \int \dfrac{\mathrm{d}\mathrm{e}^x}{\sqrt{1-\mathrm{e}^{2x}}} - \dfrac{1}{2}\int \dfrac{\mathrm{d}(1-\mathrm{e}^{2x})}{\sqrt{1-\mathrm{e}^{2x}}}\mathrm{d}x = \arcsin\mathrm{e}^x - \sqrt{1-\mathrm{e}^{2x}} + C.$$

$(6) \displaystyle\int \dfrac{x^3}{\sqrt{1+x^2}}\mathrm{d}x = \int \dfrac{x^2}{2\sqrt{1+x^2}}\mathrm{d}(1+x^2) = \dfrac{1}{2}\int \dfrac{x^2+1-1}{\sqrt{1+x^2}}\mathrm{d}(1+x^2)$

$$= \dfrac{1}{2}\int \left(\sqrt{1+x^2} - \dfrac{1}{\sqrt{1+x^2}}\right)\mathrm{d}(1+x^2) = \dfrac{1}{3}(1+x^2)^{\frac{3}{2}} - \sqrt{1+x^2} + C.$$

例 4-5 计算不定积分 $\displaystyle\int \dfrac{\mathrm{d}x}{\sqrt{x(4-x)}}$.

解 方法 1 $\displaystyle\int \dfrac{\mathrm{d}x}{\sqrt{x(4-x)}} = 2\int \dfrac{\mathrm{d}\sqrt{x}}{\sqrt{4-x}} = 2\int \dfrac{\mathrm{d}\sqrt{x}}{\sqrt{4-(\sqrt{x})^2}} = 2\arcsin\dfrac{\sqrt{x}}{2} + C.$

方法 2 $\displaystyle\int \dfrac{\mathrm{d}x}{\sqrt{x(4-x)}} = \int \dfrac{\mathrm{d}x}{\sqrt{4x-x^2}} = \int \dfrac{\mathrm{d}(x-2)}{\sqrt{4-(x-2)^2}} = \arcsin\dfrac{x-2}{2} + C.$

方法 3 用三角代换计算，自己完成.

注 方法 1 和方法 2 两种方法求出的原函数不一样，怎么解释？

*例 4-6 计算不定积分 $\displaystyle\int \dfrac{\mathrm{d}x}{x+\sqrt{1-x^2}}$.

解 设 $x = \sin t\left(|t| < \dfrac{\pi}{2}\right)$，则 $\mathrm{d}x = \cos t\mathrm{d}t$，于是

$$\int \frac{\mathrm{d}x}{x + \sqrt{1-x^2}} = \int \frac{\cos t\, \mathrm{d}t}{\sin t + \cos t} = \frac{1}{2}\int \frac{(\sin t + \cos t) + (\cos t - \sin t)}{\sin t + \cos t}\mathrm{d}t$$

$$= \frac{1}{2}\int \mathrm{d}t + \frac{1}{2}\int \frac{\mathrm{d}(\sin t + \cos t)}{\sin t + \cos t}$$

$$= \frac{1}{2}t + \frac{1}{2}\ln \mid \sin t + \cos t \mid + C$$

$$= \frac{1}{2}\arcsin x + \frac{1}{2}\ln \mid x + \sqrt{1-x^2} \mid + C.$$

◇练习题 **4 - 2**

计算下列不定积分.

1. $\int \dfrac{1}{\mathrm{e}^x + \mathrm{e}^{-x}}\mathrm{d}x$.   2. $\int \dfrac{\mathrm{d}x}{\sqrt{x(1+x)}}$.

3. $\int \dfrac{1}{x\sqrt{x^2-1}}\mathrm{d}x\,(x>1)$.   4. $\int \dfrac{\ln x}{x\sqrt{1+\ln x}}\mathrm{d}x$.

【练习题 **4 - 2** 答案】

1. $\arctan \mathrm{e}^x + C$ 2. $\ln \mid x + \sqrt{x^2+x} + \dfrac{1}{2} \mid + C$

3. $\arccos \dfrac{1}{x} + C$ 4. $\dfrac{2}{3}\sqrt{1+\ln x}(\ln x - 2) + C$

*例 **4 - 7** 设函数 $F(x)$ 为 $f(x)$ 的原函数,且当 $x \geqslant 0$ 时,$f(x)F(x) = \dfrac{x\mathrm{e}^x}{2(1+x)^2}$,已知 $F(0)=1$,$F(x)>0$,试求 $f(x)$.

解 因为 $F'(x) = f(x)$,由已知得 $f(x)F(x) = F'(x)F(x) = \dfrac{x\mathrm{e}^x}{2(1+x)^2}$,

即 $2F(x)F'(x) = \dfrac{x\mathrm{e}^x}{(1+x)^2}$,亦即 $[F^2(x)]' = \dfrac{x\mathrm{e}^x}{(1+x)^2}$,

所以 $F^2(x) = \displaystyle\int \frac{x\mathrm{e}^x}{(1+x)^2}\mathrm{d}x = \int \left[\frac{\mathrm{e}^x}{(1+x)}\right]'\mathrm{d}x = \frac{\mathrm{e}^x}{1+x} + C.$

由条件 $F(0)=1$,得 $C=0$,且由 $F(x)>0$,得 $F(x) = \sqrt{\dfrac{\mathrm{e}^x}{1+x}}\,(x\geqslant 0)$,

于是 $f(x) = \dfrac{\dfrac{x\mathrm{e}^x}{2(1+x)^2}}{F(x)} = \dfrac{x\mathrm{e}^{\frac{x}{2}}}{2(1+x)^{\frac{3}{2}}}.$

◇**练习题 4 – 3**

设函数 $F(x)$ 为 $f(x)$ 的原函数，$F(1)=\dfrac{\sqrt{2}}{4}\pi$，若当 $x\geqslant 0$ 时，有 $f(x)F(x)=\dfrac{\arctan\sqrt{x}}{\sqrt{x}\,(1+x)}$，

试求 $f(x)$.

【练习题 4 – 3 答案】

$$f(x)=\frac{1}{\sqrt{2x}\,(1+x)}$$

3. 分部积分法

例 4 – 8　计算不定积分.

(1) $\displaystyle\int\frac{\ln\ln x}{x}\mathrm{d}x$；　　　　　　　(2) $\displaystyle\int x^3\mathrm{e}^{x^2}\,\mathrm{d}x$.

解　(1) $\displaystyle\int\frac{\ln\ln x}{x}\mathrm{d}x=\int\ln\ln x\,\mathrm{d}\ln x$.

令 $t=\ln x$，则 $\displaystyle\int\frac{\ln\ln x}{x}\mathrm{d}x=\int\ln t\,\mathrm{d}t$.

于是 $\displaystyle\int\frac{\ln\ln x}{x}\mathrm{d}x=t\ln t+\int\mathrm{d}t=t\ln t+t+C$

$$=\ln x\ln\ln x+\ln x+C=\ln x(\ln\ln x+1)+C.$$

(2) $\displaystyle\int x^3\mathrm{e}^{x^2}\,\mathrm{d}x=\frac{1}{2}\int x^2\mathrm{e}^{x^2}\,\mathrm{d}x^2=\frac{1}{2}\int x^2\mathrm{d}\mathrm{e}^{x^2}$

$$=\frac{1}{2}\big[x^2\mathrm{e}^{x^2}-\int\mathrm{e}^{x^2}\,\mathrm{d}x^2\big]=\frac{1}{2}\mathrm{e}^{x^2}(x^2-1)+C.$$

例 4 – 9　已知曲线 $y=f(x)$ 过点 $\left(0,-\dfrac{1}{2}\right)$，且其上任一点 (x,y) 处的切线斜

率为 $x\ln(1+x^2)$，求曲线 $y=f(x)$.

解　依题意 $y'=x\ln(1+x^2)$，则

$$y=\int x\ln(1+x^2)\mathrm{d}x=\frac{1}{2}\int\ln(1+x^2)\mathrm{d}(1+x^2)$$

$$=\frac{1}{2}(1+x^2)\ln(1+x^2)-\frac{1}{2}x^2+C.$$

又由条件 $y\,|_{x=0}=-\dfrac{1}{2}$，得 $C=-\dfrac{1}{2}$，

于是 $y=\dfrac{1}{2}(1+x^2)\big[\ln(1+x^2)-1\big]$.

◇练习题 4 - 4

计算下列不定积分.

1. $\int (x-1)\sin x\,dx.$ 　　　　　　　　　　　　2. $\int x\ln(x-1)\,dx.$

3. $\int x^2 e^{2x}\,dx.$ 　　　　　　　　　　　　4. $\int \arctan \sqrt{x}\,dx.$

【练习题 4 - 4 答案】

1. $(1-x)\cos x + \sin x + C$

2. $\dfrac{1}{2}(x^2-1)\ln(x-1) - \dfrac{1}{4}x^2 - \dfrac{1}{2}x + C$

3. $\dfrac{1}{2}x^2 e^{2x} - \dfrac{1}{2}x e^{2x} + \dfrac{1}{4}e^{2x} + C$

4. $x\arctan \sqrt{x} - \sqrt{x} + \arctan \sqrt{x} + C$

*例 4 - 10　已知 $\dfrac{\sin x}{x}$ 是 $f(x)$ 的一个原函数,求不定积分 $\int x^3 f'(x)\,dx.$

解　由题意 $f(x)\,dx = d\left(\dfrac{\sin x}{x}\right) = \dfrac{x\cos x - \sin x}{x^2}\,dx$,于是

$$\int x^3 f'(x)\,dx = \int x^3\,df(x) = x^3 f(x) - \int 3x^2 f(x)\,dx = x^3 f(x) - 3\int x^2\,d\dfrac{\sin x}{x}$$

$$= x^3 f(x) - 3x\sin x + 6\int \sin x\,dx = x^3 f(x) - 3x\sin x - 6\cos x + C$$

$$= x^2 \cos x - 4x\sin x - 6\cos x + C.$$

例 4 - 11　计算不定积分 $\int \dfrac{x+\sin x}{1+\cos x}\,dx.$

解　因为被积函数是不同类型函数运算,所以用分部积分法计算.

又因为 $\int \dfrac{x+\sin x}{1+\cos x}\,dx = \int \dfrac{x+\sin x}{2\cos^2 \frac{x}{2}}\,dx = \int \dfrac{x}{2\cos^2 \frac{x}{2}}\,dx + \int \dfrac{2\sin \frac{x}{2}\cos \frac{x}{2}}{2\cos^2 \frac{x}{2}}\,dx,$

所以对于积分 $\int \dfrac{x}{2\cos^2 \frac{x}{2}}\,dx$,设 $u = x, dv = \dfrac{dx}{2\cos^2 \frac{x}{2}}$,则 $du = dx, v = \tan \dfrac{x}{2}.$

于是 $\int \dfrac{x+\sin x}{1+\cos x}\,dx = x\tan \dfrac{x}{2} - \int \tan \dfrac{x}{2}\,dx + \int \dfrac{\sin \frac{x}{2}}{\cos \frac{x}{2}}\,dx = x\tan \dfrac{x}{2} + C.$

◇ **练习题 4 - 5**

1.计算不定积分 $\int x^2 f'''(x)\mathrm{d}x$.

* 2.计算不定积分 $\int \dfrac{x}{\cos^2 x}\mathrm{d}x$.

【**练习题 4 - 5 答案**】

1. $x^2 f''(x) - 2xf'(x) + 2f(x) + C$ 2. $x\tan x + \ln|\cos x| + C$

4. 有理函数积分

例 4 - 12   计算不定积分 $\int \dfrac{x+5}{x^2-6x+13}\mathrm{d}x$.

解 $\displaystyle\int \dfrac{x+5}{x^2-6x+13}\mathrm{d}x = \dfrac{1}{2}\int \dfrac{\mathrm{d}(x^2-6x+13)}{x^2-6x+13} + \int \dfrac{8\mathrm{d}x}{(x-3)^2+4}$

$$= \dfrac{1}{2}\ln(x^2-6x+13) + 4\arctan\dfrac{x-3}{2} + C.$$

例 4 - 13   计算不定积分 $\int \dfrac{x^5+x^4-8}{x^3-4x}\mathrm{d}x$.

解   因为 $\dfrac{x^5+x^4-8}{x^3-4x} = x^2+x+4+\dfrac{4x^2+16x-8}{x^3-4x}$,

令 $\dfrac{4x^2+16x-8}{x^3-4x} = \dfrac{A}{x} + \dfrac{B}{x-2} + \dfrac{C}{x+2}$,

通分,去分母得 $4x^2+16x-8 = A(x^2-4) + Bx(x+2) + Cx(x-2)$.

令 $x=0$,得 $A=2$;令 $x=2$,得 $B=5$;令 $x=-2$,得 $C=-3$.

所以 $\dfrac{4x^2+16x-8}{x(x-2)(x+2)} = \dfrac{2}{x} + \dfrac{5}{x-2} - \dfrac{3}{x+2}$.

于是 $\displaystyle\int \dfrac{x^5+x^4-8}{x^3-4x}\mathrm{d}x = \int\left(x^2+x+4+\dfrac{2}{x}+\dfrac{5}{x-2}-\dfrac{3}{x+2}\right)\mathrm{d}x$

$$= \dfrac{1}{3}x^3 + \dfrac{1}{2}x^2 + 4x + 2\ln|x| + 5\ln|x-2| - 3\ln|x+2| + C.$$

◇ **练习题 4 - 6**

计算下列不定积分.

1. $\int \dfrac{2x+3}{(x-2)(x+5)}\mathrm{d}x$.   2. $\int \dfrac{\mathrm{d}x}{x(x-1)^2}$.

$*3. \displaystyle\int \frac{\mathrm{d}x}{x(x+1)(x^2+x+1)}.$ $*4. \displaystyle\int \frac{x\mathrm{d}x}{x^8-1}.$

【练习题 4-6 答案】

1. $\ln|(x-2)(x+5)|+C$

2. $\ln|x|-\dfrac{1}{x-1}-\ln|x-1|+C$

$*3. \ln\left|\dfrac{x}{x+1}\right|-\dfrac{2}{\sqrt{3}}\arctan\dfrac{2x+1}{\sqrt{3}}+C$

$*4. \dfrac{1}{8}\ln\left|\dfrac{x^2-1}{x^2+1}\right|-\dfrac{1}{4}\arctan x^2+C$

5. 三角有理函数的积分

例 4-14 计算下列不定积分.

$(1) \displaystyle\int \frac{\cos x-\sin x}{\cos x+\sin x}\mathrm{d}x;$ $(2) \displaystyle\int \frac{1}{2-\sin x}\mathrm{d}x.$

解 $(1) \displaystyle\int \frac{\cos x-\sin x}{\cos x+\sin x}\mathrm{d}x = \int \frac{\mathrm{d}(\cos x+\sin x)}{\cos x+\sin x}$

$$= \ln|\cos x+\sin x|+C.$$

$(2) \displaystyle\int \frac{1}{2-\sin x}\mathrm{d}x \xrightarrow{\text{令}\, t=\tan\frac{x}{2}} \int \frac{1}{2-\dfrac{2t}{1+t^2}}\cdot \frac{2}{1+t^2}\mathrm{d}t = \int \frac{\mathrm{d}t}{t^2-t+1}$

$$= \int \frac{\mathrm{d}\left(t-\dfrac{1}{2}\right)}{\left(t-\dfrac{1}{2}\right)^2+\left(\dfrac{\sqrt{3}}{2}\right)^2}$$

$$= \frac{2}{\sqrt{3}}\arctan\frac{2\tan\dfrac{x}{2}-1}{\sqrt{3}}+C.$$

$*$**例 4-15** 计算不定积分 $\displaystyle\int \frac{4\sin x+3\cos x}{\sin x+2\cos x}\mathrm{d}x.$

解 令 $4\sin x+3\cos x$

$$= A(\sin x+2\cos x)+B(\sin x+2\cos x)'$$

$$= A(\sin x+2\cos x)+B(\cos x-2\sin x)$$

$$= (A-2B)\sin x+(2A+B)\cos x,$$

则 A,B 满足 $\begin{cases} A-2B=4 \\ 2A+B=3 \end{cases}$,

解得 $A=2,B=-1.$ 于是

$$\int \frac{4\sin x + 3\cos x}{\sin x + 2\cos x}\mathrm{d}x = \int 2\mathrm{d}x - \int \frac{(\sin x + 2\cos x)'}{\sin x + 2\cos x}\mathrm{d}x$$

$$= 2x - \ln|\sin x + 2\cos x| + C.$$

*例 4 – 16 计算不定积分 $\displaystyle\int \frac{\mathrm{d}x}{a^2\sin^2 x + b^2\cos^2 x}(ab \neq 0)$.

解 $\displaystyle\int \frac{\mathrm{d}x}{a^2\sin^2 x + b^2\cos^2 x} = \int \frac{1}{(a^2\tan^2 x + b^2)} \cdot \frac{\mathrm{d}x}{(\cos^2 x)}$

$$= \frac{1}{a^2}\int \frac{\mathrm{d}\tan x}{\left(\tan^2 x + \dfrac{b^2}{a^2}\right)} \xlongequal{\text{令 } t = \tan x} \frac{1}{a^2}\int \frac{\mathrm{d}t}{\left(t^2 + \dfrac{b^2}{a^2}\right)}$$

$$= \frac{1}{a^2} \cdot \frac{a}{b}\arctan \frac{a}{b}t + C$$

$$= \frac{1}{ab}\arctan\left(\frac{a}{b}\tan x\right) + C.$$

*例 4 – 17 计算不定积分 $\displaystyle\int \frac{\mathrm{d}x}{2\sin x + 3\cos x}$.

解 因为 $2\sin x + 3\cos x = \sqrt{13}\left(\dfrac{2}{\sqrt{13}}\sin x + \dfrac{3}{\sqrt{13}}\cos x\right)$

$$= \sqrt{13}(\sin x\cos\theta + \cos x\sin\theta)$$

$$= \sqrt{13}\sin(x + \theta),$$

其中 $\theta = \arctan \dfrac{3}{2}$.

于是 $\displaystyle\int \frac{\mathrm{d}x}{2\sin x + 3\cos x} = \int \frac{\mathrm{d}x}{\sqrt{13}\sin(x + \theta)} = \frac{1}{\sqrt{13}}\ln|\csc(x + \theta) - \cot(x + \theta)| + C.$

例 4 – 18 计算不定积分 $\displaystyle\int \frac{\mathrm{d}x}{\sin(x + a)\sin(x + b)}(a \neq b)$.

解 因为 $\sin(a - b) = \sin[(x + a) - (x + b)]$

$$= \sin(x + a)\cos(x + b) - \cos(x + a)\sin(x + b),$$

于是

$$\int \frac{\mathrm{d}x}{\sin(x + a)\sin(x + b)} = \frac{1}{\sin(a - b)}\int \frac{\sin(x + a)\cos(x + b) - \cos(x + a)\sin(x + b)}{\sin(x + a)\sin(x + b)}\mathrm{d}x$$

$$= \frac{1}{\sin(a - b)}\int\left[\frac{\cos(x + b)}{\sin(x + b)} - \frac{\cos(x + a)}{\sin(x + a)}\right]\mathrm{d}x$$

$$= \frac{1}{\sin(a - b)}\ln\left|\frac{\sin(x + b)}{\sin(x + a)}\right| + C.$$

◇ **练习题 4 – 7**

计算下列不定积分.

1. $\displaystyle\int \frac{\sin x}{3\sin x + 4\cos x}\mathrm{d}x$.

2. $\displaystyle\int \frac{3\sin x + 2\cos x}{5\sin x + 4\cos x}\mathrm{d}x$.

3. $\displaystyle\int \dfrac{\mathrm{d}x}{\sin(x+5)\sin(x+2)}$.

【练习题 4 - 7 答案】

1. $-\dfrac{4}{25}\ln|3\sin x+4\cos x|+\dfrac{3}{25}x+C$

2. $\dfrac{23}{41}x-\dfrac{2}{41}\ln|5\sin x+4\cos x|+C$

3. $\dfrac{1}{\sin 3}\ln\left|\dfrac{\sin(x+2)}{\sin(x+5)}\right|+C$

* **例 4 - 19**　　计算不定积分 $\displaystyle\int \dfrac{x\cos x}{\sin^3 x}\mathrm{d}x$.

解　被积函数是非三角有理式,因为被积函数是不同类型函数的乘积,所以用分部积分法计算.

设 $u=x,\mathrm{d}v=\dfrac{\cos x}{\sin^3 x}\mathrm{d}x$,

则 $\mathrm{d}u=\mathrm{d}x,v=-\dfrac{1}{2\sin^2 x}$,

于是 $\displaystyle\int \dfrac{x\cos x}{\sin^3 x}\mathrm{d}x=-\dfrac{x}{2\sin^2 x}+\dfrac{1}{2}\int \dfrac{\mathrm{d}x}{\sin^2 x}$

$$=-\dfrac{x}{2\sin^2 x}-\dfrac{1}{2}\cot x+C.$$

◇ **练习题 4 - 8**

计算下列不定积分.

1. $\displaystyle\int \dfrac{1}{2-\cos x}\mathrm{d}x$.

2. $\displaystyle\int \dfrac{x+\sin x}{1+\cos x}\mathrm{d}x$.

【练习题 4 - 8 答案】

1. $\dfrac{2}{\sqrt{3}}\arctan\left(\sqrt{3}\tan\dfrac{x}{2}\right)+C$

2. $x\tan\dfrac{x}{2}+C$

6. 简单无理函数的积分

例 4 - 20　　计算不定积分 $\displaystyle\int \dfrac{\mathrm{d}x}{(1+\sqrt[3]{x})\sqrt{x}}$.

解　令 $x=t^6,\mathrm{d}x=6t^5\mathrm{d}t$,

于是 $\displaystyle\int \frac{\mathrm{d}x}{(1+\sqrt[3]{x})\sqrt{x}} = \int \frac{6t^5\,\mathrm{d}t}{(1+t^2)t^3} = 6\int \frac{t^2}{1+t^2}\,\mathrm{d}t = 6\int \frac{t^2+1-1}{t^2+1}\,\mathrm{d}t$

$$= 6\int \left(1-\frac{1}{t^2+1}\right)\mathrm{d}t = 6(t-\mathrm{arctan}\,t)+C$$

$$= 6(\sqrt[6]{x}-\arctan\sqrt[6]{x})+C.$$

例 4-21   计算不定积分 $\displaystyle\int \frac{x\,\mathrm{d}x}{\sqrt{x^2-x+2}}$.

解 $\displaystyle\int \frac{x\,\mathrm{d}x}{\sqrt{x^2-x+2}} = \frac{1}{2}\int \frac{2x-1+1}{\sqrt{x^2-x+2}}\,\mathrm{d}x$

$$= \frac{1}{2}\int \frac{\mathrm{d}(x^2-x+2)}{\sqrt{x^2-x+2}} + \frac{1}{2}\int \frac{\mathrm{d}\left(x-\frac{1}{2}\right)}{\sqrt{\left(x-\frac{1}{2}\right)^2+\frac{7}{4}}}$$

$$= \sqrt{x^2-x+2} + \frac{1}{2}\ln\left|x-\frac{1}{2}+\sqrt{x^2-x+2}\right| + C.$$

*** 例 4-22**   计算不定积分 $\displaystyle\int \frac{\mathrm{d}x}{\sqrt{(x-3)(x-2)^3}}$.

解 $\displaystyle\int \frac{\mathrm{d}x}{\sqrt{(x-3)(x-2)^3}} = \int \frac{\mathrm{d}x}{\sqrt{\dfrac{x-3}{x-2}}\,(x-2)^2}$,

令 $\displaystyle\sqrt{\frac{x-3}{x-2}} = t$，则 $\displaystyle\frac{x-3}{x-2} = t^2$，即 $\displaystyle 1-\frac{1}{x-2} = t^2$，

两端微分，得 $\displaystyle\frac{1}{(x-2)^2}\mathrm{d}x = 2t\,\mathrm{d}t$，于是

$$\int \frac{\mathrm{d}x}{\sqrt{(x-3)(x-2)^3}} = \int \frac{\mathrm{d}x}{\sqrt{\dfrac{x-3}{x-2}}\,(x-2)^2} = \int \frac{2t\,\mathrm{d}t}{t}$$

$$= 2\int \mathrm{d}t = 2t+C = 2\sqrt{\frac{x-3}{x-2}}+C.$$

◇ **练习题 4-9**

1. 计算不定积分 $\displaystyle\int \frac{\mathrm{d}x}{\sqrt{x}+\sqrt[4]{x}}$.

2. 计算不定积分 $\displaystyle\int \frac{\mathrm{d}x}{\sqrt{(x-1)^3(x-2)}}$.

【练习题 4-9 答案】

1. $2[\sqrt{x}-2\sqrt[4]{x}+2\ln(\sqrt[4]{x}+1)]+C$ 2. $2\sqrt{\dfrac{x-2}{x-1}}+C$

*7. 分段函数的不定积分

解题思路:(1) 分别求出各区间段的不定积分表达式;

　　　　　(2) 由原函数的连续性确定出各积分常数的关系.

*例 4 - 23　　计算不定积分 $\int \sqrt{1-\sin 2x}\,\mathrm{d}x \left(0 \leqslant x \leqslant \dfrac{\pi}{2}\right)$.

解　　$\int \sqrt{1-\sin 2x}\,\mathrm{d}x = \int |\sin x - \cos x|\,\mathrm{d}x$.

当 $0 \leqslant x \leqslant \dfrac{\pi}{4}$ 时,$\int \sqrt{1-\sin 2x}\,\mathrm{d}x = \int (\cos x - \sin x)\,\mathrm{d}x = \sin x + \cos x + C_1$;

当 $\dfrac{\pi}{4} \leqslant x \leqslant \dfrac{\pi}{2}$ 时,$\int \sqrt{1-\sin 2x}\,\mathrm{d}x = \int (\sin x - \cos x)\,\mathrm{d}x = -\cos x - \sin x + C_2$.

由于原函数的连续性,所以令 $x = \dfrac{\pi}{4}$,有

$$\sin \frac{\pi}{4} + \cos \frac{\pi}{4} + C_1 = -\cos \frac{\pi}{4} - \sin \frac{\pi}{4} + C_2.$$

可以取 $C_1 = -\sqrt{2} + C, C_2 = \sqrt{2} + C$,则

$$\int \sqrt{1-\sin 2x}\,\mathrm{d}x = \begin{cases} \sin x + \cos x - \sqrt{2} + C, & 0 \leqslant x \leqslant \dfrac{\pi}{4} \\[2mm] -\sin x - \cos x + \sqrt{2} + C, & \dfrac{\pi}{4} \leqslant x \leqslant \dfrac{\pi}{2} \end{cases}.$$

*例 4 - 24　　计算不定积分 $\int \max\{x^3, x^2, 1\}\,\mathrm{d}x$.

解　　因为 $f(x) = \max\{x^3, x^2, 1\} = \begin{cases} x^3, & x \geqslant 1 \\ x^2, & x \leqslant -1 \\ 1, & |x| < 1 \end{cases}$,所以

当 $x \geqslant 1$ 时,$\int f(x)\,\mathrm{d}x = \int x^3\,\mathrm{d}x = \dfrac{1}{4}x^4 + C_1$;

当 $x \leqslant -1$ 时,$\int f(x)\,\mathrm{d}x = \int x^2\,\mathrm{d}x = \dfrac{1}{3}x^3 + C_2$;

当 $|x| < 1$ 时,$\int f(x)\,\mathrm{d}x = \int \mathrm{d}x = x + C_3$.

由原函数连续性,有 $\lim\limits_{x \to 1^+}\left(\dfrac{1}{4}x^4 + C_1\right) = \lim\limits_{x \to 1^-}(x + C_3)$,即 $\dfrac{1}{4} + C_1 = 1 + C_3$.

又 $\lim\limits_{x \to -1^+}(x + C_3) = \lim\limits_{x \to -1^-}\left(\dfrac{1}{3}x^3 + C_2\right)$,即 $-1 + C_3 = -\dfrac{1}{3} + C_2$.

联立解上两式,令 $C_3 = C$,则 $C_1 = \dfrac{3}{4} + C, C_2 = -\dfrac{2}{3} + C$.

于是 $\int \max\{x^3, x^2, 1\}\,\mathrm{d}x = \begin{cases} \dfrac{1}{3}x^3 - \dfrac{2}{3} + C, & x \leqslant -1 \\[2mm] x + C, & -1 < x < 1 \\[2mm] \dfrac{1}{4}x^4 + \dfrac{3}{4} + C, & x \geqslant 1 \end{cases}.$

◇ **练习题 4 - 10**

计算不定积分 $\int \min\{x^2, x+6\}\mathrm{d}x$

【**练习题 4 - 10 答案**】

$$\int \min\{x^2, x+6\}\mathrm{d}x = \begin{cases} \dfrac{1}{2}x^2 + 6x + \dfrac{22}{3} + C, & x \leqslant -2 \\[2mm] \dfrac{1}{3}x^3 + C, & -2 < x < 3 \\[2mm] \dfrac{1}{2}x^2 + 6x - \dfrac{27}{2} + C, & x \geqslant 3 \end{cases}$$

三、基础题

(一)单项选择题

1. 设 $f(x)$ 在区间 I 内连续,则 $f(x)$ 在 I 内(   ).

A. 必存在导函数   B. 必存在原函数   C. 必有界   D. 必有极限

2. 设 $F_1(x), F_2(x)$ 是区间 I 内的连续函数 $f(x)$ 的两个不同的原函数,且 $f(x) \neq 0$,则在区间 I 内必有(   ).

A. $F_1(x) - F_2(x) = C$ B. $F_1(x) \cdot F_2(x) = C$

C. $F_1(x) = CF_2(x)$ D. $F_1(x) + F_2(x) = C$

3. 下列各对函数中,是同一个函数的原函数的是(   ).

A. $\arctan x$ 和 $\text{arccot} x$ B. $\sin^2 x$ 和 $\cos^2 x$

C. $(e^x + e^{-x})^2$ 和 $e^{2x} + e^{-2x}$ D. $\dfrac{2^x}{\ln 2}$ 和 $2^x + \ln 2$

4. 如果 $F(x)$ 是 $f(x)$ 的一个原函数,C 为常数,则(   )也是 $f(x)$ 的原函数.

A. $F(Cx)$ B. $F(x+C)$ C. $CF(x)$ D. $F(x) + C$

5. 设 $f(x), g(x)$ 均是区间 I 内的可导函数,则在 I 内,下列结论中正确的是(   ).

A. 若 $f(x) = g(x)$,则 $f'(x) = g'(x)$ B. 若 $f'(x) = g'(x)$,则 $f(x) = g(x)$

C. 若 $f(x) > g(x)$,则 $f'(x) > g'(x)$ D. 若 $f'(x) > g'(x)$,则 $f(x) > g(x)$

6. 若在 (a, b) 内 $f'(x) = \varphi'(x)$,则在 (a, b) 内一定有(   ).

A. $f(x) = \varphi(x)$ B. $\int f(x)\mathrm{d}x = \int \varphi(x)\mathrm{d}x$

C. $\int \mathrm{d}f(x) = \int \mathrm{d}\varphi(x)$ D. $\dfrac{f(x)}{\varphi(x)} = C$

7. 若 $\int f(x)\mathrm{d}x = F(x) + C$,则 $\int e^{-x}f(1 + e^{-x})\mathrm{d}x$ 的表达式是(   ).

A. $-F(1+e^{-x})+C$　　　　　　　　　　B. $F(1+e^x)+C$

C. $-F(e^{-x})+C$　　　　　　　　　　　D. $\dfrac{F(1+e^{-x})+C}{e^x}+C$

8. 设 $\displaystyle\int f(x)\mathrm{d}x = x^2 e^{2x}+C$，则函数 $f(x)$ 的表达式是（　　　）.

A. $xe^{2x}(2+x)$　　　　B. $2xe^{2x}(1+x)$　　　　C. $2xe^{2x}$　　　　D. $2x^2 e^{2x}$

9. 下列命题中，正确的是（　　　）.

A. 若 $f(x)$ 连续且为偶函数，则 $f(x)$ 的原函数必是奇函数

B. 若 $f(x)$ 连续且为奇函数，则 $f(x)$ 的原函数必是偶函数

C. 若 $f(x)$ 连续且为周期函数，则 $f(x)$ 的原函数必是周期函数

D. 若 $f(x)$ 可导且 $\displaystyle\lim_{x\to+\infty} f(x)=+\infty$，则 $\displaystyle\lim_{x\to+\infty} f'(x)=+\infty$

(二)填空题

1. 设曲线 C_1,C_2 是函数 $f(x)$ 的两条不同的积分曲线，则这两条曲线的位置关系是 _____.

2. $\left(\displaystyle\int f(x)\mathrm{d}x\right)' = $ _____，$\mathrm{d}\left(\displaystyle\int f(x)\mathrm{d}x\right) = $ _____.

3. 设 e^{x^2} 是 $f(x)$ 的一个原函数，则 $\displaystyle\int f(\sin x)\cdot\cos x\,\mathrm{d}x = $ _____.

4. 设 $\displaystyle\int f(x)e^{\frac{1}{x}}\mathrm{d}x = e^{\frac{1}{x}}+C$，则 $f(x) = $ _____.

5. 若 $f'(x)=\sin x$，则 $f(x)$ 的原函数为 _____.

6. $\displaystyle\int\left(\dfrac{1}{\cos^2 x}-1\right)\mathrm{d}x = $ _____，$\displaystyle\int\left(\dfrac{1}{\cos^2 x}-1\right)\mathrm{d}\cos x = $ _____.

7. 已知函数 $F(x)$ 的导数为 $f(x)=\dfrac{1}{\sqrt{1-x^2}}$，且 $F\left(\dfrac{1}{\sqrt{2}}\right)=\dfrac{\pi}{4}$，则 $F(x)=$ _____.

8. 若 $f'(x)=\dfrac{1}{\sqrt{1-x^2}}$，$f(1)=\dfrac{3}{2}\pi$，则函数 $f(x)=$ _____.

9. 设函数 $f(x)=e^{-x}$，则 $\displaystyle\int\dfrac{f'(\ln x)}{x}\mathrm{d}x = $ _____.

10. 设 $\displaystyle\int f(x)\mathrm{d}x = x^2+C$，则 $\displaystyle\int xf(x^2-1)\mathrm{d}x = $ _____.

(三)计算下列各积分

1. $\displaystyle\int x^{-2}\cos\dfrac{1}{x}\mathrm{d}x$.　　　　　　　　2. $\displaystyle\int e^{3x^2+\ln x}\mathrm{d}x$.

3. $\displaystyle\int \frac{\sqrt{x}+\ln x}{x}\mathrm{d}x.$

4. $\displaystyle\int \frac{x+x^3}{\sqrt{1-x^4}}\mathrm{d}x.$

5. $\displaystyle\int \frac{\mathrm{d}x}{x\sqrt{1+x^2}}.$

6. $\displaystyle\int \frac{\mathrm{d}x}{3+\sqrt{x+2}}.$

7. $\displaystyle\int \frac{x^3}{(x+1)^4}\mathrm{d}x.$

8. $\displaystyle\int \frac{\cos x}{1+\cos x}\mathrm{d}x.$

9. $\displaystyle\int x\mathrm{e}^{-x}\mathrm{d}x.$

10. $\displaystyle\int x\arctan x\mathrm{d}x.$

（四）计算下列各积分

1. 设 $f'(x^2)=\dfrac{1}{x},x>0,$ 求 $f(x).$

2. $\displaystyle\int \frac{\mathrm{d}x}{\sqrt{x(1-x)}}.$

3. $\displaystyle\int \mathrm{e}^{\sqrt{x}}\mathrm{d}x.$

4. $\displaystyle\int \frac{\ln\ln x}{x}\mathrm{d}x.$

5. $\displaystyle\int \frac{x\arcsin x}{\sqrt{1-x^2}}\mathrm{d}x.$

6. $\displaystyle\int \frac{x^9}{\sqrt{1+x^5}}\mathrm{d}x.$

四、提高题

(一)单项选择题

1. 设 $\dfrac{\sin x}{x}$ 是 $f(x)$ 的一个原函数,则 $\displaystyle\int \dfrac{f(ax)}{a}\mathrm{d}x\,(a\neq 0)$ 的值为 (　　).

A. $\dfrac{\sin ax}{x}+C$ 　　　　　B. $\dfrac{\sin ax}{a^2x}+C$ 　　　　　C. $\dfrac{\sin ax}{ax}+C$ 　　　　　D. $\dfrac{\sin ax}{a^3x}+C$

2. 已知 $F(x)$ 是 $\sin x^2$ 的一个原函数,则 $\mathrm{d}F(x^2)$ 的值为(　　).

A. $2x\sin x^4\,\mathrm{d}x$ 　　　　B. $\sin x^4\,\mathrm{d}x$ 　　　　C. $2x\sin x^2\,\mathrm{d}x$ 　　　　D. $\sin x^2\,\mathrm{d}x^2$

3. 下列等式中,正确的是(　　).

A. $\displaystyle\int \sin 2x\cdot\cos 2x\,\mathrm{d}x=\dfrac{1}{2}\sin^2 2x+C$

B. $\displaystyle\int \dfrac{\arcsin\sqrt{1-x}}{\sqrt{1-x}}\,\mathrm{d}x=\dfrac{1}{2}(\arcsin\sqrt{x})^2+C$

C. $\displaystyle\int \dfrac{\arcsin\sqrt{x}}{\sqrt{x-x^2}}\,\mathrm{d}x=2\int \dfrac{\arcsin\sqrt{x}}{\sqrt{1-x}}\,\mathrm{d}\sqrt{x}=(\arcsin\sqrt{x})^2+C$

D. $\displaystyle\int xf(x^2)\,\mathrm{d}x=\dfrac{1}{2}f^2(x^2)+C$

4. $\displaystyle\int x^2\left(\dfrac{\mathrm{e}^x}{x}\right)'\mathrm{d}x$ 的值为(　　).

A. $x\mathrm{e}^x+2\mathrm{e}^x+C$ 　　　　　　　　　　B. $x\mathrm{e}^x-\mathrm{e}^x+C$

C. $2x\mathrm{e}^x+2\mathrm{e}^x+C$ 　　　　　　　　　　D. $x\mathrm{e}^x-2\mathrm{e}^x+C$

5. 若函数 $\mathrm{e}^{|x|}$ 在 $(-\infty,+\infty)$ 上的不定积分是 $F(x)+C$,则(　　).

A. $F(x)=\begin{cases}\mathrm{e}^x+C_1, & x\geqslant 0\\ -\mathrm{e}^{-x}+C_2, & x<0\end{cases}$ 　　　　　B. $F(x)=\begin{cases}\mathrm{e}^x+C, & x\geqslant 0\\ -\mathrm{e}^{-x}+C+2, & x<0\end{cases}$

C. $F(x)=\begin{cases}\mathrm{e}^x, & x\geqslant 0\\ -\mathrm{e}^{-x}+2, & x<0\end{cases}$ 　　　　　D. $F(x)=\begin{cases}\mathrm{e}^x, & x\geqslant 0\\ -\mathrm{e}^{-x}, & x<0\end{cases}$

(二)填空题

1. 设函数 $f(x)$ 的原函数为 $\dfrac{\ln x}{\cos x}$,则 $\displaystyle\int xf'(x)\,\mathrm{d}x=$ _____.

2. 积分 $\displaystyle\int \dfrac{ax^2+bx+c}{x^3(x-1)^2}\,\mathrm{d}x$ 为有理函数,则 a,b,c 满足的条件为_____.

3. 设 $\displaystyle\int f(x)\,\mathrm{d}x=\sin x+C$,则 $\displaystyle\int \dfrac{f(\arcsin x)}{\sqrt{1-x^2}}\,\mathrm{d}x=$ _____.

4. 若 $\int \sin f(x)\mathrm{d}x = x\sin f(x) - \int \cos f(x)\mathrm{d}x$，则 $f(x) =$ _____.

5. 设 $f(0) = 2, f(-2) = 0$，函数 $f(x)$ 在点 $x = -1, x = 5$ 处有极值，且 $f'(x)$ 是 x 的二次函数，则 $f(x) =$ _____.

（三）计算下列各积分

1. $\displaystyle\int \frac{x^{14}}{(x^5+1)^4}\mathrm{d}x.$

2. $\displaystyle\int \frac{x^2\mathrm{e}^x}{(x+2)^2}\mathrm{d}x.$

3. $\displaystyle\int \frac{7\cos x - 3\sin x}{5\cos x + 2\sin x}\mathrm{d}x.$

4. $\displaystyle\int \frac{x^2}{1+x^2}\arctan x\mathrm{d}x.$

5. $\displaystyle\int \frac{\ln\cos x}{\cos^2 x}\mathrm{d}x.$

6. $\displaystyle\int x\left(\frac{\sin x}{x}\right)''\mathrm{d}x.$

7. $\displaystyle\int \frac{\mathrm{d}x}{\sin 2x + 2\sin x}.$

8. $\displaystyle\int \frac{x+\sin x}{1+\cos x}\mathrm{d}x.$

9. $\displaystyle\int \frac{\sin^2 x}{\cos^3 x}\mathrm{d}x.$

（四）计算下列各积分

1. 设函数 $f(x) = \begin{cases} \mathrm{e}^{\sin x}\cos x, & x \leqslant 0 \\ \sin\sqrt{x} + 1, & x > 0 \end{cases}$，试求 $f(x)$ 的原函数 $F(x)$，使 $F(-\pi) = \dfrac{1}{2}$.

2. 设函数 $f(\ln x) = \dfrac{\ln(1+x)}{x}$，求 $\int f(x)\mathrm{d}x.$

【基础题答案】

（一）1. B　2. A　3. C　4. D　5. A　6. C　7. A　8. B　9. B

（二）1. 其中一条积分曲线可以由另一条积分曲线沿着 y 轴向上（或向下）平移而得到

2. $f(x)$；$f(x)\mathrm{d}x$　3. $\mathrm{e}^{\sin^2 x}+C$　4. $-\dfrac{1}{x^2}$　5. $-\sin x+C_1 x+C_2$

6. $\tan x-x+C$；$-\sec x-\cos x+C$　7. $\arcsin x$

8. $\arcsin x+\pi$　9. $\dfrac{1}{x}+C$　10. $\dfrac{1}{2}(x^2-1)^2+C$

（三）1. $-\sin\dfrac{1}{x}+C$　2. $\dfrac{1}{6}\mathrm{e}^{3x^2}+C$　3. $2\sqrt{x}+\dfrac{1}{2}\ln^2 x+C$　4. $\dfrac{1}{2}\arcsin x^2-\dfrac{1}{2}\sqrt{1-x^4}+C$

5. $-\ln\dfrac{1+\sqrt{1+x^2}}{x}+C$　6. $2[\sqrt{x+2}-3\ln(3+\sqrt{x+2})]+C$

7. $\ln(x+1)+\dfrac{3}{x+1}-\dfrac{3}{2}\dfrac{1}{(x+1)^2}+\dfrac{1}{3(x+1)^3}+C$

8. $-\csc x+\cot x+x+C$　9. $-\mathrm{e}^{-x}(x+1)+C$

10. $\dfrac{1}{2}(x^2+1)\arctan x-\dfrac{x}{2}+C$

（四）1. $2\sqrt{x}+C$　2. $2\arcsin\sqrt{x}+C$　3. $2\sqrt{x}\mathrm{e}^{\sqrt{x}}-2\mathrm{e}^{\sqrt{x}}+C$　4. $(\ln\ln x-1)\ln x+C$

5. $-\sqrt{1-x^2}\arcsin x+x+C$　6. $\dfrac{2}{15}(1+x^5)^{\frac{3}{2}}-\dfrac{2}{5}(1+x^5)^{\frac{1}{2}}+C$

【提高题答案】

（一）1. D　2. A　3. C　4. D　5. C

（二）1. $xf(x)-\dfrac{\ln x}{\cos x}+C$　2. $a+2b+3c=0$　3. $x+C$　4. $f(x)=\ln x$

5. $x^3-6x^2-15x+2$［提示：设 $f'(x)=a(x+1)(x-5)$，求出 $f(x)$］.

（三）1. $\dfrac{1}{15}\dfrac{1}{(1+x^{-5})^3}+C$　2. $\dfrac{-x^2\mathrm{e}^x}{x+2}+x\mathrm{e}^x-\mathrm{e}^x+C$

3. $x+\ln|5\cos x+2\sin x|+C$

4. $x\arctan x-\dfrac{1}{2}\ln(1+x^2)-\dfrac{1}{2}(\arctan x)^2+C$

5. $\tan x\ln(\cos x)+\tan x-x+C$　6. $\cos x-2\dfrac{\sin x}{x}+C$

7. $\dfrac{1}{4}\ln|\tan\dfrac{x}{2}|+\dfrac{1}{8}\tan^2\dfrac{x}{2}+C$

8. $x\tan\dfrac{x}{2}+C$（提示：分部积分法）

9. $\dfrac{\sin x}{2\cos^2 x}-\dfrac{1}{2}\ln|\sec x+\tan x|+C$（提示：分部积分法）

（四）1. $F(x)=\begin{cases}\mathrm{e}^{\sin x}-\dfrac{1}{2}, & x\leqslant 0\\ x+2(\sin\sqrt{x}-\sqrt{x}\cos\sqrt{x})+\dfrac{1}{2}, & x>0\end{cases}$

2. $\displaystyle\int f(x)\mathrm{d}x=x-(1+\mathrm{e}^{-x})\ln(1+\mathrm{e}^x)+C$

第五章

定积分及其应用

一、内容摘要

(一)定积分的概念

1. 定义

通过分割、近似、求和、取极限得到和的极限——定积分.

设函数 $f(x)$ 在区间 $[a,b]$ 上有界:

(1)在区间 $[a,b]$ 中任意插入 $(n-1)$ 个分点 $a=x_0<x_1<\cdots<x_i<\cdots<x_{n-1}<x_n=b$,将区间 $[a,b]$ 分成 n 个小区间 $[x_0,x_1],[x_1,x_2],\cdots,[x_{i-1},x_i],\cdots,[x_{n-1},x_n]$,各个小区间长度为 $\Delta x_i(i=1,2,\cdots,n)$.

(2)在每个小区间 $[x_{i-1},x_i]$ 上任取一点 ξ_i,做函数值 $f(\xi_i)$ 与小区间长度 Δx_i 的乘积 $f(\xi_i)\Delta x_i(i=1,2,\cdots,n)$.

(3)做和式 $\sum\limits_{i=1}^{n}f(\xi_i)\Delta x_i$.

(4)记 $\lambda=\max\{\Delta x_1,\Delta x_2,\cdots,\Delta x_n\}$,如果不论区间 $[a,b]$ 怎样分法,以及小区间 $[x_{i-1},x_i]$ 上点 ξ_i 怎样取法,极限 $I=\lim\limits_{\lambda\to 0}\sum\limits_{i=1}^{n}f(\xi_i)\Delta x_i$ 唯一存在,这时我们称这个极限值为函数 $f(x)$ 在区间 $[a,b]$ 上的定积分,记做 $\int_a^b f(x)\mathrm{d}x$. 即

$$\int_a^b f(x)\mathrm{d}x=\lim\limits_{\lambda\to 0}\sum\limits_{i=1}^{n}f(\xi_i)\Delta x_i.$$

其中 $f(x)$ 称被积函数,$f(x)\mathrm{d}x$ 称被积表达式,x 称积分变量,a 称积分下限,b 称积分上限,$[a,b]$ 称积分区间,和式 $\sum\limits_{i=1}^{n}f(\xi_i)\Delta x_i$ 称为函数 $f(x)$ 的积分和式(或黎曼和).

注 ① 此极限值与区间$[a,b]$分法及点ξ_i的取法无关.

② 定积分表示一个数值,它取决于积分区间$[a,b]$与被积函数$f(x)$,而与积分变量无关,因此有

$$\int_a^b f(x)\mathrm{d}x = \int_a^b f(t)\mathrm{d}t = \int_a^b f(u)\mathrm{d}u.$$

2. 定积分的存在条件

(1) 必要条件

若函数$f(x)$在$[a,b]$上可积,则函数$f(x)$在区间$[a,b]$上有界.

(2) 充分条件

若函数$f(x)$在$[a,b]$上连续或$f(x)$在$[a,b]$上有界且只有有限个间断点,则函数$f(x)$在区间$[a,b]$上可积.

3. 定积分的各种意义

(1) 代数意义

函数$f(x)$在区间$[a,b]$上的平均值为$\dfrac{1}{b-a}\displaystyle\int_a^b f(x)\mathrm{d}x$.

(2) 几何意义

若函数$f(x) \geqslant 0$,则定积分$\displaystyle\int_a^b f(x)\mathrm{d}x$表示由曲线$y=f(x)$,直线$x=a, x=b$,$y=0$围成的曲边梯形的面积,见图5.1.

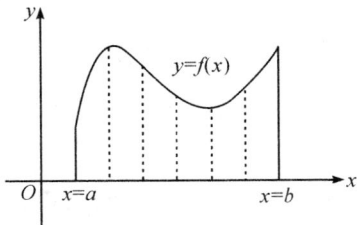

图 5.1 曲边梯形

(3) 物理意义

路程问题:设函数$f(x)$在区间$[a,b]$上可积,x表示时间变量,函数$f(x)$表示质点做直线运动的速度,则$\displaystyle\int_a^b f(x)\mathrm{d}x$表示质点从$a$时刻运动到$b$时刻之间所走的路程.

(二) 定积分性质

设函数$f(x), g(x)$在区间$[a,b]$上是可积的,并约定

$$\int_a^b f(x)\mathrm{d}x = -\int_b^a f(x)\mathrm{d}x, \int_a^a f(x)\mathrm{d}x = 0.$$

(1) 线性性质

$$\int_a^b [\alpha f(x) + \beta g(x)]\mathrm{d}x = \alpha \int_a^b f(x)\mathrm{d}x + \beta \int_a^b g(x)\mathrm{d}x.$$

（2）可加性

$$\int_a^b f(x)\mathrm{d}x = \int_a^c f(x)\mathrm{d}x + \int_c^b f(x)\mathrm{d}x.$$

（3）$\displaystyle\int_a^b \mathrm{d}x = b-a$

（4）比较定理

当 $x \in [a,b]$ 时，$f(x) \leqslant g(x)$，则

$$\int_a^b f(x)\mathrm{d}x \leqslant \int_a^b g(x)\mathrm{d}x, \text{以及} \left|\int_a^b f(x)\mathrm{d}x\right| \leqslant \int_a^b |f(x)|\mathrm{d}x.$$

（5）估值定理

若当 $x \in [a,b]$ 时，$m \leqslant f(x) \leqslant M$，则

$$m(b-a) \leqslant \int_a^b f(x)\mathrm{d}x \leqslant M(b-a).$$

（6）积分中值定理

若函数 $f(x)$ 在区间 $[a,b]$ 上连续，则在区间 $[a,b]$ 上至少有一点 ξ 使得

$$\int_a^b f(x)\mathrm{d}x = f(\xi)(b-a).$$

（7）推广的积分中值定理

若函数 $f(x)$ 在区间 $[a,b]$ 上连续，$g(x)$ 在区间 $[a,b]$ 上连续且不变号，则在 $[a,b]$ 上至少存在一点 ξ，使得

$$\int_a^b f(x)g(x)\mathrm{d}x = f(\xi)\int_a^b g(x)\mathrm{d}x.$$

（三）主要定理

定理 1　若函数 $f(x)$ 在区间 $[a,b]$ 上连续，则积分上限函数 $\Phi(x) = \int_a^x f(t)\mathrm{d}t$ 在 (a,b) 内可导，且

$$\Phi'(x) = f(x).$$

推论 1　设 $F(x) = \int_0^{\varphi(x)} f(t)\mathrm{d}t$[其中 $\varphi(x)$ 可导]，则

$$F'(x) = f[\varphi(x)]\varphi'(x).$$

推论 2　设 $F(x) = \int_{\psi(x)}^{\varphi(x)} f(t)\mathrm{d}t$[其中 $\varphi(x)$，$\psi(x)$ 可导]，则

$$F'(x) = f[\varphi(x)]\varphi'(x) - f[\psi(x)]\psi'(x).$$

注　积分上限函数 $\int_a^x f(t)\mathrm{d}t$ 为一个函数，因此它必定存在与函数相关的极限、连续、导数、微分、积分等问题.

定理 2　若函数 $f(x)$ 在区间 $[a,b]$ 上连续，则积分上限函数 $\int_a^x f(t)\mathrm{d}t$ 是 $f(x)$ 的一个原函数.

定理 3 （N－L 公式）若函数 $f(x)$ 在区间 $[a,b]$ 上连续,且 $F(x)$ 为 $f(x)$ 在区间 $[a,b]$ 上的一个原函数,则

$$\int_a^b f(x)\mathrm{d}x = F(x)\Big|_a^b = F(b) - F(a).$$

（四）重要公式

（1）若函数 $f(x)$ 在区间 $[-a,a]$（关于 y 轴的对称区间）上连续,则

$$\int_{-a}^a f(x)\mathrm{d}x = \int_0^a [f(x) + f(-x)]\mathrm{d}x = \begin{cases} 2\displaystyle\int_0^a f(x)\mathrm{d}x, & f(x) = f(-x) \\ 0, & f(x) = -f(-x) \end{cases}.$$

（2）由定积分的几何意义得 $\displaystyle\int_0^a \sqrt{a^2 - x^2}\,\mathrm{d}x = \frac{1}{4}\pi a^2$, 即圆面积的四分之一.

（3） $\displaystyle\int_0^\pi f(\sin x)\mathrm{d}x = 2\int_0^{\frac{\pi}{2}} f(\sin x)\mathrm{d}x.$

（4） $\displaystyle\int_0^{\frac{\pi}{2}} f(\sin x)\mathrm{d}x = \int_0^{\frac{\pi}{2}} f(\cos x)\mathrm{d}x, \left[\int_0^{\frac{\pi}{2}} f(\sin x, \cos x)\mathrm{d}x = \int_0^{\frac{\pi}{2}} f(\cos x, \sin x)\mathrm{d}x\right].$

（5） $\displaystyle\int_0^\pi x f(\sin x)\mathrm{d}x = \frac{\pi}{2}\int_0^\pi f(\sin x)\mathrm{d}x = \pi\int_0^{\frac{\pi}{2}} f(\sin x)\mathrm{d}x.$

（6）设函数 $f(x)$ 是以 l 为周期的连续函数, a 为任何实数,则

$$\int_a^{a+l} f(x)\mathrm{d}x = \int_0^l f(x)\mathrm{d}x.$$

（7） $\displaystyle\int_0^{\frac{\pi}{2}} \sin^n x\,\mathrm{d}x = \int_0^{\frac{\pi}{2}} \cos^n x\,\mathrm{d}x = \begin{cases} \dfrac{(n-1)!!}{n!!} \cdot \dfrac{\pi}{2}, & n = 2m \\ \dfrac{(n-1)!!}{n!!} \cdot 1, & n = 2m+1 \end{cases}.$

注 巧妙利用公式计算定积分,会给计算带来很大方便.

（五）反常积分

1. 反常积分的定义
（1）无穷限的反常积分定义

设函数 $f(x)$ 在区间 $[a, +\infty)$ 上连续,取 $t > a$,如果极限 $\displaystyle\lim_{t\to+\infty} \int_a^t f(x)\mathrm{d}x$ 存在,

则称此极限为函数 $f(x)$ 在无穷区间 $[a, +\infty)$ 上的反常积分,记做 $\displaystyle\int_a^{+\infty} f(x)\mathrm{d}x$,即

$$\int_a^{+\infty} f(x)\mathrm{d}x = \lim_{t\to+\infty}\int_a^t f(x)\mathrm{d}x,$$

或称反常积分收敛;若上述极限不存在,则称反常积分发散,此时 $\displaystyle\int_a^{+\infty} f(x)\mathrm{d}x$ 不再表示数值.

设函数 $f(x)$ 在区间 $(-\infty,b]$ 上连续,取 $t<b$,如果极限 $\lim\limits_{t\to-\infty}\int_t^b f(x)\mathrm{d}x$ 存在,则

称此极限为函数 $f(x)$ 在无穷区间 $(-\infty,b]$ 上的反常积分. 记做 $\int_{-\infty}^b f(x)\mathrm{d}x$,即

$$\int_{-\infty}^b f(x)\mathrm{d}x = \lim_{t\to-\infty}\int_t^b f(x)\mathrm{d}x,$$

此时也称反常积分收敛;如果上述极限不存在,则称反常积分发散.

设函数 $f(x)$ 在区间 $(-\infty,+\infty)$ 上连续,如果反常积分 $\int_{-\infty}^0 f(x)\mathrm{d}x$ 和

$\int_0^{+\infty} f(x)\mathrm{d}x$ 都收敛,则称上述两个反常积分之和为函数 $f(x)$ 在无穷区间

$(-\infty,+\infty)$ 上的反常积分,记做 $\int_{-\infty}^{+\infty} f(x)\mathrm{d}x$,即

$$\int_{-\infty}^{+\infty} f(x)\mathrm{d}x = \int_{-\infty}^0 f(x)\mathrm{d}x + \int_0^{+\infty} f(x)\mathrm{d}x$$
$$= \lim_{t\to-\infty}\int_t^b f(x)\mathrm{d}x + \lim_{t\to+\infty}\int_a^t f(x)\mathrm{d}x,$$

此时称反常积分收敛;否则,称反常积分发散.

(2) 无界函数反常积分定义

设函数 $f(x)$ 在区间 $(a,b]$ 上连续,点 a 为函数 $f(x)$ 的瑕点,取 $t>a$,如果极

限 $\lim\limits_{t\to a^+}\int_t^b f(x)\mathrm{d}x$ 存在,则称此极限为函数 $f(x)$ 在区间 $(a,b]$ 上的反常积分,记做

$\int_a^b f(x)\mathrm{d}x$,即

$$\int_a^b f(x)\mathrm{d}x = \lim_{t\to a^+}\int_t^b f(x)\mathrm{d}x,$$

此时也称反常积分收敛;如果上述极限不存在,就称反常积分发散.

设函数 $f(x)$ 在区间 $[a,b)$ 上连续,点 b 为函数 $f(x)$ 的瑕点,取 $t<b$,如果极限

$\lim\limits_{t\to b^-}\int_a^t f(x)\mathrm{d}x$ 存在,则称反常积分收敛,记做 $\int_a^b f(x)\mathrm{d}x$,即

$$\int_a^b f(x)\mathrm{d}x = \lim_{t\to b^-}\int_a^t f(x)\mathrm{d}x$$

否则称反常积分发散.

设函数 $f(x)$ 在区间 $[a,b]$ 上除点 $c(a<c<b)$ 外连续,点 c 为函数 $f(x)$ 的瑕

点,如果两个反常积分 $\int_a^c f(x)\mathrm{d}x$ 与 $\int_c^b f(x)\mathrm{d}x$ 都收敛,则定义

$$\int_a^b f(x)\mathrm{d}x = \int_a^c f(x)\mathrm{d}x + \int_c^b f(x)\mathrm{d}x$$
$$= \lim_{t\to c^-}\int_a^t f(x)\mathrm{d}x + \lim_{t\to c^+}\int_t^b f(x)\mathrm{d}x.$$

否则称反常积分发散.

2. 反常积分的计算

(1) 设函数 $f(x)$ 在区间 $[a, +\infty)$ 上连续, 原函数 $F(x)$ 在区间 $[a, +\infty)$ 上连续, 即有

$$\int_a^{+\infty} f(x)\mathrm{d}x = F(x)\Big|_a^{+\infty} = F(+\infty) - F(a).$$

其中 $F(+\infty) = \lim\limits_{x \to +\infty} F(x)$.

同理还有 $\int_{-\infty}^b f(x)\mathrm{d}x = F(x)\Big|_{-\infty}^b = F(b) - F(-\infty)$,

$$\int_{-\infty}^{+\infty} f(x)\mathrm{d}x = F(x)\Big|_{-\infty}^{+\infty} = F(+\infty) - F(-\infty).$$

(2) 若 a 为函数 $f(x)$ 的瑕点, 在区间 $(a,b]$ 上 $F'(x) = f(x)$, 若 $\lim\limits_{x \to a^+} F(x) = \infty$, 则

$$\int_a^b f(x)\mathrm{d}x = F(b) - \lim\limits_{x \to a^+} F(x) = F(b) - F(a^+).$$

同理还有 $\int_a^b f(x)\mathrm{d}x = \lim\limits_{x \to b^-} F(x) - F(a) = F(b^-) - F(a)$.

3. 常用的反常积分

$(1) \displaystyle\int_1^{+\infty} \frac{\mathrm{d}x}{x^p} = \begin{cases} \dfrac{1}{p-1}, & p > 1 \\ +\infty, & p \leqslant 1 \end{cases}.$

$(2) \displaystyle\int_a^{+\infty} \frac{\mathrm{d}x}{x(\ln x)^p} = \begin{cases} \dfrac{(\ln a)^{1-p}}{p-1}, & p > 1 \\ +\infty, & p \leqslant 1 \end{cases} (a > 1).$

$(3) \displaystyle\int_0^{+\infty} \mathrm{e}^{-x^2}\mathrm{d}x = \dfrac{\sqrt{\pi}}{2}$ (在二重积分中证明).

$(4) \displaystyle\int_0^1 \frac{\mathrm{d}x}{x^p} = \begin{cases} \dfrac{1}{1-p}, & 0 < p < 1 \\ \infty, & p \geqslant 1 \end{cases} (p > 0).$

$(5) \displaystyle\int_a^b \frac{\mathrm{d}x}{(x-a)^p} = \int_a^b \frac{\mathrm{d}x}{(b-x)^p} = \begin{cases} \dfrac{(b-a)^{1-p}}{1-p}, & 0 < p < 1 \\ \infty, & p \geqslant 1 \end{cases} (p > 0).$

(六) 伽马函数

1. 伽马函数定义

$$\Gamma(s) = \int_0^{+\infty} \mathrm{e}^{-x} x^{s-1} \mathrm{d}x \, (s > 0).$$

2. 伽马函数性质

(1) 递推公式

当 $s > 0$ 时, $\Gamma(s)$ 收敛, 且 $\Gamma(s+1) = s\Gamma(s)$.

特别地, 当 n 为正整数时, $\Gamma(n+1) = n\Gamma(n) = n!$.

当 $s \to 0+0$ 时，$\Gamma(s) \to +\infty$.

(2) 余元公式

当 $0 < s < 1$ 时，$\Gamma(s)\Gamma(1-s) = \dfrac{\pi}{\sin(\pi s)}$.

特别地，$\Gamma\left(\dfrac{1}{2}\right) = \sqrt{\pi}$，应用换元积分法可以证得 $\displaystyle\int_0^{+\infty} \mathrm{e}^{-x^2}\,\mathrm{d}x = \dfrac{\sqrt{\pi}}{2}$.

(七) 定积分计算方法

1. 直接利用 N—L 公式

设函数 $f(x)$ 在区间 $[a,b]$ 上连续，且 $F(x)$ 为其原函数，则

$$\int_a^b f(x)\mathrm{d}x = [F(x)]_a^b = F(b) - F(a).$$

注　必须满足的条件是被积函数 $f(x)$ 在积分区间 $[a,b]$ 上连续.

2. 换元积分法

设函数 $f(x)$ 在区间 $[a,b]$ 上连续，定义在 $[\alpha,\beta]$ 上的单值函数 $x = \varphi(t)$ 有连续的导数 $\varphi'(t)$，当 t 在 $[\alpha,\beta]$ 上变化时，$x = \varphi(t)$ 在区间 $[a,b]$ 上变化，且 $\varphi(\alpha) = a$，$\varphi(\beta) = b$，则有换元积分公式

$$\int_a^b f(x)\mathrm{d}x = \int_\alpha^\beta f[\varphi(t)]\varphi'(t)\mathrm{d}t.$$

注　用定积分的换元积分法与不定积分的换元积分法思路是一样的，但是要注意的是，做变量替换时，要相应地变换积分上下限.

3. 分部积分法

设函数 $u(x)$ 和 $v(x)$ 在区间 $[a,b]$ 上有连续的导数，则

$$\int_a^b u(x)\mathrm{d}v(x) = [u(x)v(x)]_a^b - \int_a^b v(x)\mathrm{d}u(x).$$

注　这里的 u 与 $\mathrm{d}v$ 的选择及适用于分部积分法的函数同不定积分一样.

(八) 定积分的几何应用

1. 元素法及元素法解题方法

(1) 元素法(微元法)

在 $[a,b]$ 的任意子区间 $[u,u+\mathrm{d}u]$ 上建立所求量的微分 $\mathrm{d}U$ 与某个函数 $f(u)$ 及自变量 u 的微分 $\mathrm{d}u$ 之间的关系 $\mathrm{d}U = f(u)\mathrm{d}u$. 其中，$\mathrm{d}U$ 表示 U 的元素，$f(u)\mathrm{d}u$ 是所求量的局部表达式，则称这种通过元素促使问题解决的方法称元素法.

(2) 用元素法解题方法

①选择坐标系，确定积分变量.

选择坐标系原则：所求的量与积分变量能建立起联系，尽量使得在 $[a,b]$ 上构造的关系式 $\mathrm{d}U = f(u)\mathrm{d}u$ 简单，个数少.

②依据微观世界在一定条件下可以"去弯取直""以不变代替变化"的思想获得

元素关系式 $dU = f(u)du$.

③写出积分式并求之.

2. 平面图形面积计算公式

（1）直角坐标中平面图形面积

①设函数 $f(x),g(x)$ 在区间 $[a,b]$ 上连续,则由曲线 $y = f(x),y = g(x)$ 及直线 $x = a,x = b(a<b)$ 所围成的图形的面积（见图 5.2）为

$$A = \int_a^b |f(x) - g(x)| dx.$$

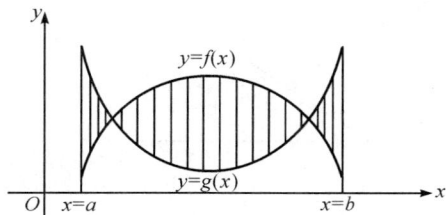

图 5.2

特殊情况:若 $y = f(x) \geqslant 0, y = g(x) = 0$,则

$$A = \int_a^b f(x)dx.$$

② 设函数 $\varphi(y),\psi(y)$ 在区间 $[c,d]$ 上连续,则由曲线 $x = \varphi(y),x = \psi(y)$ 及直线 $y = c,y = d(c < d)$ 所围成的图形的面积（见图 5.3）为

$$A = \int_c^d |\varphi(y) - \psi(y)| dy.$$

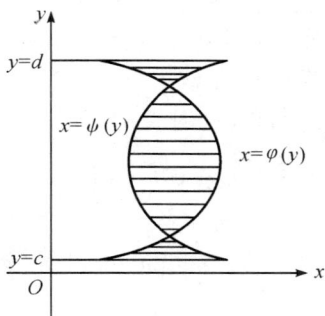

图 5.3

特殊情况:若 $x = \varphi(y) \geqslant 0, x = \psi(y) = 0, A = \int_c^d \varphi(y)dy$.

（2）参数方程表示的曲线的平面图形面积

设函数 $\varphi(t)$ 在区间 $[\alpha,\beta]$（或 $[\beta,\alpha]$）上有连续的导数且 $\varphi'(t)$ 不变号,又 $\varphi(\alpha) = a$, $\psi(\beta) = b, \psi(t) \geqslant 0$,则由曲线 $\begin{cases} x = \varphi(t) \\ y = \psi(t) \end{cases}(\alpha < t < \beta)$ 与 $x(a < b)$ 轴所围成曲边梯形的面积为

$$A = \int_a^b y \, \mathrm{d}x = \int_\alpha^\beta \psi(t)\varphi'(t)\mathrm{d}t.$$

（3）极坐标中平面图形面积

① 补充极坐标知识：设平面上点的直角坐标为 $M(x,y)$，该点到原点的距离为 $|OM| = \rho = \sqrt{x^2+y^2}$，称为极径；$|OM| = \rho$ 与 x 轴正向的夹角为 θ，称为极角。这样，点 $M(x,y)$ 的位置可以由变量 ρ,θ 来确定，(ρ,θ) 称为点 $M(x,y)$ 的极坐标，记为 $M(\rho,\theta)$，见图 5.4.

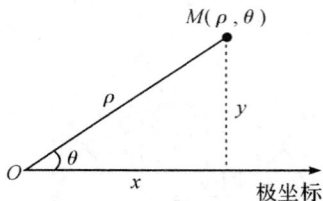

图 5.4

直角坐标与极坐标的关系：$x = \rho\cos\theta, y = \rho\sin\theta, \rho = \sqrt{x^2+y^2}, \theta = \arctan\dfrac{y}{x}$.

几种常用方程的极坐标方程

直角坐标方程	极坐标方程
$x^2 + y^2 = R^2$	$\rho = R$（常数）
$y = x$（过原点的直线）	$\theta = \dfrac{\pi}{4}$（常数，称过原点的直线为射线）
$(x \pm a)^2 + y^2 = a^2$	$\rho = \pm 2a\cos\theta$
$x^2 + (y \pm a)^2 = a^2$	$\rho = \pm 2a\sin\theta$

② 极坐标中平面图形公式：设函数 $\varphi_1(\theta), \varphi_2(\theta)$ 在区间 $[\alpha,\beta]$ 上连续，且 $\varphi_1(\theta) \leqslant \varphi_2(\theta)$，则在极坐标系中由曲线 $\rho = \varphi_1(\theta), \rho = \varphi_2(\theta)$，射线 $\theta = \alpha, \theta = \beta(\alpha < \beta)$ 所围成的平面图形的面积（见图 5.5）为

$$A = \frac{1}{2}\int_\alpha^\beta |\varphi_2^2(\theta) - \varphi_1^2(\theta)| \, \mathrm{d}\theta.$$

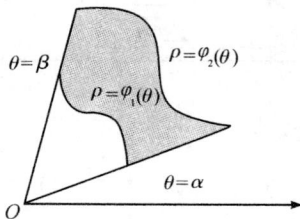

图 5.5

特殊情况：若 $\rho = \varphi_1(\theta) = \varphi(\theta), \rho = \varphi_2(\theta) = 0$，则由 $\rho = \varphi(\theta)$，射线 $\theta = \alpha, \theta = \beta(\alpha < \beta)$ 所围成的平面图形的面积为

$$A = \frac{1}{2}\int_\alpha^\beta \varphi^2(\theta)\mathrm{d}\theta.$$

3. 立体的体积计算公式

（1）旋转体的体积

① 由连续曲线 $y = f(x) \geqslant y = g(x)$，及直线 $x = a, x = b$ 所围成的曲边梯形绕 $x(y)$ 轴旋转而成旋转体的体积为

$$V_x = \pi \int_a^b | f^2(x) - g^2(x) | \, \mathrm{d}x \qquad [\text{或 } V_y = 2\pi \int_a^b x \, | f(x) - g(x) | \, \mathrm{d}x].$$

② 由连续曲线 $x = \varphi(y) \geqslant x = \psi(y)$，及直线 $y = c, y = d$ 所围成的曲边梯形绕 $y(x)$ 轴旋转而成旋转体的体积为

$$V_y = \pi \int_c^d | \varphi^2(y) - \psi^2(y) | \, \mathrm{d}y \qquad [\text{或 } V_x = 2\pi \int_c^d y \, | \varphi(y) - \psi(y) | \, \mathrm{d}y].$$

③ 设函数 $\varphi(t)$ 在区间 $[\alpha, \beta]$ 上有连续的导数且 $\varphi'(t)$ 不变号，又 $\varphi(\alpha) = a$，$\psi(\beta) = b$，则由连续曲线 $\begin{cases} x = \varphi(t) \\ y = \psi(t) \end{cases} (\alpha < \beta)$，及 $x(a < b)$ 轴所围成的曲边梯形绕 x 轴旋转而成的旋转体的体积为

$$V_x = \pi \int_a^b y^2 \, \mathrm{d}x = \pi \int_\alpha^\beta \psi^2(t) \varphi'(t) \, \mathrm{d}t.$$

（2）平行截面面积是已知的立体的体积

① 由曲线及平面 $x = a, x = b (a < b)$ 所围成，且过点 x 而垂直于 x 轴的截面为连续函数 $A(x)$ 的立体的体积为 $V = \int_a^b A(x) \, \mathrm{d}x$.

② 由曲线及平面 $y = c, y = d (c < d)$ 所围成，且过点 y 而垂直于 y 轴的截面为连续函数 $A(y)$ 的立体的体积为 $V = \int_c^d A(y) \, \mathrm{d}y$.

4. 平面曲线弧长的计算公式

（1）直角坐标情况

① 曲线方程为 $y = f(x) (a \leqslant x \leqslant b)$，则曲线的弧长为 $S = \int_a^b \sqrt{1 + [f'(x)]^2} \, \mathrm{d}x$. 其中函数 $f(x)$ 在区间 $[a, b]$ 上有连续的导数.

② 曲线方程为 $x = \varphi(y) (c \leqslant y \leqslant d)$，则曲线的弧长为 $S = \int_c^d \sqrt{1 + [\varphi'(y)]^2} \, \mathrm{d}y$. 其中函数 $\varphi(y)$ 在区间 $[c, d]$ 上有连续的导数.

（2）参数方程情况

曲线参数方程为 $\begin{cases} x = \varphi(t) \\ y = \psi(t) \end{cases} (\alpha \leqslant t \leqslant \beta)$，则曲线的弧长为

$$S = \int_\alpha^\beta \sqrt{\varphi'^2(t) + \psi'^2(t)} \, \mathrm{d}t.$$

其中函数 $\varphi(t), \psi(t)$ 在区间 $[\alpha, \beta]$ 上有连续的导数，且 $[\varphi'(t)]^2 + [\psi'(t)]^2 \neq 0$.

（3）极坐标情况

曲线极坐标方程为 $\rho = \varphi(\theta) (\theta_1 \leqslant \theta \leqslant \theta_2)$，则曲线的弧长为

$$S = \int_{\theta_1}^{\theta_2} \sqrt{\varphi^2(\theta) + \varphi'^2(\theta)}\, d\theta.$$

其中函数 $\varphi(\theta)$ 在区间 $[\theta_1, \theta_2]$ 上有连续的导数.

（九）定积分的物理应用

1. 做功问题

（1）变力沿直线所做的功

设物体在变力 $F = f(x)$ 作用下，沿直线从 a 运动到 b 所做功为 $W = \int_a^b f(x)\,dx$，其中函数 $f(x)$ 在区间 $[a, b]$ 上连续.

注 这里是在区间 $[a, b]$ 上任取 $[x, x+dx]$ 一小段，力 $F = f(x)$ 做功元素 $dF = f(x)\,dx$.

（2）抽水做功

设旋转体的容器中溶液密度为 μ，将溶液从 $x = a$ 抽到 $x = b$ 所做的功为 $W = g\mu \int_a^b \pi y^2 x\,dx$.

2. 液体的侧压力

设连续曲线 $y = f(x)$ 与直线 $x = a, x = b$ 及 x 轴围成的曲边梯形平板 $ABCD$ 垂直地放入液体中（见图 5.6），液体密度为 γ，则平板一侧所受的侧压力为

$$p = \gamma g \int_a^b x f(x)\,dx.$$

注 这里是在区间 $[a, b]$ 上任取 $[x, x+dx]$ 一小段，压力元素 $dp = \gamma g x f(x)\,dx$.

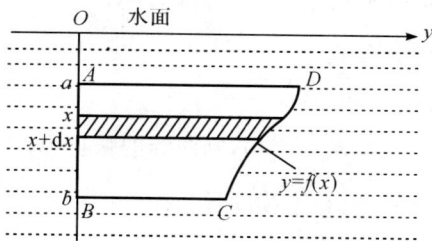

图 5.6

3. 细棒对质点引力

应用公式：两质量分别为 m_1, m_2 的质点，相距为 r，它们之间的引力为

$$F = G\frac{m_1 m_2}{r^2}.$$

注 ①当引力元素 dF 的方向不随小区间 $[x, x+dx]$ 的改变而改变时，对引力元素直接积分即可.

②当引力元素 dF 的方向随小区间 $[x, x+dx]$ 的改变而改变时，将引力元素分解为横向、纵向两个分力，分别用元素法得出定积分表示式.

二、典型例题与同步练习

1. 不等式的证明

(1) 利用估值定理：$m(b-a) \leqslant \int_a^b f(x)\mathrm{d}x \leqslant M(b-a)$.

(2) 利用性质：当 $x \in [a,b]$ 时，$f(x) \leqslant g(x)$，则 $\int_a^b f(x)\mathrm{d}x \leqslant \int_a^b g(x)\mathrm{d}x$.

例 5 - 1　估计定积分 $\int_{\frac{\pi}{4}}^{\frac{5\pi}{4}} (1+\sin^2 x)\mathrm{d}x$ 的值.

解　先求被积函数 $f(x) = 1 + \sin^2 x$ 在区间 $\left[\dfrac{\pi}{4}, \dfrac{5\pi}{4}\right]$ 上的最值.

因为 $f'(x) = \sin 2x = 0$，得 $x = \dfrac{\pi}{2}$，$x = \pi$.

又 $f\left(\dfrac{\pi}{2}\right) = 2$，$f(\pi) = 1$，$f\left(\dfrac{\pi}{4}\right) = \dfrac{3}{2}$，$f\left(\dfrac{5\pi}{4}\right) = \dfrac{3}{2}$，得函数的最大值 $M = 2$，最小值 $m = 1$.

所以 $\pi \leqslant \displaystyle\int_{\frac{\pi}{4}}^{\frac{5\pi}{4}} (1+\sin^2 x)\mathrm{d}x \leqslant 2\pi$.

例 5 - 2　证明不等式 $\int_0^1 (1+x)\mathrm{d}x \leqslant \int_0^1 \mathrm{e}^x \mathrm{d}x$.

证明　设 $f(x) = \mathrm{e}^x - (1+x)$，$x \in [0,1]$.

由于 $f'(x) = \mathrm{e}^x - 1$，所以函数 $f(x)$ 在区间 $[0,1]$ 上单调增加，即有
$$f(x) \geqslant f(0) = 0,$$
也就是 $\mathrm{e}^x \geqslant (1+x)$，其中等号在 $x = 0$ 时成立.

于是由性质得 $\displaystyle\int_0^1 (1+x)\mathrm{d}x \leqslant \int_0^1 \mathrm{e}^x \mathrm{d}x$.

◇ **练习题 5 - 1**

1. 估计定积分 $\int_{\frac{1}{\sqrt{3}}}^{\sqrt{3}} x\arctan x\,\mathrm{d}x$ 的值.

2. 比较定积分 $\int_3^4 \ln x\,\mathrm{d}x$ 与 $\int_3^4 \ln^2 x\,\mathrm{d}x$ 的大小.

【练习题 5 - 1 答案】

1. $\dfrac{\pi}{9} \leqslant \displaystyle\int_{\frac{1}{\sqrt{3}}}^{\sqrt{3}} x\arctan x\,\mathrm{d}x \leqslant \dfrac{2\pi}{3}$　　　2. $\displaystyle\int_{3}^{4} \ln x\,\mathrm{d}x \leqslant \displaystyle\int_{3}^{4} \ln^2 x\,\mathrm{d}x$

2. 求极限

(1) 利用洛必达法则(适用于变上限积分函数的极限).

(2) 依据定积分的定义化为定积分.

例 5 - 3　求下列极限.

(1) $\displaystyle\lim_{x\to 0} \dfrac{\displaystyle\int_0^x \cos t^2\,\mathrm{d}t}{x}$;　　　　　　　(2) $\displaystyle\lim_{x\to 0} \dfrac{\left(\displaystyle\int_0^x \mathrm{e}^{t^2}\,\mathrm{d}t\right)^2}{\displaystyle\int_0^x t\mathrm{e}^{2t^2}\,\mathrm{d}t}$.

解　(1) $\displaystyle\lim_{x\to 0} \dfrac{\displaystyle\int_0^x \cos t^2\,\mathrm{d}t}{x} \overset{\frac{0}{0}}{=\!=} \lim_{x\to 0} \dfrac{\cos x^2}{1} = 1.$

(2) $\displaystyle\lim_{x\to 0} \dfrac{\left(\displaystyle\int_0^x \mathrm{e}^{t^2}\,\mathrm{d}t\right)^2}{\displaystyle\int_0^x t\mathrm{e}^{2t^2}\,\mathrm{d}t} \overset{\frac{0}{0}}{=\!=} \lim_{x\to 0} \dfrac{2\displaystyle\int_0^x \mathrm{e}^{t^2}\,\mathrm{d}t \cdot \mathrm{e}^{x^2}}{x\mathrm{e}^{2x^2}} = \lim_{x\to 0} \dfrac{2\displaystyle\int_0^x \mathrm{e}^{t^2}\,\mathrm{d}t}{x\,\mathrm{e}^{x^2}}$

$$= \lim_{x\to 0} \dfrac{2\displaystyle\int_0^x \mathrm{e}^{t^2}\,\mathrm{d}t}{x} \overset{\frac{0}{0}}{=\!=} 2\lim_{x\to 0}\mathrm{e}^{x^2} = 2.$$

例 5 - 4　已知极限 $\displaystyle\lim_{x\to 0} \dfrac{\displaystyle\int_0^x (at - \arcsin t)\,\mathrm{d}t}{b - \cos x} = 1$,试求 a,b.

解　因为 $\displaystyle\lim_{x\to 0}\int_0^x (at - \arcsin t)\,\mathrm{d}t = 0$,所以 $\displaystyle\lim_{x\to 0}(b - \cos x) = b - 1 = 0$,则 $b = 1$,
使用洛必达法则,得

$$\lim_{x\to 0} \dfrac{\displaystyle\int_0^x (at - \arcsin t)\,\mathrm{d}t}{b - \cos x} \overset{\frac{0}{0}}{=\!=} \lim_{x\to 0} \dfrac{ax - \arcsin x}{\sin x} \overset{\frac{0}{0}}{=\!=} \lim_{x\to 0} \dfrac{ax - \arcsin x}{x}$$

$$\overset{\frac{0}{0}}{=\!=} \lim_{x\to 0} \dfrac{a - \dfrac{1}{\sqrt{1 - x^2}}}{1} = a - 1 = 1,\text{于是 } a = 2.$$

即当 $a = 2, b = 1$ 时,极限 $\displaystyle\lim_{x\to 0} \dfrac{\displaystyle\int_0^x (at - \arcsin t)\,\mathrm{d}t}{b - \cos x} = 1.$

◇ **练习题 5 - 2**

1. 求极限 $\displaystyle\lim_{x\to 0} \dfrac{\displaystyle\int_x^0 \ln(1 + x)\,\mathrm{d}t}{x^2}$.

2.求极限$\lim\limits_{x \to 0} \dfrac{\int_0^{\sin x} (1+t)^{\frac{1}{t}} \, dt}{\int_0^x \dfrac{\sin t}{t} \, dt}$.

* 3.求极限$\lim\limits_{x \to 0} \dfrac{\int_0^x \left(\int_0^{\tan^2 y} \dfrac{\sin t}{t} \, dt \right) dy}{x^3}$.

【练习题 5 - 2 答案】

1. $-\dfrac{1}{2}$　2. e　3. $\dfrac{1}{3}$

* 例 5 - 5　求极限$\lim\limits_{n \to \infty} \dfrac{\sqrt{1} + \sqrt{2} + \sqrt{3} + \cdots + \sqrt{n}}{n \sqrt{n}}$.

解　$\lim\limits_{n \to \infty} \dfrac{\sqrt{1} + \sqrt{2} + \sqrt{3} + \cdots + \sqrt{n}}{n \sqrt{n}} = \lim\limits_{n \to \infty} \sum\limits_{i=1}^{n} \sqrt{\dfrac{i}{n}} \dfrac{1}{n} = \int_0^1 \sqrt{x} \, dx = \dfrac{2}{3} x^{\frac{3}{2}} \Big|_0^1 = \dfrac{2}{3}$.

* 例 5 - 6　求极限$\lim\limits_{n \to \infty} \ln \dfrac{\sqrt[n]{n!}}{n}$.

解　因为 $\ln \dfrac{\sqrt[n]{n!}}{n} = \left[\ln \sqrt[n]{n!} - \ln n \right] = \left[\dfrac{1}{n} \ln n! - \ln n \right] = \left[\ln n! - n \ln n \right] \dfrac{1}{n}$

$\qquad = \left[(\ln 1 - \ln n) + (\ln 2 - \ln n) + \cdots + (\ln n - \ln n) \right] \dfrac{1}{n}$

$\qquad = \left[\ln \dfrac{1}{n} + \ln \dfrac{2}{n} + \cdots + \ln \dfrac{n}{n} \right] \dfrac{1}{n} = \sum\limits_{i=1}^{n} \ln \dfrac{i}{n} \cdot \dfrac{1}{n}$,

所以$\lim\limits_{n \to \infty} \ln \dfrac{\sqrt[n]{n!}}{n} = \lim\limits_{n \to \infty} \sum\limits_{i=1}^{n} \ln \dfrac{i}{n} \cdot \dfrac{1}{n} = \int_0^1 \ln x \, dx$.

于是$\lim\limits_{n \to \infty} \ln \dfrac{\sqrt[n]{n!}}{n} = \int_0^1 \ln x \, dx = -1$（反常积分）.

◇ 练习题 5 - 3

求极限$\lim\limits_{n \to \infty} \left(\dfrac{n}{n^2 + 1^2} + \dfrac{n}{n^2 + 2^2} + \dfrac{n}{n^2 + 3^2} + \cdots + \dfrac{n}{n^2 + n^2} \right)$.

【练习题 5 - 3 答案】

$\int_0^1 \dfrac{dx}{1 + x^2} = \dfrac{\pi}{4}$

3. 积分上限函数性态的研究

积分上限函数$\Phi(x) = \int_0^x f(t) \, dt$ 的极限、连续性、可导性、单调性、极值、拐点等研究.

例 5 - 7　求函数 $\Phi(x) = \int_0^{\cos x} e^{-t^2} dt$ 的导数 $\Phi'(x)$.

解　因为函数 $\Phi(x) = \int_0^{\cos x} e^{-t^2} dt$ 的上限是 x 的函数，所以

$$\Phi'(x) = e^{-\cos^2 x}(-\sin x).$$

例 5 - 8　设参数方程 $x = \int_0^t \sin u\, du, y = \int_0^t \cos u\, du$ 确定了 y 是 x 的函数 $y(x)$，求 y 对 x 的导数 $\dfrac{dy}{dx}$ 及 $\dfrac{d^2 y}{dx^2}$.

解　由于 $\dfrac{dy}{dt} = \cos t, \dfrac{dx}{dt} = \sin t$，所以 $\dfrac{dy}{dx} = \dfrac{\dfrac{dy}{dt}}{\dfrac{dx}{dt}} = \dfrac{\cos t}{\sin t} = \cot t.$

于是 $\dfrac{d^2 y}{dx^2} = \dfrac{d}{dt}(\cot t) \cdot \dfrac{dt}{dx} = -\dfrac{1}{\sin^2 t} \dfrac{1}{\sin t} = \dfrac{-1}{\sin^3 t}.$

例 5 - 9　求由方程 $\int_0^y e^{t^2} dt + \int_0^{x^2} \dfrac{\sin t}{\sqrt{t}} dt = 1$ 所确定的函数 $y(x)$ 的导数 $\dfrac{dy}{dx}$.

解　方程 $\int_0^y e^{t^2} dt + \int_0^{x^2} \dfrac{\sin t}{\sqrt{t}} dt = 1$ 两边对 x 求导，得

$$e^{y^2} \dfrac{dy}{dx} + \dfrac{\sin x^2}{\sqrt{x^2}} 2x = 0.$$

从上式中解出 $\dfrac{dy}{dx} = \pm 2\sin x^2 \cdot e^{-y^2}.$

例 5 - 10　求函数 $I(x) = \int_0^x te^{-t^2} dt$ 的极值.

解　因为 $I'(x) = xe^{-x^2}$，令 $I'(x) = xe^{-x^2} = 0$，得 $x = 0$，又 $I''(x) = (1 - 2x^2)e^{-x^2}$，且 $I''(0) = 1 > 0$，

所以函数 $I(x) = \int_0^x te^{-t^2} dt$ 有极小值，并且极小值为 $I(0) = 0$.

◇ **练习题 5 - 4**

1. 求由方程 $\int_0^y e^t dt + \int_0^x \cos t\, dt = 0$ 所确定的隐函数 y 对 x 的导数 $\dfrac{dy}{dx}$.

2. 设函数 $y = y(x)$ 由参数方程 $x = \int_1^t u\ln u\, du, y = \int_t^1 u^2 \ln u\, du$ 确定，求导数 $\dfrac{dy}{dx}, \dfrac{d^2 y}{dx^2}$.

*3. 计算定积分 $\int_0^2 \left(\int_x^2 e^{-y^2} dy \right) dx$.

【练习题 5 - 4 答案】

1. $\dfrac{\mathrm{d}y}{\mathrm{d}x} = -\,\mathrm{e}^{-y}\cos x$　2. $\dfrac{\mathrm{d}y}{\mathrm{d}x} = -\,t$；$\dfrac{\mathrm{d}^2 y}{\mathrm{d}x^2} = -\,\dfrac{1}{t\ln t}$

* 3. $\dfrac{1}{2}(1 - \mathrm{e}^{-4})$（提示：用分部积分法）

例 5 - 11　设函数 $f(x)$ 在区间 $(-\infty, +\infty)$ 内有连续的一阶导数，$f(0) = 0$，$f'(0) \neq 0$，而 $F(x) = \displaystyle\int_0^x (x^2 - t^2) f(t)\mathrm{d}t$，又当 $x \to 0$ 时，$F'(x)$ 与 x^k 是同阶无穷小，求 k.

解　因为 $F(x) = x^2 \displaystyle\int_0^x f(t)\mathrm{d}t - \displaystyle\int_0^x t^2 f(t)\mathrm{d}t$，且

$$F'(x) = 2x \int_0^x f(t)\mathrm{d}t + x^2 f(x) - x^2 f(x) = 2x \int_0^x f(t)\mathrm{d}t.$$

由题意得

$$\lim_{x \to 0} \frac{F'(x)}{x^k} = C \neq 0,$$

则使用洛必达法则有

$$\lim_{x \to 0} \frac{F'(x)}{x^k} = \lim_{x \to 0} \frac{2x \displaystyle\int_0^x f(t)\mathrm{d}t}{x^k} = 2 \lim_{x \to 0} \frac{\displaystyle\int_0^x f(t)\mathrm{d}t}{x^{k-1}}$$

$$\overset{k>1}{=\!=\!=} \frac{2}{k-1} \lim_{x \to 0} \frac{f(x)}{x^{k-2}} \overset{k\,=\,3}{=\!=\!=} \frac{2}{k-1} \lim_{x \to 0} \frac{f(x) - f(0)}{x - 0} = \frac{2}{k-1} f'(0) \neq 0.$$

所以当 $k = 3$ 时，$F'(x)$ 与 x^k 是同阶无穷小.

4. 定积分中的简单证明题

例 5 - 12　求证：等式 $\displaystyle\int_0^{\pi} \cos^8 x\mathrm{d}x = 2 \displaystyle\int_0^{\frac{\pi}{2}} \cos^8 x\mathrm{d}x$.

证明　因为 $\displaystyle\int_0^{\pi} \cos^8 x\mathrm{d}x = \displaystyle\int_0^{\frac{\pi}{2}} \cos^8 x\mathrm{d}x + \displaystyle\int_{\frac{\pi}{2}}^{\pi} \cos^8 x\mathrm{d}x$，

做变量代换 $x = \pi - t$，则 $\mathrm{d}x = -\,\mathrm{d}t$，

则当 $x = \dfrac{\pi}{2}$ 时，$t = \dfrac{\pi}{2}$；当 $x = \pi$ 时，$t = 0$，

因此 $\displaystyle\int_{\frac{\pi}{2}}^{\pi} \cos^8 x\mathrm{d}x = \displaystyle\int_{\frac{\pi}{2}}^{0} \cos^8 t(-\,\mathrm{d}t) = \displaystyle\int_0^{\frac{\pi}{2}} \cos^8 t\mathrm{d}t = \displaystyle\int_0^{\frac{\pi}{2}} \cos^8 x\mathrm{d}x$，

于是 $\displaystyle\int_0^{\pi} \cos^8 x\mathrm{d}x = \displaystyle\int_0^{\frac{\pi}{2}} \cos^8 x\mathrm{d}x + \displaystyle\int_{\frac{\pi}{2}}^{\pi} \cos^8 x\mathrm{d}x = 2 \displaystyle\int_0^{\frac{\pi}{2}} \cos^8 x\mathrm{d}x.$

问题：$\displaystyle\int_0^{\pi} \cos^7 x\mathrm{d}x = 2 \displaystyle\int_0^{\frac{\pi}{2}} \cos^7 x\mathrm{d}x$ 是否成立？

例 5 - 13　若函数 $f(x)$ 为连续的奇函数，证明 $F(x) = \displaystyle\int_0^x f(t)\mathrm{d}t$ 是偶函数.

证明　因为函数 $f(x)$ 是奇函数，即 $f(x) = -\,f(-x)$，

所以 $F(x) = \int_0^x f(t)\mathrm{d}t \xrightarrow{t=-u} \int_0^{-x} f(-u)(-\mathrm{d}u) = \int_0^{-x} f(u)\mathrm{d}u = F(-x)$，即有

$$F(x) = F(-x).$$

例 5-14　设 $f(x)$ 是以 T 为周期的连续函数，求证：$\int_a^{a+T} f(x)\mathrm{d}x = \int_0^T f(x)\mathrm{d}x$，

即 $\int_0^{T+a} f(x)\mathrm{d}x$ 的值与 a 无关.

证明　因为 $\int_a^{a+T} f(x)\mathrm{d}x = \int_a^0 f(x)\mathrm{d}x + \int_0^T f(x)\mathrm{d}x + \int_T^{a+T} f(x)\mathrm{d}x$，

对于 $\int_T^{T+a} f(x)\mathrm{d}x \xrightarrow[\mathrm{d}x=\mathrm{d}t]{x=T+t} \int_0^a f(T+t)\mathrm{d}t = \int_0^a f(t)\mathrm{d}t$，

从而 $\int_a^{a+T} f(x)\mathrm{d}x = -\int_0^a f(x)\mathrm{d}x + \int_0^T f(x)\mathrm{d}x + \int_0^a f(x)\mathrm{d}x = \int_0^T f(x)\mathrm{d}x.$

即有 $\int_a^{a+T} f(x)\mathrm{d}x = \int_0^T f(x)\mathrm{d}x.$

例 5-15　设 $f(x)$ 为连续函数，且 $f(x) > 0$，而 $F(x) = \int_a^x f(t)\mathrm{d}t + \int_b^x \dfrac{\mathrm{d}t}{f(t)}$，

$x \in [a,b]$. 求证：(1) $F'(x) \geqslant 2$；(2) 方程 $F(x) = 0$ 在 (a,b) 内仅有一根.

证明　(1) $F'(x) = f(x) + \dfrac{1}{f(x)} \geqslant 2\sqrt{f(x)\cdot\dfrac{1}{f(x)}} = 2.$

(2) 因为 $F'(x) \geqslant 0$，所以当 $x \in [a,b]$ 时，函数 $F(x)$ 是单调增加的.

又因为 $F(a) = -\int_a^b \dfrac{1}{f(t)}\mathrm{d}t < 0, F(b) = \int_a^b f(t)\mathrm{d}t > 0$，

所以函数 $F(x) = 0$ 在区间 (a,b) 内有且仅有一个根.

◇ **练习题 5-5**

1. 求证：$\int_0^\pi \sin^n x\,\mathrm{d}x = 2\int_0^{\frac{\pi}{2}} \sin^n x\,\mathrm{d}x.$

2. 求证：$\int_0^\pi \cos^n x\,\mathrm{d}x = \begin{cases} 2\int_0^{\frac{\pi}{2}} \cos^n x\,\mathrm{d}x, & n \text{ 为偶数} \\ 0, & n \text{ 为奇数} \end{cases}.$

3. 若 $f(x)$ 是连续函数且为偶函数，求证：$F(x) = \int_0^x f(t)\mathrm{d}t$ 是奇函数.

4.利用例 5 - 14 结论计算积分 $\displaystyle\int_0^{100\pi} \sqrt{1-\cos 2x}\,\mathrm{d}x$.

【练习题 5 - 5 答案】

1.提示:令 $x = \pi - t$ 2.参见例 5 - 12   3.参见例 5 - 13   4.$200\sqrt{2}$

例 5 - 16   设函数 $f(x)$ 在闭区间 $[a,b]$ 上连续,$g(x)$ 在闭区间 $[a,b]$ 上非负可积,求证:存在 $\xi \in [a,b]$ 使得

$$\int_a^b f(x)g(x)\mathrm{d}x = f(\xi)\int_a^b g(x)\mathrm{d}x.$$

证明   因为函数 $f(x)$ 在闭区间 $[a,b]$ 上连续,则存在 $x_1,x_2 \in [a,b]$ 使得

$$m = \min_{[a,b]}f(x) = f(x_1), M = \max_{[a,b]}f(x) = f(x_2),$$

即 $m \leqslant f(x) \leqslant M, x \in [a,b]$.

又由于 $g(x) \geqslant 0$,则 $mg(x) \leqslant f(x)g(x) \leqslant Mg(x)$,两边积分得

$$m\int_a^b g(x)\mathrm{d}x \leqslant \int_a^b f(x)g(x)\mathrm{d}x \leqslant M\int_a^b g(x)\mathrm{d}x.$$

若 $\displaystyle\int_a^b g(x)\mathrm{d}x \neq 0$,则 $\displaystyle\int_a^b g(x)\mathrm{d}x > 0$,有

$$f(x_1) = m \leqslant \frac{\displaystyle\int_a^b f(x)g(x)\mathrm{d}x}{\displaystyle\int_a^b g(x)\mathrm{d}x} \leqslant M = f(x_2).$$

由连续函数介值定理,存在 $\xi \in [x_1,x_2]$ 或 $[x_2,x_1]$,使得

$$f(\xi) = \frac{\displaystyle\int_a^b f(x)g(x)\mathrm{d}x}{\displaystyle\int_a^b g(x)\mathrm{d}x},$$

即 $\displaystyle f(\xi)\int_a^b g(x)\mathrm{d}x = \int_a^b f(x)g(x)\mathrm{d}x$.

若 $\displaystyle\int_a^b g(x)\mathrm{d}x = 0$,因为 $\displaystyle m\int_a^b g(x)\mathrm{d}x \leqslant \int_a^b f(x)g(x)\mathrm{d}x \leqslant M\int_a^b g(x)\mathrm{d}x$,

所以 $\displaystyle\int_a^b f(x)g(x)\mathrm{d}x = 0$.

于是,存在 $\xi \in [a,b]$,使得 $\displaystyle\int_a^b f(x)g(x)\mathrm{d}x = f(\xi)\int_a^b g(x)\mathrm{d}x$.

*例 5 - 17   设函数 $f(x)$ 和 $g(x)$ 在 $[a,b]$ 上连续,求证:

(1) 若在 $[a,b]$ 上,$f(x) \geqslant 0$ 且 $\displaystyle\int_a^b f(x)\mathrm{d}x = 0$,则在 $[a,b]$ 上 $f(x) \equiv 0$;

(2) 若在 $[a,b]$ 上,$f(x) \geqslant 0$,且 $f(x)$ 不恒等于 0,则 $\displaystyle\int_a^b f(x)\mathrm{d}x > 0$.

证明 (1) 用反证法.

反设有一点 $x_0 \in (a,b)$,使 $f(x_0) > 0$,则存在 $\delta > 0$.

当 $x \in (x_0 - \delta, x_0 + \delta)$ 时,$f(x) > 0$,所以 $\int_{x_0-\delta}^{x_0+\delta} f(x) \mathrm{d}x > 0$.

因此,$\int_a^b f(x) \mathrm{d}x = \int_a^{x_0-\delta} f(x) \mathrm{d}x + \int_{x_0-\delta}^{x_0+\delta} f(x) \mathrm{d}x + \int_{x_0+\delta}^b f(x) \mathrm{d}x \geqslant \int_{x_0-\delta}^{x_0+\delta} f(x) \mathrm{d}x > 0$,

这与 $\int_a^b f(x) \mathrm{d}x = 0$ 产生了矛盾,从而 $f(x) \equiv 0$.

(2) 当 $x \in [a,b]$ 时,$f(x) \geqslant 0$,则 $\int_a^b f(x) \mathrm{d}x \geqslant 0$.

若 $\int_a^b f(x) \mathrm{d}x = 0$,由(1)的结果知 $f(x) \equiv 0$,与题设矛盾,所以 $\int_a^b f(x) \mathrm{d}x > 0$.

5. 定积分的计算

例 5 - 18 计算下列定积分.

(1) $\displaystyle\int_1^{e^2} \frac{\mathrm{d}x}{x \sqrt{1+\ln x}}$; (2) $\displaystyle\int_1^2 \frac{\sqrt{x-1}}{x} \mathrm{d}x$;

(3) $\displaystyle\int_1^2 x\ln x \mathrm{d}x$; (4) $\displaystyle\int_0^1 e^{\sqrt{x}} \mathrm{d}x$.

解 (1) $\displaystyle\int_1^{e^2} \frac{\mathrm{d}x}{x \sqrt{1+\ln x}} = \int_1^{e^2} \frac{\mathrm{d}\ln x}{\sqrt{1+\ln x}} = \left[2\sqrt{1+\ln x} \right]_1^{e^2} = 2(\sqrt{3}-1)$.

(2) 令 $\sqrt{x-1} = t$,则 $x = t^2 + 1$,$\mathrm{d}x = 2t\mathrm{d}t$,

则当 $x = 1$ 时,对应 $t = 0$;当 $x = 2$ 时,对应 $t = 1$.

于是 $\displaystyle\int_1^2 \frac{\sqrt{x-1}}{x}\mathrm{d}x = \int_0^1 \frac{2t^2}{t^2+1}\mathrm{d}t = 2\int_0^1 \frac{t^2+1-1}{t^2+1}\mathrm{d}t = 2[t - \arctan t]_0^1 = 2 - \frac{\pi}{2}$.

(3) 设 $u = \ln x$,$\mathrm{d}v = x\mathrm{d}x$,则 $\mathrm{d}u = \dfrac{\mathrm{d}x}{x}$,$v = \dfrac{1}{2}x^2$.

于是 $\displaystyle\int_1^2 x\ln x \mathrm{d}x = \left[\frac{1}{2}x^2 \ln x \right]_1^2 - \frac{1}{2}\int_1^2 x\mathrm{d}x$

$$= 2\ln 2 - \frac{1}{4}[x^2]_1^2 = 2\ln 2 - \frac{3}{4}.$$

(4) $\displaystyle\int_0^1 e^{\sqrt{x}} \mathrm{d}x \xrightarrow[x=t^2]{\sqrt{x}=t} \int_0^1 e^t 2t\mathrm{d}t = 2\int_0^1 te^t\mathrm{d}t = 2\int_0^1 t\mathrm{d}e^t$.

设 $u = t$,$\mathrm{d}v = e^t\mathrm{d}t$,则 $\mathrm{d}u = \mathrm{d}t$,$v = e^t$,

于是 $\displaystyle\int_0^1 e^{\sqrt{x}} \mathrm{d}x = \int_0^1 e^t 2t\mathrm{d}t = 2\int_0^1 te^t\mathrm{d}t = 2[te^t]_0^1 - 2\int_0^1 e^t\mathrm{d}t$

$$= 2e - 2[e^t]_0^1 = 2e - 2e + 2 = 2.$$

◇ **练习题 5 - 6**

1.计算下列定积分.

$(1)\displaystyle\int_0^{\frac{\pi}{2}}\sin x\cos^3 x\mathrm{d}x;$

$(2)\displaystyle\int_1^4\frac{\mathrm{d}x}{1+\sqrt{x}};$

$(3)\displaystyle\int_0^{\pi}\sqrt{1+\cos 2x}\mathrm{d}x;$

$(4)\displaystyle\int_0^1 x\arctan x\mathrm{d}x.$

2.求函数 $y=2x\mathrm{e}^{-x}$ 在区间$[0,2]$上的平均值.

【**练习题 5 - 6 答案**】

1.(1) $\dfrac{1}{4}$　(2)$2+2\ln\dfrac{2}{3}$　(3)$2\sqrt{2}$　(4) $\dfrac{\pi}{4}-\dfrac{1}{2}$　2.$-3\mathrm{e}^{-2}+1$

例 5 - 19　计算下列定积分.

$(1)\displaystyle\int_{-\frac{\pi}{2}}^{\frac{\pi}{2}}\frac{(1+x)^2\sin^4 x}{1+x^2}\mathrm{d}x;$

$(2)\displaystyle\int_0^{\frac{\pi}{4}}\cos^7 2x\mathrm{d}x.$

解　(1)因为积分区间是对称区间,所以观察函数是否为奇偶函数.由于该题的被积函数经过适当变形,可以化为偶函数与奇函数的和,所以利用函数的奇偶性计算积分,即有

$$\int_{-\frac{\pi}{2}}^{\frac{\pi}{2}}\frac{(1+x)^2\sin^4 x}{1+x^2}\mathrm{d}x=\int_{-\frac{\pi}{2}}^{\frac{\pi}{2}}\frac{(1+2x+x^2)\sin^4 x}{1+x^2}\mathrm{d}x$$
$$=\int_{-\frac{\pi}{2}}^{\frac{\pi}{2}}\frac{(1+x^2)\sin^4 x}{1+x^2}\mathrm{d}x+\int_{-\frac{\pi}{2}}^{\frac{\pi}{2}}\frac{2x\sin^4 x}{1+x^2}\mathrm{d}x=2\int_0^{\frac{\pi}{2}}\sin^4 x\mathrm{d}x$$
$$=2\left(\frac{3}{4}\times\frac{1}{2}\times\frac{\pi}{2}\right)=\frac{3}{8}\pi.$$

$(2)\displaystyle\int_0^{\frac{\pi}{4}}\cos^7 2x\mathrm{d}x\xlongequal{2x=t}\frac{1}{2}\int_0^{\frac{\pi}{2}}\cos^7 t\mathrm{d}t=\frac{1}{2}\left(\frac{6}{7}\times\frac{4}{5}\times\frac{2}{3}\times 1\right)=\frac{8}{35}.$

◇ **练习题 5 - 7**

$1.\displaystyle\int_{-1}^1(x+\sqrt{4-x^2})^2\mathrm{d}x.$

$2.\displaystyle\int_{-\frac{\pi}{2}}^{\frac{\pi}{2}}(x+\cos^4 x)^2\mathrm{d}x.$

【**练习题 5 - 7 答案**】

1.8　2.$\dfrac{\pi^3}{12}+\dfrac{35\pi}{128}$

例 5 - 20 计算下列积分.

$(1)\displaystyle\int_0^{\frac{\pi}{2}} \sqrt{1-\sin 2x}\,dx$;

(2) 设函数 $f(x) = \begin{cases} \dfrac{1}{1+x}, & x \geqslant 0 \\ \dfrac{1}{1+e^x}, & x < 0 \end{cases}$,求 $\displaystyle\int_0^2 f(x-1)\,dx$.

解 $(1)\displaystyle\int_0^{\frac{\pi}{2}} \sqrt{1-\sin 2x}\,dx = \int_0^{\frac{\pi}{2}} \sqrt{(\sin x - \cos x)^2}\,dx = \int_0^{\frac{\pi}{2}} |\sin x - \cos x|\,dx$

$$= \int_0^{\frac{\pi}{4}} (\cos x - \sin x)\,dx + \int_{\frac{\pi}{4}}^{\frac{\pi}{2}} (\sin x - \cos x)\,dx = 2(\sqrt{2}-1).$$

$(2)\displaystyle\int_0^2 f(x-1)\,dx \xrightarrow{\;x-1=t\;} \int_{-1}^1 f(t)\,dt = \int_{-1}^0 \frac{dt}{1+e^t} + \int_0^1 \frac{dt}{1+t}$

$$= \int_{-1}^0 \frac{(1+e^t - e^t)\,dt}{1+e^t} + \ln(1+t)\Big|_0^1$$

$$= -\int_{-1}^0 \frac{d(1+e^t)}{1+e^t} + \int_{-1}^0 dt + \ln 2$$

$$= 1 - \ln(e^t+1)\Big|_{-1}^0 + \ln 2 = \ln(e+1).$$

*例 5 - 21 计算下列定积分.

$(1)\displaystyle\int_0^{\frac{\pi}{4}} \ln(1+\tan x)\,dx$; $\qquad (2)I = \displaystyle\int_0^a \frac{dx}{x+\sqrt{a^2-x^2}}$;

(3) 设函数 $f(x) = \displaystyle\int_0^x \frac{\sin t}{\pi - t}\,dt$,求 $\displaystyle\int_0^{\pi} f(x)\,dx$.

解 $(1)\displaystyle\int_0^{\frac{\pi}{4}} \ln(1+\tan x)\,dx = \int_0^{\frac{\pi}{4}} \ln \frac{\cos x + \sin x}{\cos x}\,dx$

$$= \int_0^{\frac{\pi}{4}} \ln(\sin x + \cos x)\,dx - \int_0^{\frac{\pi}{4}} \ln\cos x\,dx$$

$$= \int_0^{\frac{\pi}{4}} \ln \sqrt{2}\left(\frac{1}{\sqrt{2}}\sin x + \frac{1}{\sqrt{2}}\cos x\right)dx - \int_0^{\frac{\pi}{4}} \ln\cos x\,dx$$

$$= \int_0^{\frac{\pi}{4}} \ln \sqrt{2}\,dx + \int_0^{\frac{\pi}{4}} \ln\cos\left(\frac{\pi}{4} - x\right)dx - \int_0^{\frac{\pi}{4}} \ln\cos x\,dx$$

$$= \frac{\pi}{4}\ln \sqrt{2} + \int_0^{\frac{\pi}{4}} \ln\cos t\,dt - \int_0^{\frac{\pi}{4}} \ln\cos x\,dx = \frac{\pi}{8}\ln 2.$$

(2) 因为 $I = \displaystyle\int_0^a \frac{dx}{x+\sqrt{a^2-x^2}}$

$$\xrightarrow{\;x=a\sin t\;} \int_0^{\frac{\pi}{2}} \frac{\cos t}{\sin t + \cos t}\,dt \xrightarrow{\;t=\frac{\pi}{2}-u\;} \int_0^{\frac{\pi}{2}} \frac{\sin u}{\cos u + \sin u}\,du = \int_0^{\frac{\pi}{2}} \frac{\sin t}{\cos t + \sin t}\,dt,$$

所以 $2I = \int_0^{\frac{\pi}{2}} \dfrac{\cos t}{\sin t + \cos t} dt + \int_0^{\frac{\pi}{2}} \dfrac{\sin t}{\cos t + \sin t} dt = \int_0^{\frac{\pi}{2}} dt = \dfrac{\pi}{2}$,从而 $I = \dfrac{\pi}{4}$.

$$(3) \int_0^\pi f(x) dx = xf(x) \Big|_0^\pi - \int_0^\pi xf'(x) dx = \pi f(\pi) - \int_0^\pi x \cdot \dfrac{\sin x}{\pi - x} dx$$

$$= \pi \int_0^\pi \dfrac{\sin x}{\pi - x} dx - \int_0^\pi \dfrac{x\sin x}{\pi - x} dx$$

$$= \int_0^\pi \dfrac{(\pi - x)\sin x}{\pi - x} dx = \int_0^\pi \sin x \, dx = 2.$$

◇ **练习题 5 - 8**

计算下列定积分.

1. $\int_{-2}^3 \min\{1, x^2\} dx.$

2. $\int_0^2 y \sqrt{2y - y^2} \, dy.$

3. $I = \int_0^{\frac{\pi}{2}} \dfrac{\cos^3 x}{\sin x + \cos x} dx.$

4. $I_n = \int_0^\pi x\sin^n x \, dx (n \text{ 为正整数}).$

5. $I = \int_0^1 f(x) dx$,其中 $f(x) = \int_x^{\sqrt{x}} \dfrac{\sin t}{t} dt.$

【练习题 5 - 8 答案】

1. $\dfrac{11}{3}$ 2. $\dfrac{\pi}{2}$ 3. $\dfrac{\pi}{4} - \dfrac{1}{4}$

4. $I_n = \dfrac{(n-1)!!}{n!!} \cdot \dfrac{\pi^2}{2}$,$n$ 为偶数;$I_n = \dfrac{(n-1)!!}{n!!} \pi$,$n$ 为奇数

5. $1 - \sin 1$(提示:用分部积分法)

6. 反常积分的计算

例 5 - 22 计算下列反常积分.

$(1) \int_1^{+\infty} \dfrac{dx}{\sqrt{x}}$;

$(2) \int_1^2 \dfrac{x dx}{\sqrt{x-1}}.$

解 (1) 因为 $\int_1^{+\infty} \dfrac{dx}{\sqrt{x}} = \lim_{b \to +\infty} [2\sqrt{x}]_1^b = +\infty$,所以反常积分发散.

(2) 点 $x = 1$ 是函数的瑕点,则

$$\int_1^2 \dfrac{x dx}{\sqrt{x-1}} \xlongequal{\Leftrightarrow t = \sqrt{x-1}} \int_0^1 \dfrac{(t^2+1)2t}{t} dt = 2\int_0^1 (t^2+1) dt = 2\left[\dfrac{1}{3}t^3 + t\right]_0^1 = \dfrac{8}{3}.$$

◇ **练习题 5 - 9**

计算下列反常积分.

1. $\int_0^{+\infty} e^{-ax}\,dx\,(a>0)$.

2. $\int_0^1 \dfrac{x\,dx}{\sqrt{1-x^2}}$.

【**练习题 5 - 9 答案**】

1. $\dfrac{1}{a}$ 2. 1

*例 5 - 23**   计算下列反常积分.

$(1)\displaystyle\int_0^{+\infty} \dfrac{dx}{\sqrt{x(x+1)^3}}$；$(2)$ 已知 $\displaystyle\int_0^{+\infty} e^{-x^2}\,dx=\dfrac{\sqrt{\pi}}{2}$，求 $\displaystyle\int_0^{+\infty} e^{-\left(x^2+\frac{1}{x^2}\right)}\dfrac{1}{x^2}\,dx$.

解   （1）令 $x=\dfrac{1}{t}$，$dx=-\dfrac{1}{t^2}dt$，当 $x\to 0^+$ 时，$t\to+\infty$；当 $x\to+\infty$ 时，$t\to 0$，则

$$\int_0^{+\infty}\frac{dx}{\sqrt{x(x+1)^3}}=\int_{+\infty}^0\frac{-\dfrac{1}{t^2}dt}{\sqrt{\dfrac{1}{t}\left(\dfrac{1}{t}+1\right)^3}}=\int_0^{+\infty}\frac{dt}{\sqrt{(t+1)^3}}$$

$$=\int_0^{+\infty}\frac{d(t+1)}{\sqrt{(t+1)^3}}=\left[-2(t+1)^{-\frac{1}{2}}\right]_0^{+\infty}$$

$$=-2\left[\lim_{t\to+\infty}\frac{1}{\sqrt{1+t}}-1\right]=2.$$

2. $\displaystyle\int_0^{+\infty}e^{-\left(x^2+\frac{1}{x^2}\right)}\frac{1}{x^2}\,dx=\frac{1}{2}\int_0^{+\infty}e^{-\left(x^2+\frac{1}{x^2}\right)}\times\left[\left(1+\frac{1}{x^2}\right)-\left(1-\frac{1}{x^2}\right)\right]dx$

$$=\frac{1}{2}\int_0^{+\infty}e^{-\left(x-\frac{1}{x}\right)^2-2}d\left(x-\frac{1}{x}\right)-$$

$$\frac{1}{2}\int_0^{+\infty}e^{-\left(x+\frac{1}{x}\right)^2+2}d\left(x+\frac{1}{x}\right)$$

$$=\frac{1}{2}e^{-2}\int_{-\infty}^{+\infty}e^{-u^2}\,du-\frac{1}{2}e^2\int_{+\infty}^{+\infty}e^{-v^2}\,dv$$

$$=\frac{1}{2}e^{-2}\left(\int_0^{+\infty}e^{-u^2}\,du+\int_{-\infty}^0 e^{-u^2}\,du\right)$$

$$=e^{-2}\int_0^{+\infty}e^{-u^2}\,du=e^{-2}\frac{\sqrt{\pi}}{2}=\frac{\sqrt{\pi}}{2e^2}.$$

7. 综合题

例 5 - 24   设 $f(x)$ 是连续函数，且 $f(x)=x+2\displaystyle\int_0^1 f(t)\,dt$，求函数 $f(x)$.

解　因为 $f(x)$ 是连续函数,所以 $\int_0^1 f(x)\mathrm{d}x = A$ 存在,

从而 $f(x) = x + 2A$.

上式两边从 0 到 1 积分,得

$$A = \int_0^1 f(x)\mathrm{d}x = \int_0^1 (x + 2A)\mathrm{d}x = \left[\frac{1}{2}x^2 + 2Ax\right]_0^1 = \frac{1}{2} + 2A.$$

从上式解出 $A = -\dfrac{1}{2}$,于是 $f(x) = x - 1$.

例 5 - 25　设当 $x > 0$ 时,函数 $f(x)$ 可导,且满足方程 $f(x) = 1 + \int_1^x f(t)\mathrm{d}t$,

求函数 $f(x)$.

解　方程两边对 x 求导,得 $f'(x) = f(x)$,且 $f(1) = 1$.

由方程 $f'(x) = f(x)$,解出 $f(x) = C\mathrm{e}^x$,又由条件 $f(1) = 1$,得 $C = \dfrac{1}{\mathrm{e}}$,

于是所求函数为 $f(x) = \mathrm{e}^{x-1}$.

* **例 5 - 26**　设函数 $f(x) = \int_1^x \dfrac{\ln t}{1+t}\mathrm{d}t$,求 $f(x) + f\left(\dfrac{1}{x}\right)$.

解　因为 $f\left(\dfrac{1}{x}\right) = \int_1^{\frac{1}{x}} \dfrac{\ln t}{1+t}\mathrm{d}t \xlongequal{t = \frac{1}{u}} \int_1^x \dfrac{\ln \frac{1}{u}}{1 + \frac{1}{u}}\left(-\dfrac{1}{u^2}\right)\mathrm{d}u$

$$= \int_1^x \dfrac{\ln u}{u(1+u)}\mathrm{d}u = \int_1^x \dfrac{\ln t}{t(1+t)}\mathrm{d}t,$$

所以 $f(x) + f\left(\dfrac{1}{x}\right) = \int_1^x \dfrac{\ln t}{1+t}\mathrm{d}t + \int_1^x \dfrac{\ln t}{t(1+t)}\mathrm{d}t = \int_1^x \dfrac{\ln t}{1+t}\left(1 + \dfrac{1}{t}\right)\mathrm{d}t = \int_1^x \dfrac{\ln t}{t}\mathrm{d}t$

$$= \int_1^x \ln t\,\mathrm{d}\ln t = \dfrac{1}{2}\ln^2 t \Big|_1^x = \dfrac{1}{2}\ln^2 x.$$

◇ **练习题 5 - 10**

1. 设当 $x > 0$ 时,函数 $f(x)$ 可导,且满足方程 $f(x) = 1 + \dfrac{1}{x}\int_1^x f(t)\mathrm{d}t\,(x > 0)$,求函数 $f(x)$.

2. 计算定积分 $I = \int_0^1 \left[\int_x^1 f(x)f(t)\mathrm{d}t\right]\mathrm{d}x$,其中 $f(x)$ 在区间 $[0,1]$ 上连续,且 $\int_0^1 f(x)\mathrm{d}x = A$.

【**练习题 5 - 10 答案**】

1. $f(x) = \ln x + 1\left[\text{提示:原方程化为} \begin{cases} f'(x) = \dfrac{1}{x} \\ f(1) = 1 \end{cases}\right]$

2. $\dfrac{A^2}{2}\left[\text{提示:函数 } f(x) \text{ 与 } \int_x^1 f(t)\mathrm{d}t \text{ 的关系是 } \mathrm{d}\left[\int_x^1 f(t)\mathrm{d}t\right] = -f(x)\mathrm{d}x\right]$

8. 面积问题

解题方法：

（1）据条件画出曲线所围成的平面图形的草图．

（2）选择积分变量并确定积分限：直接判断或者通过解方程组确定曲线的交点．

（3）用相应的面积公式计算面积．

例 5 - 27　求曲线 $y = x^2$ 与 $y = 2 - x^2$ 所围成的图形（见图 5.7）的面积.

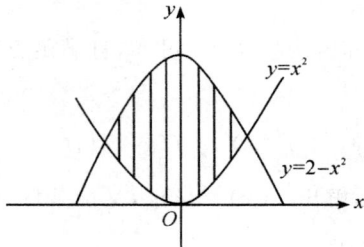

图 5.7

解　曲线 $y = x^2$ 与 $y = 2 - x^2$ 所围成的图形的面积为

$$A = 2\int_0^1 (2 - x^2 - x^2)\,\mathrm{d}x = \frac{8}{3}.$$

例 5 - 28　求通过点 $(0,0),(1,2)$ 的抛物线（见图 5.8），要求它具有以下性质：

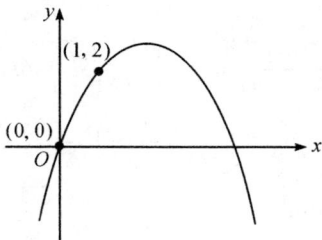

图 5.8

（1）对称轴平行于 y 轴，开口向下；

（2）与 x 轴所围成的面积最小．

解　设所求抛物线方程 $y = ax^2 + bx + c(a < 0)$，因为抛物线过点 $(0,0)$，则有 $c = 0$.

又曲线 $y = ax^2 + bx$ 过点 $(1,2)$，所以 $a = 2 - b$.

又因为曲线 $y = ax^2 + bx$ 与 x 轴的交点为 $(0,0),\left(-\dfrac{b}{a},0\right)$，据条件（2），曲线与 x 轴所围成的图形的面积为

$$A = \int_0^{-\frac{b}{a}} (ax^2 + bx)\,\mathrm{d}x = \left[\frac{a}{3}x^3 + \frac{b}{2}x^2\right]_0^{-\frac{b}{a}} = \frac{b^3}{6a^2},$$

即 $A(b) = \dfrac{b^3}{6(2 - b)^2}$.

由 $A'(b) = \dfrac{6b^2 - b^3}{6(2-b)^3} = 0$，得 $b = 0$ 或 $b = 6$.

当 $b = 0$ 时，$a = 2 > 0$，不合题意，舍去.

当 $b = 6$ 时，$a = -4 < 0$，抛物线开口向下，则其方程为 $y = -4x^2 + 6x$.

例 5-29　在区间 $[0,1]$ 上给定函数 $y = x^2$，任取 $t \in [0,1]$，问当 t 为何值时，图形 5.9 阴影部分 A_1 与 A_2 的面积之和最小？何时最大？

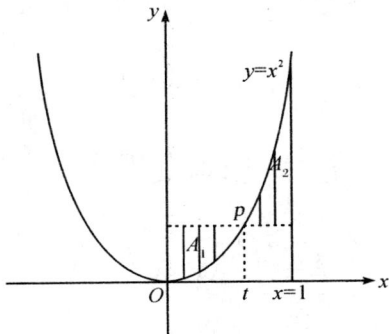

图 5.9

解　设 p 点的坐标为 (t, t^2)，则

$$A_1 = t \cdot t^2 - \int_0^t x^2 \mathrm{d}x = \frac{2}{3}t^3,$$

$$A_2 = \int_t^1 x^2 \mathrm{d}x - (1-t)t^2 = \frac{1}{3} + \frac{2}{3}t^3 - t^2.$$

令 $f(t) = A_1 + A_2 = \dfrac{4}{3}t^3 - t^2 + \dfrac{1}{3}$，求函数 $f(t)$ 在区间 $[0,1]$ 上的最值.

由 $f'(t) = 2t(2t - 1) = 0$，得驻点 $t = 0, t = \dfrac{1}{2}$.

求出驻点及区间端点的函数值 $f(0) = \dfrac{1}{3}, f\left(\dfrac{1}{2}\right) = \dfrac{1}{4}, f(1) = \dfrac{2}{3}$.

比较知，当 $t = \dfrac{1}{2}$ 时，$A_1 + A_2$ 取得最小值；

当 $t = 1$ 时，$A_1 + A_2$ 取得最大值.

◇ **练习题 5-11**

1. 求曲线 $y = x^2$ 与直线 $y = x$ 所围成的图形的面积.

2. 试求抛物线 $y = x^2$ 在点 $(1,1)$ 处的切线与抛物线自身及 x 轴所围成的图形的面积.

【练习题 5 - 11 答案】

1. $\dfrac{1}{6}$ 2. $\dfrac{1}{12}$

例 5 - 30   求由曲线 $\rho = a\sin\theta, \rho = a(\cos\theta + \sin\theta)(a > 0)$ 所围成的图形公共部分面积.

解   先求出两圆的交点,即解方程组 $\begin{cases} \rho = a\sin\theta \\ \rho = a(\cos\theta + \sin\theta) \end{cases}$,

即 $\begin{cases} \rho = a\sin\theta \\ \rho = \sqrt{2}\,a\sin\left(\dfrac{\pi}{4} + \theta\right) \end{cases}$,得 $\theta = \dfrac{\pi}{2}, \theta = \dfrac{3}{4}\pi$(见图 5.10).

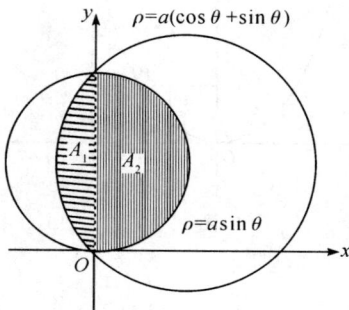

图 5.10

因为 $A_1 = \dfrac{1}{2}\pi\left(\dfrac{a}{2}\right)^2 = \dfrac{1}{8}\pi a^2$,

$A_2 = \dfrac{1}{2}\int_{\frac{1}{2}\pi}^{\frac{3}{4}\pi} a^2(\cos\theta + \sin\theta)^2\,\mathrm{d}\theta = \dfrac{1}{8}\pi a^2 - \dfrac{1}{4}a^2$,

所以 $A = A_1 + A_2 = \dfrac{1}{4}\pi a^2 - \dfrac{1}{4}a^2$.

9. 体积问题

例 5 - 31   求曲线 $y = x^2$ 与 $y = 2 - x^2$ 所围成的图形(见图 5.11)绕 x 轴及 y 轴旋转一周所围成的旋转体的体积.

解   因为两曲线的交点为 $(-1,1), (1,1)$,见图 5.11.

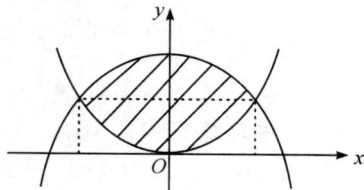

图 5.11

所以两条曲线所围成的图形绕 x 轴旋转一周所成的体积为

$$V_x = 2\left[\pi\int_0^1 (2 - x^2)^2\,\mathrm{d}x - \pi\int_0^1 x^4\,\mathrm{d}x\right] = \dfrac{16}{3}\pi.$$

两条曲线所围成的图形绕 y 轴一周所成的体积为

$$V_y = \pi\int_0^1 y\,\mathrm{d}y + \pi\int_1^2 (2 - y)\,\mathrm{d}y = \pi.$$

例 5 - 32　求由 $y = \sin x$，$x \in [0,\pi]$ 与 x 轴所围成的图形(见图 5.12).

(1) 绕 x 轴旋转的体积；

(2) 绕 y 轴旋转的体积；

(3) 绕 $y = 1$ 旋转的体积.

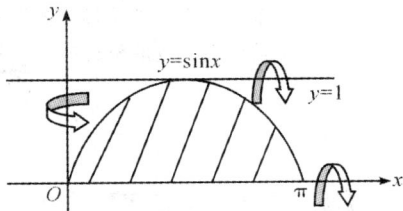

图 5.12

解　$(1) V_x = \int_0^\pi \pi y^2 \mathrm{d}x = \int_0^\pi \pi \sin^2 x \mathrm{d}x$

$$= \frac{\pi}{2} \int_0^\pi (1 - \cos 2x) \mathrm{d}x = \frac{\pi^2}{2}.$$

$(2) V_y = 2\pi \int_0^\pi xy \mathrm{d}x = 2\pi \int_0^\pi x\sin x \mathrm{d}x = 2\pi^2$ (还可用另一个方法计算，读者可自行完成).

$(3) V = \pi \int_0^\pi 1^2 \mathrm{d}x - \pi \int_0^\pi (1-y)^2 \mathrm{d}x = \pi^2 - \pi \int_0^\pi (1-\sin x)^2 \mathrm{d}x$

$$= \pi^2 - \pi \int_0^\pi (1 - 2\sin x + \sin^2 x) \mathrm{d}x = \pi^2 - \pi \int_0^\pi \left(\frac{3}{2} - 2\sin x - \frac{1}{2}\cos 2x \right) \mathrm{d}x$$

$$= 4\pi - \frac{\pi^2}{2}.$$

◇ **练习题 5 - 12**

1. 设曲线 $y = x^3$，$y = 0$ 和 $x = 1$ 所围的图形，求：

(1) 所围图形面积；

(2) 所围图形绕 x 轴旋转所成旋转体的体积；

(3) 所围图形绕 y 轴旋转所成旋转体的体积.

2. 设平面图形位于曲线 $y = e^x$ 的下方，该曲线过原点的切线的左方以及 x 轴上方之间(见图 5.13)，求：

(1) 该平面图形的面积；

(2) 该平面图形绕 x 轴旋转所成旋转体的体积.

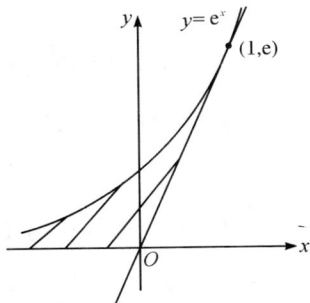

图 5.13

*3. 设由抛物线 $y = x(x-1)$ 与 x 轴,直线 $x = 2$ 所围成的平面图形,试求:

(1) 绕 x 轴旋转而成的旋转体的体积 V_x;

(2) 绕 y 轴旋转而成的旋转体的体积 V_y.

【练习题 5 - 12 答案】

1. (1) $\dfrac{1}{4}$ (2) $\dfrac{\pi}{7}$ (3) $\dfrac{2\pi}{5}$

2. (1) $\dfrac{e}{2}$ (2) $\dfrac{1}{6}\pi e^2$

*3. (1) $\dfrac{16}{15}\pi$ (2) 3π

*例 5 - 33   设有一截锥体,其高为 h,上、下底均为椭圆,椭圆的轴长分别为 $2a,2b$ 和 $2A,2B$,求这截锥体的体积(见图 5.14).

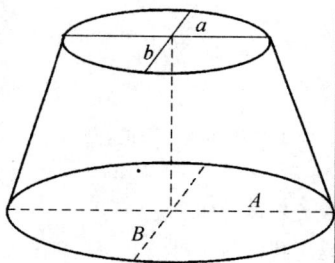

图 5.14

解   用与下底相距为 y 且平行于底面的平面去截该立体,得到截面是一个椭圆,椭圆长半轴为 x,椭圆短半轴为 z,由相似三角形,得

$$\frac{y}{h} = \frac{A-x}{A-a},$$

所以 $x = A - \dfrac{A-a}{h}y$.

同理可得,截面椭圆短半轴为 $z = B - \dfrac{B-b}{h}y$.

于是截面椭圆的面积为

$$A(y) = \pi xz = \pi\left(A - \frac{A-a}{h}y\right)\cdot\left(B - \frac{B-b}{h}y\right).$$

因此,所求截锥体的体积为

$$V = \int_0^h \pi\left(A - \frac{A-a}{h}y\right)\cdot\left(B - \frac{B-b}{h}y\right)\mathrm{d}y$$

$$= \pi\int_0^h\left[AB - \left(A\frac{B-b}{h} + B\frac{A-a}{h}\right)y + \frac{(A-a)(B-b)}{h^2}y^2\right]\mathrm{d}y$$

$$= \frac{1}{6}\pi h[2(ab+AB) + aB + Ab].$$

10. 弧长问题

例 5-34 求在摆线 $x = a(t - \sin t), y = a(1 - \cos t)$ 上分摆线第一拱成 $1:3$ 的点坐标.

解 设分点为 (x_0, y_0), 对应的参数为 t_0 (见图 5.15), 据题意 $S = 4S_1$.

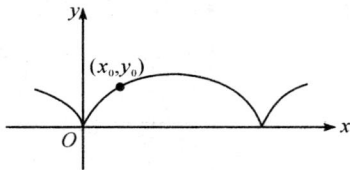

图 5.15

又 $dS = \sqrt{[a(1 - \cos t)]^2 + (a \sin t)^2} \, dt = 2a \left| \sin \dfrac{t}{2} \right| dt = 2a \sin \dfrac{t}{2} dt (0 < t < 2\pi)$,

所以 $\displaystyle\int_0^{2\pi} 2a \sin \frac{t}{2} dt = 4 \int_0^{t_0} 2a \sin \frac{t}{2} dt$,

即 $8a \displaystyle\int_0^{t_0} \sin \frac{t}{2} dt = 8a \left[-2 \cos \frac{t}{2} \right]_0^{t_0} = 16a \left(1 - \cos \frac{t_0}{2} \right) = 8a$,

亦即 $\cos \dfrac{t_0}{2} = \dfrac{1}{2}$, 从上式中解出 $t_0 = \dfrac{2\pi}{3}$,

故 $x_0 = a \left(\dfrac{2}{3} \pi - \dfrac{\sqrt{3}}{2} \right), y_0 = \dfrac{3}{2} a$.

◇ **练习题 5-13**

1. 求证: 曲线 $y = \sin x (0 \leqslant x \leqslant 2\pi)$ 的弧长等于椭圆 $x^2 + 2y^2 = 2$ 的周长.

2. 求对数螺线 $\rho = e^{2\theta}$ 上 $\theta = 0$ 到 $\theta = 2\pi$ 的一段弧.

【**练习题 5-13 答案**】

1. 提示: 椭圆方程用参数方程表示, 再求周长. 2. $\dfrac{\sqrt{5}}{2} (e^{4\pi} - 1)$

11. 物理应用

例 5-35 设 $40N(kg \cdot m)$ 的力使弹簧从自然长度 10cm 拉长成 15cm, 问需要做多大的功, 才能克服弹簧恢复力, 将伸长的弹簧从 15cm 处再拉长 3cm?

解 根据虎克定律, 有弹力

$$F(x) = kx,$$

当弹簧从 10cm 拉长成 15cm 时, 它的伸长量为 5cm = 0.05m, 而 $F(0.05) = 40$, 即 $0.05k = 40$, 得 $k = 800$, 于是弹力为 $F(x) = 800x$.

这样弹簧从 15cm 拉长到 18cm,所做的功为

$$W = \int_{0.05}^{0.08} 800x\mathrm{d}x = \left[400x^2\right]_{0.05}^{0.08}$$

$$= 400\left[0.0064 - 0.0025\right] = 1.56\mathrm{J}.$$

例 5-36　洒水车上的水箱是一个横放的椭圆柱体,其中半长、短轴分别为 a,b,当水箱装满水时,计算水箱的一个端面所受的压力.(其中水的密度为 μ)

解　取椭圆中心为原点,长轴为 x,短轴为 y(见图 5.16),

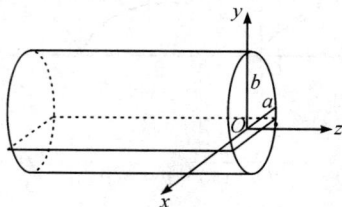

图 5.16

则椭圆的方程为

$$\frac{x^2}{a^2} + \frac{y^2}{b^2} = 1.$$

取 y 为积分变量($-b \leqslant y \leqslant b$),

所以压力元素

$$\mathrm{d}p = g\mu(b-y)2a\sqrt{1-\frac{y^2}{b^2}}\mathrm{d}y,$$

$$p = 2g\mu a\int_{-b}^{b}(b-y)\sqrt{1-\frac{y^2}{b^2}}\mathrm{d}y$$

$$= 4g\mu a\int_{0}^{b}\sqrt{b^2-y^2}\mathrm{d}y = 4g\mu a \cdot \frac{1}{4}\pi b^2$$

$$= \pi g\mu ab^2.$$

注　比重:单位长度、面积、体积重量. 密度:单位长度、面积、体积质量.

例 5-37　边长为 a 和 b 的矩形薄板,与液面成 α 角斜沉于液体内,长边平行于液面而位于深 h 处,设 $a > b$,液体的密度为 μ,试求矩形薄板每一面所受的压力.

解　选取 x 为积分变量,x 的变化区间是 $[0, b\sin\alpha]$.

在区间 $[0, b\sin\alpha]$ 上任取一个小区间 $[x, x+\mathrm{d}x]$,相应薄板上一小窄条的边长分别为 a 与 $\dfrac{\mathrm{d}x}{\sin\alpha}$,则矩形窄条所受液体的侧压力元素为

$$\mathrm{d}p = \mu g(h+x)a\frac{\mathrm{d}x}{\sin\alpha},$$

压力 $p = \displaystyle\int_{0}^{b\sin\alpha}\mu g(h+x)a\frac{\mathrm{d}x}{\sin\alpha} = \mu gab\left(h+\frac{1}{2}b\sin\alpha\right).$

注　如果坐标系是另外一种选择,即 x 轴选在边长为 b 的一边上,则该怎样计算?

◇ **练习题 5 - 14**

1. 有一个椭圆形薄板,长半轴为 a,短半轴为 b,薄板垂直立于水中,而其短半轴与水面相齐,求水对薄板的侧压力.(水的密度为 μ)

*2. 设一容器由曲线 $y = \sqrt{2x}$ 绕 y 轴旋转而成,今注入水后,其高为 h,若再加入 V 立方单位的水后,问水位高度 l 增加多少?

3. 在长为 l,质量为 M 的均匀细棒 AB 的延长线上放着一个质量为 m 的质点,若质点距细棒端点 B 的距离为 a,求细棒对质点的引力.

【**练习题 5 - 14 答案**】

1. $\dfrac{2}{3}\mu g a^2 b$　*2. $l = \left(h^5 + \dfrac{20V}{\pi}\right)^{\frac{1}{5}} - h$ (提示:$V = \displaystyle\int_h^{h+l} \dfrac{\pi y^4}{4}\mathrm{d}y$)

3. $F = \dfrac{GMm}{l}\left(\dfrac{1}{a} - \dfrac{1}{l+a}\right)$

例 5 - 38　半径为 R 的球沉入水中,球上部与水面相切,球的密度与水的密度相同均为 μ,现将球从水中取出,问:需做多少功?

解　取圆心为坐标原点(见图 5.17),则圆的方程为

$$x^2 + y^2 = R^2.$$

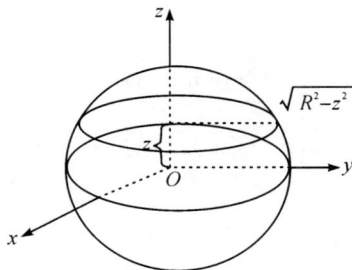

图 5.17

取 z 为积分变量($-R \leqslant z \leqslant R$),则球体的小薄片体积元素

$$\mathrm{d}V = \pi(R^2 - z^2)\mathrm{d}z.$$

此小薄片在水内不做功,行程为 $R - z$;

在水外做功,行程为 $2R - (R - z) = R + z$,

所以功元素为 $\mathrm{d}W = g\mu(R + z)\pi(R^2 - z^2)\mathrm{d}z$,

于是所做的功为

$$W = g\mu \int_{-R}^{R} \pi(R+z)(R^2-z^2)\mathrm{d}z = 2g\mu R\pi \int_{0}^{R}(R^2-z^2)\mathrm{d}z = \frac{4}{3}\pi R^4 \mu g.$$

注 若球的密度与水的密度不相同,则怎样考虑?

例5-39 设星形线 $x = a\cos^3 t, y = a\sin^3 t$ 上每一点的线密度的大小都等于该点到原点的距离的立方,在原点 O 处有一单位质点,求星形线在第一象限的弧段对该质点的引力.

解 在第一象限的曲线弧上取一小段,其长度为 $\mathrm{d}l$,见图5.18.

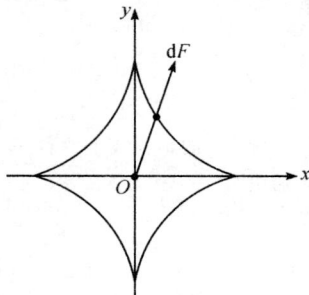

图 5.18

由题意有,线密度 $\rho = r^3$,则小段弧作为一个质点的质量为 $m = r^3\mathrm{d}l$,则两个质点间的引力为

$$\mathrm{d}F = G\frac{r^3\mathrm{d}l}{r^2} = Gr\mathrm{d}l.$$

将 $\mathrm{d}F$ 分解为

$$\mathrm{d}F_x = \mathrm{d}F\cos\alpha = Gr\mathrm{d}l \cdot \frac{x}{r} = Gx\mathrm{d}l = Gx\sqrt{(\mathrm{d}x)^2+(\mathrm{d}y)^2}$$

$$= Ga\cos^3 t \cdot \sqrt{(-3a\cos^2 t\sin t)^2+(3a\sin^2 t\cos t)^2}\,\mathrm{d}t$$

$$= 3Ga^2\cos^4 t\sin t\mathrm{d}t.$$

$$\mathrm{d}F_y = \mathrm{d}F\sin\alpha = Gr\mathrm{d}l \cdot \frac{y}{r} = Gy\mathrm{d}l = Gy\sqrt{(\mathrm{d}x)^2+(\mathrm{d}y)^2}$$

$$= Ga\sin^3 t \cdot \sqrt{(-3a\cos^2 t\sin t)^2+(3a\sin^2 t\cos t)^2}\,\mathrm{d}t$$

$$= 3Ga^2\sin^4 t\cos t\mathrm{d}t.$$

则所求的引力的分力为

$$F_x = 3a^2 G\int_{0}^{\frac{\pi}{2}}\cos^4 t\sin t\mathrm{d}t = -3a^2 G\int_{0}^{\frac{\pi}{2}}\cos^4 t\mathrm{d}(\cos t)$$

$$= -\frac{3a^2}{5}G[\cos^5 t]_{0}^{\frac{\pi}{2}} = \frac{3a^2}{5}G,$$

$$F_y = 3a^2 G\int_{0}^{\frac{\pi}{2}}\sin^4 t\cos t\mathrm{d}t = 3a^2 G\int_{0}^{\frac{\pi}{2}}\sin^4 t\mathrm{d}(\sin t)$$

$$= \frac{3a^2}{5}G[\sin^5 t]_{0}^{\frac{\pi}{2}} = \frac{3a^2}{5}G.$$

三、基础题

(一) 单项选择题

1. 极限 $\lim\limits_{x \to 0} \dfrac{\int_0^x \sin t \, dt}{x^2}$ 的值是(   ).

A. ∞ B. $\dfrac{1}{2}$ C. 1   D. 0

2. 设函数 $f(x)$ 连续且 $I = \int_0^{sx} f(t) \, dt$,则 I 的值(   ).

A. 依赖于 x B. 依赖于 s C. 是个常数   D. 依赖于 s,x

3. 已知 $\int_0^x [2f(t) - 1] \, dt = f(x) - 1$,则 $f'(0)$ 的值是(   ).

A. 2   B. $2e - 1$ C. 1   D. $e - 1$

4. 下列反常积分中,收敛的是(   ).

A. $\int_2^{+\infty} \dfrac{1}{x} \, dx$ B. $\int_2^{+\infty} \dfrac{1}{\sqrt{x}} \, dx$ C. $\int_0^1 \dfrac{1}{\sqrt{x}} \, dx$ D. $\int_0^1 \dfrac{1}{x} \, dx$

5. 定积分 $\int_{-\frac{\pi}{2}}^{\frac{\pi}{2}} \cos^6 x \, dx$ 的值是(   ).

A. $2 \times \dfrac{5}{6} \times \dfrac{3}{4} \times \dfrac{1}{2} \times \dfrac{\pi}{2}$ B. $2 \times \dfrac{5}{6} \times \dfrac{3}{4} \times \dfrac{1}{2} \times \dfrac{1}{2}$

C. $\dfrac{5}{6} \times \dfrac{3}{4} \times \dfrac{1}{2} \times \dfrac{\pi}{2}$ D. $2 \times \dfrac{5}{6} \times \dfrac{3}{4} \times \dfrac{1}{2}$

6. 由曲线 $y = f(x), y = g(x)$ 及直线 $x = a, x = b (a < b)$ 所围成的平面图形面积的积分表达式是(   ).

A. $\int_a^b [f(x) - g(x)] \, dx$ B. $\int_a^b [g(x) - f(x)] \, dx$

C. $\int_a^b |f(x) - g(x)| \, dx$ D. $\int_a^b [|f(x)| - |g(x)|] \, dx$

7. 曲线 $\rho = 2a\cos\theta$ 所围成的图形的面积为(   ).

A. $\int_0^{\frac{\pi}{2}} \dfrac{1}{2} (2a\cos\theta)^2 \, d\theta$ B. $\int_0^{\frac{\pi}{2}} \dfrac{1}{2} (2a\cos\theta) \, d\theta$

C. $\int_{-\frac{\pi}{2}}^{\frac{\pi}{2}} 2a\cos\theta \, d\theta$ D. $2\int_0^{\frac{\pi}{2}} \dfrac{1}{2} (2a\cos\theta)^2 \, d\theta$

8. 曲线 $y = \sqrt{x}$ 与直线 $y = 1, x = 4$ 所围成的图形的面积 A 的值是(   ).

A. $\dfrac{14}{3}$ B. $\dfrac{5}{3}$ C. $\dfrac{10}{3}$ D. $\dfrac{16}{3}$

9.横截面为 S,深为 h 的水池灌满水,把水全部抽到距水池的水表面高为 H 的水塔上,所做的功为(　　).

A.$\int_0^h gS \cdot (H+h-y)\mathrm{d}y$　　　　　　　B.$\int_0^H gS \cdot (H+h-y)\mathrm{d}y$

C.$\int_0^h gS \cdot (H-y)\mathrm{d}y$　　　　　　　D.$\int_0^{h+H} gS \cdot (H+h-y)\mathrm{d}y$

10.半圆形闸门的半径为 R,将其垂直放入水中,且直径与水面平齐,设水的密度 $\mu=1$,若坐标原点取在圆心,x 轴正向朝下,则闸门所受压力 p 为(　　).

A.$\int_0^R g\sqrt{R^2-x^2}\,\mathrm{d}x$　　　　　　　B.$2\int_0^R g\sqrt{R^2-x^2}\,\mathrm{d}x$

C.$\int_0^R g2x\sqrt{R^2-x^2}\,\mathrm{d}x$　　　　　　D.$\int_0^R 2g(R-x)\sqrt{R^2-x^2}\,\mathrm{d}x$

(二)填空题

1.函数 $f(x)$ 在 $[a,b]$ 上连续是 $f(x)$ 在 $[a,b]$ 上可积的_____条件(充分、必要、充要).函数 $f(x)$ 在 $[a,b]$ 上有界是 $f(x)$ 在 $[a,b]$ 上可积的_____条件(充分、必要、充要).

2.物体以 $v(t)=3t^2+2t(\mathrm{m/s})$ 的速度做直线运动,则它在时间间隔 $[0,3]$ 内行走路程 $s=$_____,平均速度 $\bar{v}=$_____.

3.定积分 $\int_0^R \sqrt{R^2-x^2}\,\mathrm{d}x$ 在几何上表示_____,其值是_____.

4.定积分 $\int_{-2}^2 \dfrac{x+|x|}{1+x^2}\mathrm{d}x$ _____.

5.设 $f(x)$ 为连续函数,$\dfrac{\mathrm{d}}{\mathrm{d}x}\int f(x)\mathrm{d}x=$_____,$\dfrac{\mathrm{d}}{\mathrm{d}x}\int_a^b f(x)\mathrm{d}x=$_____.

6.函数 $f(x)=\dfrac{4}{x^2}$ 在区间 $[1,a]$ 上的平均值为1,则 $a=$_____.

7.曲线 $y=\sin x,y=\cos x$ 同 y 轴及直线 $x=\dfrac{\pi}{2}$ 所围成的平面图形的面积的积分表达式是_____.

8.曲线 $y=\ln(1-x^2)(0\leqslant x\leqslant\dfrac{1}{2})$ 上一段弧长 S 的积分表达式为_____.

9.摆线 $\begin{cases}x=a(t-\sin t)\\ y=a(1-\cos t)\end{cases}$ 的一拱与 x 轴所围成的图形绕 x 轴旋转所成的旋转体之体积的表达式为_____.

10.细棒长 l,它的线密度是 $\mu=\sin\dfrac{\pi}{2l}x$(这里 x 是由棒的一端点 O 到该点的距离),写出该细棒质量的积分表达式_____.

（三）计算下列各积分

1. $\displaystyle\int_{\frac{1}{\pi}}^{\frac{2}{\pi}} \dfrac{\sin\dfrac{1}{x}}{x^2}\,\mathrm{d}x.$

2. $\displaystyle\int_{0}^{16} \dfrac{\mathrm{d}x}{\sqrt{x+9}-\sqrt{x}}.$

3. $\displaystyle\int_{\frac{1}{2}}^{\frac{3}{4}} \dfrac{\arcsin\sqrt{x}}{\sqrt{x-x^2}}\,\mathrm{d}x.$

4. $\displaystyle\int_{1}^{2} \dfrac{\sqrt{4-x^2}}{x^2}\,\mathrm{d}x.$

5. $\displaystyle\int_{0}^{2} x^4\sqrt{4-x^2}\,\mathrm{d}x.$

6. $\displaystyle\int_{\sqrt{2}}^{2} \dfrac{\mathrm{d}x}{x\sqrt{x^2-1}}.$

7. $\displaystyle\int_{0}^{\pi} \mathrm{e}^{-x}\cos 2x\,\mathrm{d}x.$

8. $\displaystyle\int_{-\frac{\pi}{2}}^{\frac{\pi}{2}} (x^4-x+1)\sin x\,\mathrm{d}x.$

9. $\displaystyle\int_{-\frac{\pi}{2}}^{\frac{\pi}{2}} \sqrt{\cos\theta-\cos^3\theta}\,\mathrm{d}\theta.$

10. $\displaystyle\int_{\frac{1}{e}}^{e} |\ln x|\,\mathrm{d}x.$

（四）按要求计算下列各题

1. 设 $\dfrac{\sin x}{x}$ 是 $f(x)$ 的一个原函数，求 $\displaystyle\int_{\frac{\pi}{2}}^{\pi} xf'(x)\,\mathrm{d}x.$

2. 求由方程 $\displaystyle\int_{0}^{y} \mathrm{e}^{t^2}\,\mathrm{d}t = \dfrac{1}{2}(\sqrt[3]{x}-1)^2$ 所确定的函数 $y=y(x)$ 的可能极值点，并讨论函数在这些点是否存在极值，若存在，是极大值还是极小值？

3.设函数 $f(x) = \int_0^{5x} \dfrac{\sin t}{kt}\mathrm{d}t$ 与 $g(x) = \int_0^{\sin x}(1+t)^{\frac{1}{t}}\mathrm{d}t$,当 $x \to 0$ 时,是等价无穷小,求 k 的值.

4.设 $f(x)$ 是连续函数,且满足 $f(x) = x + 2\int_0^2 f(x)\mathrm{d}x$,试求 $f(x)$.

5.设 $g(x)$ 是连续函数,且满足 $\int_0^{x^3-1} g(t)\mathrm{d}t = x-1$,求 $g(7)$.

6.设函数 $f(x) = \begin{cases} \mathrm{e}^{-x}, & x \geqslant 0 \\ 1+x^2, & x < 0 \end{cases}$,求 $\int_{\frac{1}{2}}^2 f(x-1)\mathrm{d}x$.

*7.设函数 $G(x) = \int_1^x \dfrac{t}{\sqrt{1+t^3}}\mathrm{d}t$,求 $\int_0^1 G(x)\mathrm{d}x$.

(五) 证明题

1.设函数 $f(x)$ 在区间 $[0,1]$ 上连续,且 $f(x) < 1$,求证:方程 $2x - \int_0^x f(t)\mathrm{d}t = 1$ 在 $(0,1)$ 内有且仅有一个根.

2. 设 $f(x)$ 为连续函数,求证:

$$\int_0^{\frac{\pi}{2}} \frac{f(\sin x)\mathrm{d}x}{f(\cos x) + f(\sin x)} = \int_0^{\frac{\pi}{2}} \frac{f(\cos x)\mathrm{d}x}{f(\sin x) + f(\cos x)}.$$

并由此计算积分 $\int_0^{\frac{\pi}{2}} \frac{\sin x}{\cos x + \sin x}\mathrm{d}x$.

(六) 几何应用

1. 设曲线 $y = \sin x, 0 \leqslant x \leqslant \frac{\pi}{2}$,图 5.19 中所围区域 S_1 与 S_2 的面积之和为 S,问:当 t 取何值时,面积 S 最小?当 t 取何值时,面积 S 最大?

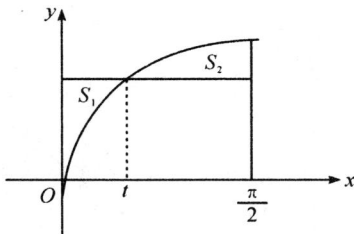

图 5.19

2. 当 a 取何值时,曲线 $y = a(1-x^2)(a > 0)$ 中各条和其在 $(-1,0)$ 及 $(1,0)$ 两点处的法线所围成的图形面积最小?

3. 求曲线 $x = \frac{2}{3}y^{\frac{3}{2}}$ 在 $1 \leqslant y \leqslant 3$ 内的一段弧长.

4. 已知曲线 $y = a\sqrt{x}(a > 0)$ 与曲线 $y = \frac{1}{2}\ln x$ 在点 (x_0, y_0) 有公切线,试求:

(1) 常数 a 及切点 (x_0, y_0);

(2) 两曲线与 x 轴所围成的平面图形 D 的面积 A;

(3) 图形 D 绕 x 轴旋转一周而成的旋转体积 V.

（七）物理应用

1.已知水平放置直径为 4m 的圆形水罐,试求：

（1）如果水位为 2m 时,作用在一个端面的压力为何值?

（2）如果罐内盛满水时,作用在一个端面的压力又为何值?（水密度为 μ）.

2.已知有一个底半径为 R,高为 H 的圆锥形容器,试问：

（1）盛满水时,要将水全部抽干需做多少功?

（2）盛一半高度的水时,将水抽干需做多少功?

*3.半径为 R,密度为 $\delta(\delta > 1)$ 的球,沉入深为 $H(H > 2R)$ 的水池底,现将球从水中取出,需要做多少功?

四、提高题

（一）单项选择题

1.极限 $\lim\limits_{n\to\infty} \dfrac{1}{n}\left(\sin\dfrac{\pi}{n} + \sin\dfrac{2}{n}\pi + \cdots + \sin\dfrac{n}{n}\pi\right)$ 的值是（   ）.

A.0   B. $\dfrac{2}{\pi}$ C.2   D. $+\infty$

2.利用被积函数的奇偶性判断下列结论,设 $M = \displaystyle\int_{-\frac{\pi}{2}}^{\frac{\pi}{2}} \dfrac{\sin x}{1+x^2}\cos^6 x\,\mathrm{d}x$, $N = \displaystyle\int_{-\frac{\pi}{2}}^{\frac{\pi}{2}}(\sin^3 x + \cos^4 x)\,\mathrm{d}x$, $P = \displaystyle\int_{-\frac{\pi}{2}}^{\frac{\pi}{2}}(x^3\sin^2 x - \cos^4 x)\,\mathrm{d}x$,则有（   ）.

A. $N < P < M$ B. $M < P < N$ C. $N < M < P$ D. $P < M < N$

3. 设 $f(x)$ 为可导函数，且 $f(0) = 0, f'(0) = 2$，则 $\lim\limits_{x \to 0} \dfrac{\int_0^x f(t)\mathrm{d}t}{x^2}$ 的值是（　　　）.

A. 0　　　　　　　　　　B. 1　　　　　　　　　　C. 2　　　　　　　　　D. 不存在

4. 设函数 $f(x)$ 有连续的导数，且满足 $f(0) = 0, f'(0) \neq 0$，而且当 $x \to 0$ 时，函数 $F(x) = \int_0^x (\sin^2 x - \sin^2 t) f(t)\mathrm{d}t$ 与 x^k 为同阶无穷小，则实数 k 的值是（　　　）.

A. 1　　　　　　　　　　B. 2　　　　　　　　　　C. 3　　　　　　　　　D. 4

5. 若等式 $\lim\limits_{x \to +\infty} \left(\dfrac{x+b}{x-b}\right)^x = \int_{-\infty}^b t\mathrm{e}^{2t}\mathrm{d}t$，则常数 b 的值是（　　　）.

A. $\dfrac{2}{5}$　　　　　　　　B. 5　　　　　　　　C. $\dfrac{5}{2}$　　　　　　　D. $\dfrac{1}{5}$

6. 设定积分 $I_1 = \int_1^{\mathrm{e}} \ln x\,\mathrm{d}x, I_2 = \int_1^{\mathrm{e}} \ln^2 x\,\mathrm{d}x$，则（　　　）.

A. $I_2 - 2I_1 = 0$　　　B. $I_2 + 2I_1 = \mathrm{e}$　　　C. $I_2 + 2I_1 = 0$　　　D. $I_2 - 2I_1 = \mathrm{e}$

7. 曲线 $y = |\ln x|$ 与直线 $x = \dfrac{1}{\mathrm{e}}, x = \mathrm{e}$ 及 $y = 0$ 所围成的平面区域的面积为（　　　）.

A. $2\left(1 - \dfrac{1}{\mathrm{e}}\right)$　　　　B. $\mathrm{e} - \dfrac{1}{\mathrm{e}}$　　　　C. $\mathrm{e} + \dfrac{1}{\mathrm{e}}$　　　　D. $\dfrac{1}{\mathrm{e}} + 1$

8. 双纽线 $(x^2 + y^2)^2 = x^2 - y^2$ 所围图形的面积可用定积分表示为（　　　）.

A. $4\int_0^{\frac{\pi}{4}} \cos 2\theta\,\mathrm{d}\theta$　　　　　　　　B. $2\int_0^{\frac{\pi}{4}} \cos 2\theta\,\mathrm{d}\theta$

C. $2\int_0^{\frac{\pi}{4}} \sqrt{\cos 2\theta}\,\mathrm{d}\theta$　　　　　　D. $\dfrac{1}{2}\int_0^{\frac{\pi}{4}} (\cos 2\theta)^2\,\mathrm{d}\theta$

9. 由曲线 $y = x(x-1)(2-x)$ 与 x 轴围成的平面图形的面积为（　　　）.

A. $\int_0^1 x(x-1)(2-x)\mathrm{d}x - \int_1^2 x(x-1)(2-x)\mathrm{d}x$

B. $-\int_0^2 x(x-1)(2-x)\mathrm{d}x$

C. $-\int_0^1 x(x-1)(2-x)\mathrm{d}x - \int_1^2 x(x-1)(2-x)\mathrm{d}x$

D. $\int_0^2 x(x-1)(2-x)\mathrm{d}x$

10. 在 x 轴上有一线密度为 μ，长度为 l 的细杆，有一质量为 m 的质点，且到细杆右端的距离为 a 处. 已知引力系数为 k，则质点和细杆之间引力的大小为（　　　）.

A. $\int_{-l}^0 \dfrac{km\mu\mathrm{d}x}{(a-x)^2}$　　　　　　　　B. $\int_0^l \dfrac{km\mu\mathrm{d}x}{(a-x)^2}$

C. $2\int_{-\frac{l}{2}}^0 \dfrac{km\mu\mathrm{d}x}{(a+x)^2}$　　　　　　　D. $2\int_0^{\frac{l}{2}} \dfrac{km\mu\mathrm{d}x}{(a+x)^2}$

（二）填空题

1. 设 $x > 0, e^x - e^{\int_{\ln 2}^{x} \frac{dt}{1-e^{-t}}} = $ _____.

2. 设函数 $F(x) = \int_0^x \left[\int_0^{y^3} \frac{\cos t}{\sqrt{1+t^2}} dt \right] dy$，则 $F''(x) = $ _____.

3. 设函数 $f(x) = a\cos x + b\sin x$，则 $I = \frac{1}{\pi} \int_{-\pi}^{\pi} f^2(x) dx = $ _____.

4. 已知极限 $\lim\limits_{x \to 0} \dfrac{\int_b^x \frac{t^2}{\sqrt{1+t^2}} dt}{\sin x - ax} = -2$，则 $a = $ _____，$b = $ _____.

5. $\int_{-1}^{+\infty} \min\{1, e^{-x}\} dx = $ _____.

6. 由曲线 $y = 2x, xy = 2, y = \dfrac{x^2}{4}(x \geqslant 1)$ 所围成的平面图形的面积 $S = $ _____.

7. 若曲线 $y = \cos x \left(0 \leqslant x \leqslant \dfrac{\pi}{2} \right)$ 与 x 轴，y 轴所围成的图形被曲线 $y = a\sin x$ 及曲线 $y = b\sin x (a > b)$ 分成三等分，则 $a = $ _____，$b = $ _____.

8. 曲线 $y = 3 - |x^2 - 1|$ 与 x 轴所围成的封闭图形绕 $y = 3$ 旋转所得的旋转体体积是 _____.

9. 曲线 $y = \int_0^{\frac{x}{n}} n\sqrt{\sin\theta} \, d\theta$ 的弧长 $(0 \leqslant x \leqslant n\pi)$ 为 _____.

10. 把质量为 m 的物体从地球（半径为 R，质量为 M，引力常数为 K）表面升高到无穷远离地球，则地球引力做的功为 _____.

（三）计算下列定积分

1. $\int_{-\frac{\pi}{2}}^{\frac{\pi}{2}} \dfrac{(1+x^3)\cos x}{1+\sin^2 x} dx.$

2. $\int_{-\frac{\pi}{4}}^{\frac{\pi}{4}} \dfrac{dx}{1+\sin x}.$

3. $\int_{e^{-2}}^{e^2} \dfrac{|\ln x|}{\sqrt{x}} dx.$

4. $\int_{-\frac{\pi}{4}}^{\frac{\pi}{4}} \dfrac{1}{\cos^2 x} \left(x\sin x + \ln \dfrac{1+x}{1-x} \right) dx.$

5. $\int_0^a x\sqrt{\dfrac{a^2-x^2}{a^2+x^2}} dx.$

6. $\int_0^1 \dfrac{\sqrt{e^x}}{\sqrt{e^x + e^{-x}}} dx.$

（四）按要求计算下列各题

1. 设函数 $f(x) = \int_0^x \mathrm{e}^{-t^2+2t} \mathrm{d}t$，求 $\int_0^1 (x-1)^2 f(x) \mathrm{d}x$.

2. 设函数 $f(2x+a) = x\mathrm{e}^{\frac{x}{b}}$，求 $\int_{a+2b}^y f(t) \mathrm{d}t$.

3. 设 $f(x)$ 为连续可导函数，且满足方程 $\int_0^1 f(tx) \mathrm{d}t = f(x) + x\sin x$，$f(0) = 0$，求 $f(x)$.

4. 已知 $\int_0^{+\infty} \dfrac{\sin x}{x} \mathrm{d}x = \dfrac{\pi}{2}$，求反常积分 $\int_0^{+\infty} \dfrac{\sin^2 x}{x^2} \mathrm{d}x$.

（五）证明题

1. 设 n 为正整数，求证：$\displaystyle\int_0^{2\pi} \cos^n x \, \mathrm{d}x = \int_0^{2\pi} \sin^n x \, \mathrm{d}x = \begin{cases} 4\displaystyle\int_0^{\frac{\pi}{2}} \sin^n x \, \mathrm{d}x, & n = 2m \\ 0, & n = 2m+1 \end{cases}$.

2. 设函数 $f(x)$ 在 $(-\infty, +\infty)$ 内连续，且 $F(x) = \int_0^x (x-2t)f(t) \mathrm{d}t$，求证：

（1）若 $f(x)$ 为偶函数，则 $F(x)$ 必为偶函数；

（2）若 $f(x)$ 为单调减少函数，则 $F(x)$ 为单调增加函数.

3.设函数 $f(x)$ 在 $\left[\dfrac{1}{2},2\right]$ 上可积,且满足 $\displaystyle\int_1^2 \dfrac{f(x)}{x^2}\mathrm{d}x = 4f\left(\dfrac{1}{2}\right)$,求证:至少存在一点 $\xi \in \left(\dfrac{1}{2},2\right)$,使得 $\xi f'(\xi) = 2f(\xi)$.

(六) 几何应用

1.求曲线 $y = -x^2 + 1$ 上的一点,使过该点的切线与这条曲线及 x,y 轴在第一象限围成图形的面积最小,最小面积是多少?

2.设函数 $f(x)$ 在 $[a,b]$ 上可导,且 $f'(x) > 0, f(a) > 0, A(\xi)$ 及 $B(\xi)$ 分别为图 5.20 阴影部分所示的面积,求证:存在唯一的 ξ,使得 $\dfrac{A(\xi)}{B(\xi)} = k(k$ 为正常数$)$.

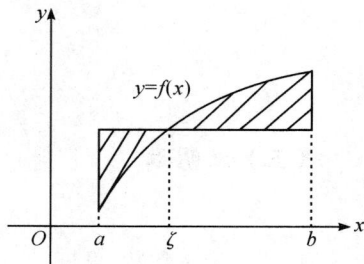

图 5.20

(七) 物理应用

1.设一容器由平面曲线 $y = x^2$ 绕 y 轴旋转而成,今以 $10\mathrm{cm}^3/\mathrm{s}$ 的速度向容器内倒水,求水面上升到 $60\mathrm{cm}$ 时水面上升的速度.

2. 在水平放置的椭圆底柱形容器内储存某种液体,容器的端面的椭圆方程为 $\dfrac{x^2}{4}+y^2=1$,容器的长度为 4m,试求:

(1) 当液面在过点 $(0,y)(-1\leqslant y\leqslant 1)$ 处的水平线时,容器内液体的体积是多少立方米?

(2) 当容器内储满了液体后,以 $0.16\text{m}^3/\text{min}$ 的速度将液体从容器顶端抽出,则当液面降至 $y=0$ 处时,液面下降的速度是多少?

(3) 如果液体的密度为 1000kg/m^3,则抽出全部液体需做多少功?

3. 设均匀细棒的方程为 $y=|x|+1$,有一质量为 m 的质点位于坐标原点,试求该棒对质点引力(棒线密度为 μ).

4. 一个半径为 R 米的球形贮罐,贮满水,试求从顶端开口处把水全部吸出需做的功.

【基础题答案】

(一)1. B 2. D 3. C 4. C 5. A 6. C 7. D 8. B 9. A 10. C

(二)1. 充分　必要　2. 36m　12m/s

3. 半径为 R,中心在原点的圆面积的 $1/4$;$\dfrac{1}{4}\pi R^2$

4. ln5　5. $f(x)$;0　6. $a=4$　7. $\displaystyle\int_0^{\frac{\pi}{2}}|\sin x-\cos x|\,\mathrm{d}x$

8. $\displaystyle\int_0^{\frac{1}{2}}\dfrac{1+x^2}{1-x^2}\mathrm{d}x$　9. $\displaystyle\int_0^{2\pi}\pi a^2(1-\cos t)^2\mathrm{d}[a(t-\sin t)]$　10. $\displaystyle\int_0^l\sin\dfrac{\pi}{2l}x\,\mathrm{d}x$

（三）1.1 2.14 3.$\dfrac{7}{144}\pi^2$ 4.$\sqrt{3}-\dfrac{\pi}{3}$ 5.2π 6.$\dfrac{\pi}{12}$ 7.$\dfrac{1}{5}(1-\mathrm{e}^{-\pi})$

8.-2 9.$\dfrac{4}{3}$ 10.$2-\dfrac{2}{\mathrm{e}}$

（四）1.$\dfrac{4}{\pi}-1$

2.可能取得极值的点是 $x=0,x=1$；$x=0$ 不是极值点，$x=1$ 是极小值点

3.$\dfrac{5}{\mathrm{e}}$ 4.$f(x)=x-\dfrac{4}{3}$ 5.$g(7)=\dfrac{1}{12}$

6.$\dfrac{37}{24}-\dfrac{1}{\mathrm{e}}$ *7.$\dfrac{2}{3}(1-\sqrt{2})$（提示：用分部积分计算）

（五）1.提示：设函数 $F(x)=2x+\displaystyle\int_0^x f(t)\mathrm{d}t-1$，讨论函数 $F(x)$ 在区间$(0,1)$ 上根的情况

2.提示：做变量代换 $x=\dfrac{\pi}{2}-t$ 即可证得；$\dfrac{\pi}{4}$

（六）1.当 $t=\dfrac{\pi}{4}$ 时 S 最小；当 $t=0$ 时 S 最大

2.$a=\dfrac{\sqrt{6}}{4}$ 3.$\dfrac{4}{3}(4-\sqrt{2})$（提示：以 y 为自变量）

4.$(1)a=\dfrac{1}{\mathrm{e}}$，切点$(\mathrm{e}^2,1)$；$(2)A=\displaystyle\int_0^1(\mathrm{e}^{2y}-\mathrm{e}^2y^2)\mathrm{d}y=\dfrac{\mathrm{e}^2}{6}-\dfrac{1}{2}$；$(3)V_x=\dfrac{\pi}{2}$

（七）1.$(1)\dfrac{16}{3}\mu g$ $(2)8\mu g\pi$

2.$(1)W_1=\displaystyle\int_0^H \pi\mu g\dfrac{R^2}{H^2}y^3\mathrm{d}y=\dfrac{1}{4}\pi g\mu R^2H^2$

$(2)W_2=\displaystyle\int_{\frac{H}{2}}^H \pi g\mu\dfrac{R^2}{H^2}y^3\mathrm{d}y=\dfrac{15}{64}\pi g\mu R^2H^2$

*3.$\dfrac{4}{3}\pi R^3 g[R+(\delta-1)H]$

【提高题答案】

（一）1.B 2.D 3.B 4.D 5.C 6.B 7.A 8.B 9.C 10.A

（二）1.1 2.$3x^2\dfrac{\cos x^3}{\sqrt{1+x^6}}$ 3.a^2+b^2 4.$a=1,b=0$ 5.2 6.$21-2\ln 2$

7.$a=\dfrac{4}{3},b=\dfrac{5}{12}$ 8.$\dfrac{448}{15}\pi$ 9.$4n$

10.$W_\infty=\displaystyle\lim_{h\to+\infty}\int_R^{R+h}-\dfrac{KmM}{x^2}\mathrm{d}x=-\dfrac{KmM}{R}$

（三）1.$\dfrac{\pi}{2}$ 2.2 3.$8-\dfrac{8}{\mathrm{e}}$ 4.$\dfrac{\sqrt{2}}{2}\pi-2\ln(\sqrt{2}+1)$

5.$\dfrac{a^2}{4}(\pi-2)$ 6.$\ln[\mathrm{e}+\sqrt{\mathrm{e}^2+1}-\ln(1+\sqrt{2})]$

（四）1.$\dfrac{1}{6}(\mathrm{e}-2)$（提示：利用分部积分法） 2.$b(y-a-2b)\mathrm{e}^{\frac{y-a}{2b}}$

3.$f(x)=\cos x-x\sin x-1$ 4.$\dfrac{\pi}{2}$

(五) 1. (1) 先做变量代换 $x = \pi + t$，将区间 $[0, 2\pi]$ 化为对称区间 $[-\pi, \pi]$；

(2) 利用奇偶性，将区间化为 $[0, \pi]$；

(3) 在区间 $[0, \pi]$ 上，做变量代换 $x = \dfrac{\pi}{2} - t$

2. (1) 提示：$F(x) = x\displaystyle\int_0^x f(t)\mathrm{d}t - 2\int_0^x tf(t)\mathrm{d}t.$

(2) 提示：$F'(x) = \displaystyle\int_0^x f(t)\mathrm{d}t - xf(x) = \int_0^x [f(t) - f(x)]\mathrm{d}t.$

3. 令 $F(x) = \dfrac{f(x)}{x^2}$，由积分中值定理得：

因为 $\displaystyle\int_1^2 \dfrac{f(x)}{x^2}\mathrm{d}x = \dfrac{f(\xi_1)}{\xi_1^2} \cdot (2-1) = \dfrac{f(\xi_1)}{\xi_1^2} = F(\xi_1) = 4f\left(\dfrac{1}{2}\right) = F\left(\dfrac{1}{2}\right)$，$\xi_1$ 介

于 1 与 2 之间，所以 $F(\xi_1) = F\left(\dfrac{1}{2}\right)$，且 $F(x)$ 在 $\left[\dfrac{1}{2}, \xi_1\right]$ 上连续，在 $\left(\dfrac{1}{2}, \xi_1\right)$ 内

可导，

由罗尔定理得：至少存在一点 $\xi \in \left(\dfrac{1}{2}, \xi_1\right) \subset \left(\dfrac{1}{2}, 2\right)$，使得 $F'(\xi) = 0$，即

$$F'(\xi) = \left[\dfrac{f(x)}{x^2}\right]'_{x=\xi} = \left.\dfrac{x^2 f'(x) - 2xf(x)}{x^4}\right|_{x=\xi} = \dfrac{\xi^2 f'(\xi) - 2\xi f(\xi)}{\xi^4} = 0,$$

也即 $\qquad \xi f'(\xi) = 2f(\xi), \xi \in \left(\dfrac{1}{2}, \xi_1\right) \subset \left(\dfrac{1}{2}, 2\right).$

(六) 1. $S = \dfrac{1}{4} \cdot \dfrac{(1 + x_0^2)^2}{x_0} - \dfrac{2}{3}, x_0 = \dfrac{1}{\sqrt{3}}, y_0 = \dfrac{2}{3}, S(x_0) = \dfrac{4}{9}\sqrt{3} - \dfrac{2}{3}.$

2. 提示：设 $F(x) = A(x) - kB(x).$

(七) 1. $\dfrac{1}{6\pi}$cm/s

(提示：设 t 时间上升的高度为 y，此时体积为

$V = 10t = \pi\displaystyle\int_0^y x^2 \mathrm{d}y = \pi\int_0^y y\mathrm{d}y = \dfrac{\pi}{2}y^2, y = \sqrt{\dfrac{20t}{\pi}}$，求出 $\dfrac{\mathrm{d}y}{\mathrm{d}t}$）

2. (1) $8\arcsin y + 8y\sqrt{1 - y^2} + 4\pi$

(提示：$V = \displaystyle\int_{-1}^y 4 \cdot 2x\mathrm{d}y = \int_{-1}^y 4 \cdot 2 \cdot 2\sqrt{1 - y^2}\mathrm{d}y$）

(2) $\left(\dfrac{\mathrm{d}y}{\mathrm{d}t}\right)_{t=0} = 0.01$（提示：$\dfrac{\mathrm{d}V}{\mathrm{d}t} = \dfrac{\mathrm{d}V}{\mathrm{d}y}\dfrac{\mathrm{d}y}{\mathrm{d}t}$）

(3) $W = 8000g\pi$

3. $F_y = 2\sqrt{2}km\mu\displaystyle\int_0^{+\infty} \dfrac{(x+1)}{(2x^2 + 2x + 1)^{\frac{3}{2}}}\mathrm{d}x = 2km\mu; F_x = 0$

4. $\dfrac{4}{3}\pi R^4 g\left[$提示：$W = \displaystyle\int_{-R}^R g\pi(R - y)(R^2 - y^2)\mathrm{d}y\right]$

第六章

微分方程

一、内容摘要

(一)基本概念、重要定理

1. 基本概念

（1）微分方程

含有未知函数的导数或微分的等式称为微分方程（简称方程）.

（2）微分方程的阶

在微分方程中出现的未知函数导数（或微分）的最高阶数，称为微分方程的阶.

（3）微分方程的解

若用某个函数及其各阶导数代入微分方程中后，使方程成为恒等式，则此函数称为微分方程的解.

（4）通解

若方程解中含有独立的任意常数的个数等于微分方程的阶数，则称此解为微分方程的通解.

（5）特解

满足初始条件的微分方程的解称为微分方程的特解.

（6）初值问题

求微分方程 $y' = f(x,y)$ 满足初始条件 $y(x_0) = y_0$ 的特解这样一个问题，称一阶微分方程的初值问题，记 $\begin{cases} y' = f(x,y) \\ y(x_0) = y_0 \end{cases}$.

（7）线性相关与线性无关

设函数 $y_1(x), y_2(x)$ 在区间 I 上有定义，若存在不全为零的常数 k_1, k_2，使得在 I 上有

$$k_1 y_1(x) + k_2 y_2(x) \equiv 0,$$

则称函数 $y_1(x)$, $y_2(x)$ 在区间 I 上线性相关;若当且仅当 $k_1 = k_2 = 0$ 时,上式成立,则称函数 $y_1(x)$, $y_2(x)$ 在区间 I 上线性无关.

(8)判定方法

若 $\dfrac{y_1(x)}{y_2(x)} \neq k$($k$ 为常数),则两个解 $y_1(x)$, $y_2(x)$ 称为线性无关的解,否则称为线性相关的解.

2. 重要定理

(1)二阶线性齐次微分方程

$y'' + P(x)y' + Q(x)y = 0.$

(2)二阶线性非齐次微分方程

$y'' + P(x)y' + Q(x)y = f(x).$

(3)线性齐次微分方程解的定理

①若 $y_1(x)$ 与 $y_2(x)$ 是线性齐次微分方程 $y'' + P(x)y' + Q(x)y = 0$ 的两个解,则 $y = C_1 y_1(x) + C_2 y_2(x)$ 也是方程(1)的解(其中 C_1, C_2 为任意常数).

②线性齐次微分方程 $y'' + P(x)y' + Q(x)y = 0$ 一定存在两个线性无关的解.

③如果 $y_1(x)$ 与 $y_2(x)$ 是线性齐次微分方程 $y'' + P(x)y' + Q(x)y = 0$ 的两个线性无关的解,则

$$y = C_1 y_1(x) + C_2 y_2(x)（C_1, C_2 \text{ 为任常数}）$$

是该方程的通解.

(4)线性非齐次微分方程解的结构定理

①若 $y^*(x)$ 是二阶线性非齐次微分方程 $y'' + P(x)y' + Q(x)y = f(x)$ 的一个特解,$Y(x) = C_1 y_1(x) + C_2 y_2(x)$ 是对应的齐次方程 $y'' + P(x)y' + Q(x)y = 0$ 的通解,则 $y = Y(x) + y^*(x)$ 是二阶线性非齐次微分方程 $y'' + P(x)y' + Q(x)y = f(x)$ 的通解.

②如果 $y_1(x)$ 与 $y_2(x)$ 是线性非齐次微分方程 $y'' + P(x)y' + Q(x)y = f(x)$ 的两个相异的特解,则 $y = y_1(x) - y_2(x)$ 是齐次方程 $y'' + P(x)y' + Q(x)y = 0$ 的解.

(5)线性非齐次微分方程解的叠加原理

设 $y_1(x)$ 与 $y_2(x)$ 分别是线性非齐次微分方程

$$\begin{cases} y'' + P(x)y' + Q(x)y = f_1(x) \\ y'' + P(x)y' + Q(x)y = f_2(x) \end{cases}$$

的特解,则 $y = y_1(x) + y_2(x)$ 是方程

$$y'' + P(x)y' + Q(x)y = f_1(x) + f_2(x)$$

的特解.

(二)一阶微分方程的求解法

1. 可分离变量的微分方程

$$\frac{\mathrm{d}y}{\mathrm{d}x} = f(x)g(x) \text{ 或 } M_1(x)M_2(y)\mathrm{d}x = N_1(x)N_2(y)\mathrm{d}y.$$

解法　分离变量，两边积分即可得到方程的通解.

* 2. 齐次方程

$$\frac{\mathrm{d}y}{\mathrm{d}x}=\varphi\left(\frac{y}{x}\right).$$

解法　做变量代换 $\frac{y}{x}=u$，方程 $\frac{\mathrm{d}y}{\mathrm{d}x}=\varphi\left(\frac{y}{x}\right)$ 化为可分离变量型方程 $x\frac{\mathrm{d}u}{\mathrm{d}x}=\varphi(u)-u.$

3. 一阶线性微分方程

$$\frac{\mathrm{d}y}{\mathrm{d}x}+P(x)y=Q(x).$$

解法　用分离变量法解出所对应的线性齐次方程 $\frac{\mathrm{d}y}{\mathrm{d}x}+P(x)y=0$ 的通解；再用常数变异法求出该方程的通解

$$y=\mathrm{e}^{-\int P(x)\mathrm{d}x}\left[\int Q(x)\mathrm{e}^{\int P(x)\mathrm{d}x}\mathrm{d}x+C\right].$$

* 4. 伯努利方程（可化为一阶线性微分方程的方程）

$$\frac{\mathrm{d}y}{\mathrm{d}x}+P(x)y=Q(x)y^n(n\neq0,1).$$

原方程变形为 $y^{-n}\frac{\mathrm{d}y}{\mathrm{d}x}+P(x)y^{1-n}=Q(x).$

解法　做变量代换 $y^{1-n}=z$，将方程化为一阶线性微分方程

$$\frac{\mathrm{d}z}{\mathrm{d}x}+(1-n)P(x)z=(1-n)Q(x),$$

按一阶线性微分方程方法求解即可.

注　关于 x 和 $\frac{\mathrm{d}x}{\mathrm{d}y}$ 的线性微分方程有类似方法及结果，即：

线性微分方程 $\frac{\mathrm{d}x}{\mathrm{d}y}+P(y)x=Q(y)$，通解 $x=\mathrm{e}^{-\int P(y)\mathrm{d}y}\left(\int Q(y)\mathrm{e}^{\int P(y)\mathrm{d}y}\mathrm{d}y+C\right)$；

伯努利方程 $\frac{\mathrm{d}x}{\mathrm{d}y}+P(y)x=Q(y)x^n(n\neq0,1).$

（三）可降阶的高阶微分方程的求解法

1. $y^{(n)}=f(x)$ 型的微分方程

解法　微分方程 $y^{(n)}=f(x)$ 两边积分就得到一个 $n-1$ 阶微分方程

$$y^{(n-1)}=\int f(x)\mathrm{d}x+C_1,$$

再积分得 $y^{(n-2)}=\int\left[\int f(x)\mathrm{d}x+C_1\right]\mathrm{d}x+C_2.$

按照此法继续积分，积分 n 次，便得到方程的含有 n 个独立的任意常数的通解为

$$y=\int\left(\cdots\left\{\left[\int f(x)\mathrm{d}x+C_1\right]\mathrm{d}x+C_2\right\}\mathrm{d}x+\cdots\right)\mathrm{d}x+C_n.$$

2. $y''=f(x,y')$ 型的微分方程

解法　做变量代换,设 $y'=p(x)$,则有 $y''=\dfrac{\mathrm{d}p}{\mathrm{d}y}$.

因此,原方程降为关于变量 x,p 的一阶微分方程 $\dfrac{\mathrm{d}p}{\mathrm{d}x}=f(x,p)$,再根据一阶微分方程的求解方法,可得其通解为 $p=\varphi(x,C_1)$.

由 $p=\dfrac{\mathrm{d}y}{\mathrm{d}x}$,可得微分方程 $\dfrac{\mathrm{d}y}{\mathrm{d}x}=\varphi(x,C_1)$.

这是一个可分离变量的微分方程,求出原方程的通解

$$y=\int\varphi(x,C_1)\mathrm{d}x+C_2.$$

3. $y''=f(y,y')$ 型的微分方程

解法　做变量代换,设 $y'=p(y)$,并利用复合函数求导法则,把 y'' 化为对 y 的导数,即

$$y''=\frac{\mathrm{d}p}{\mathrm{d}x}=\frac{\mathrm{d}p}{\mathrm{d}y}\frac{\mathrm{d}y}{\mathrm{d}x}=p\,\frac{\mathrm{d}p}{\mathrm{d}y}.$$

代入原方程,得 $p\dfrac{\mathrm{d}p}{\mathrm{d}y}=f(y,p)$.

这是关于变量 y,p 的一阶微分方程,若求出其通解为 $y'=p=\varphi(y,C_1)$.

由 $p=\dfrac{\mathrm{d}y}{\mathrm{d}x}$,可得微分方程 $\dfrac{\mathrm{d}y}{\mathrm{d}x}=\varphi(y,C_1)$.

这是一个可分离变量的微分方程,解之即得原方程的通解为

$$\int\frac{\mathrm{d}y}{\varphi(y,C_1)}=x+C_2.$$

(四)二阶常系数线性微分方程的求解法

1. 二阶常系数线性齐次微分方程

$$y''+py'+qy=0.$$

求通解的步骤如下:

①写出微分方程的特征方程 $r^2+pr+q=0$.

②求出特征方程的两个根 r_1,r_2.

③根据特征根的不同情况,按下表写出微分方程的通解.

特征方程 $r^2+pr+q=0$ 两根 r_1,r_2	微分方程 $y''+py'+qy=0$ 通解
两个不相等实根 r_1,r_2	$Y=C_1\mathrm{e}^{r_1}x+C_2\mathrm{e}^{r_2}x$
两个相等实根 $r_1=r_2=r$	$Y=(C_1+C_2x)\mathrm{e}^{r_1}x$
一对共轭复根 $r_{1,2}=\alpha\pm\beta$	$Y=\mathrm{e}^{\alpha x}[C_1\cos\beta x+C_2\sin\beta x]$

2. 二阶常系数线性非齐次微分方程

$$y''+py'+qy=f(x).$$

求通解的步骤如下:

①求二阶线性齐次微分方程的通解.

②用待定系数法求非齐次方程的一个特解,根据自由项 $f(x)$ 的形式设出待定特解的形式.方程右端 $f(x)$ 的形式与相应待定特解的形式见下表.

序号	$f(x)$ 的形式	确定待定 特解的条件	待定特解的形式
Ⅰ	$e^{\alpha x}P_m(x)$,其中 $P_m(x)$ 是 m 次 多项式	α 不是特征根	$e^{\alpha x}Q_m(x)$,其中 $Q_m(x)$ 是 m 次多项式
		α 是特征根	$xe^{\alpha x}Q_m(x)$
		α 是二重特征根	$x^2e^{\alpha x}Q_m(x)$
Ⅱ	$e^{\alpha x}[P_m(x)\cos\beta x+Q_n(x)\sin\beta x]$, 其中 $P_m(x)$ 是 m 次多项式, $Q_n(x)$ 是 n 次多项式	$\alpha\pm i\beta$ 不是特征根	$e^{\alpha x}[R_l^{(1)}\cos\beta x+R_l^{(2)}\sin\beta x]$,其中 $R_l^{(1)},R_l^{(2)}$ 为 $l=\max\{m,n\}$ 次多项式
		$\alpha\pm i\beta$ 是特征根	$xe^{\alpha x}[R_l^{(1)}\cos\beta x+R_l^{(2)}\sin\beta x]$

③最后,将线性齐次微分方程的通解加上线性非齐次微分方程的一个特解,即得原方程的通解,即 $y=Y+y^*$.

（五）欧拉方程求解法

二阶欧拉方程的一般形式为
$$x^2y''+pxy'+qy=f(x).$$

解法　令 $x=e^t$,即 $t=\ln x$,则有 $x^2y''=\dfrac{d^2y}{dt^2}-\dfrac{dy}{dt}$,$xy'=\dfrac{dy}{dt}$,于是欧拉方程化为关于 y 对 t 导数的常系数线性微分方程.在求出这个方程的解后,把 t 换成 $\ln x$,即得原方程的解.

（六）微分方程的简单应用

用微分方程解决实际问题的步骤:
①建立微分方程,确定初始条件.
②求解微分方程.

注　因为建立微分方程时常要涉及许多方面的知识,所以该步骤是一个难点.但是在几何上常涉及的内容为切线的斜率、法线的斜率等.

二、典型例题与同步练习

1.一阶微分方程的求解

解题思路:

（1）判别微分方程的类型:观察方程,必要时,先化简整理,判定方程的类型（分离变量,齐次方程,一阶线性微分方程,伯努利方程,全微分方程）.

（2）根据方程的类型，确定解题方法.

（3）若在解题过程中进行了变量代换，在求得解后，务必要还原为原变量.

注　若以上类型全不是，可考虑方程$\dfrac{\mathrm{d}x}{\mathrm{d}y}=f(x,y)$.

*　**例 6 - 1**　求微分方程$y'=\dfrac{y}{x}+\dfrac{x}{y}$，满足初始条件$y|_{x=1}=2$的特解.

解　这是齐次方程，令$u=\dfrac{y}{x}$，代入方程中，得

$$u+x\frac{\mathrm{d}u}{\mathrm{d}x}=u+\frac{1}{u}.$$

化简，分离变量，得

$$2u\mathrm{d}u=\frac{2\mathrm{d}x}{x},$$

两边积分，得$u^2=2\ln x+C$.

将$u=\dfrac{y}{x}$代入上式，得方程的通解为

$$\frac{y^2}{x^2}=2\ln x+C.$$

把初始条件$y|_{x=1}=2$代入上式，得$C=4$. 于是齐次方程的特解为

$$y^2=2x^2\ln x+4x^2.$$

例 6 - 2　求微分方程$\dfrac{\mathrm{d}y}{\mathrm{d}x}=\dfrac{6y-x^2}{2x}$的通解.

解　微分方程写为

$$\frac{\mathrm{d}y}{\mathrm{d}x}=\frac{3}{x}y-\frac{1}{2}x,$$

这是一阶线性微分方程，按照常数变易法求解.

（1）求对应线性齐次微分方程通解

$$\frac{\mathrm{d}y}{\mathrm{d}x}=\frac{3}{x}y,$$

分离变量得$\dfrac{\mathrm{d}y}{y}=\dfrac{3}{x}\mathrm{d}x$，

两边积分得$\ln y=\ln x^3+\ln C$.

于是$y=Cx^3$为所对应线性齐次微分方程的通解.

（2）用常数变易法求非齐次通解

将C看作x的函数$U(x)$，并且把$y=U(x)x^3$代入线性非齐次微分方程$\dfrac{\mathrm{d}y}{\mathrm{d}x}=\dfrac{3}{x}y-\dfrac{1}{2}x$中.

因为$\dfrac{\mathrm{d}y}{\mathrm{d}x}=U'x^3+3x^2U$，

所以 $U'x^3+3x^2U-\dfrac{3}{x}Ux^3=-\dfrac{1}{2}x$.

即 $U'=-\dfrac{1}{2x^2}$,

两边积分得 $U(x)=\dfrac{1}{2x}+C$.

于是原微分方程的通解为 $y=x^3\left(\dfrac{1}{2x}+C\right)$.

例 6-3 求微分方程 $(y^2-6x)\dfrac{\mathrm{d}y}{\mathrm{d}x}+2y=0$ 的通解.

解 微分方程写为

$$\frac{\mathrm{d}y}{\mathrm{d}x}=\frac{2y}{6x-y^2}.$$

各种类型方程均不是,因此我们改写成

$$\frac{\mathrm{d}x}{\mathrm{d}y}=\frac{6x-y^2}{2y}=\frac{3}{y}x-\frac{1}{2}y,$$

这是以 y 为自变量的一阶线性微分方程,与例 6-2 是一个题,但是自变量是 y,我们用公式 $x=\mathrm{e}^{-\int P(y)\mathrm{d}y}\left[\int Q(y)\mathrm{e}^{\int P(y)\mathrm{d}y}\mathrm{d}y+C\right]$ 计算.

其中 $P(y)=-\dfrac{3}{y}$,$Q(y)=-\dfrac{1}{2}y$,据公式,得

$$x=\mathrm{e}^{\int\frac{3}{y}\mathrm{d}y}\left[\int-\frac{y}{2}\mathrm{e}^{-\int\frac{3}{y}\mathrm{d}y}\mathrm{d}y+C\right]=y^3\left[\int-\frac{y}{2}\cdot\frac{1}{y^3}\mathrm{d}y+C\right]=\frac{1}{2}y^2+Cy^3,$$

故方程通解为 $\qquad\qquad\qquad x=\dfrac{1}{2}y^2+Cy^3$.

◇ **练习题 6-1**

求下列一阶微分方程的通解或特解.

1. $\dfrac{\mathrm{d}y}{\mathrm{d}x}=\mathrm{e}^{x+y}$. *2. $(x^2+y^2)\mathrm{d}x=xy\mathrm{d}y$.

3. $\begin{cases}\dfrac{\mathrm{d}y}{\mathrm{d}x}+2y=4x^2\\ y\mid_{x=0}=4\end{cases}$.   4. $\dfrac{\mathrm{d}y}{\mathrm{d}x}=\dfrac{1}{y^2-2x}$.

【练习题 6 – 1 答案】

1. $e^x + e^{-y} = C$　　 * 2. $y^2 = 2x^2 \ln Cx$

3. $y = 3e^{-2x} + 2x^2 - 2x + 1$　　 4. $x = Ce^{-2y} + \dfrac{1}{2}\left(y^2 - y + \dfrac{1}{2}\right)$

* 例 6 – 4　求微分方程 $\dfrac{\mathrm{d}y}{\mathrm{d}x} = \dfrac{1}{xy + x^2 y^3}$ 的通解.

解　该方程不属于已学过的类型(分离变量,齐次线性,一阶线性方程及伯努利方程),但若把原方程改写为

$$\frac{\mathrm{d}x}{\mathrm{d}y} = xy + x^2 y^3 \text{ 或} \frac{\mathrm{d}x}{\mathrm{d}y} - xy = x^2 y^3,$$

则它是一个以 y 为自变量,以 x 为因变量的伯努利方程

$$x^{-2}\frac{\mathrm{d}x}{\mathrm{d}y} - \frac{1}{x}y = y^3.$$

令 $z = \dfrac{1}{x}$,则 $\dfrac{\mathrm{d}z}{\mathrm{d}y} = -x^{-2}\dfrac{\mathrm{d}x}{\mathrm{d}y}$,

则 $x^{-2}\dfrac{\mathrm{d}x}{\mathrm{d}y} - \dfrac{1}{x}y = y^3$ 化为 $\dfrac{\mathrm{d}z}{\mathrm{d}y} + yz = -y^3$,

这是一阶线性微分方程,其中 $P(y) = y, Q(y) = -y^3$,

于是代入公式 $z = Ce^{-\int y\mathrm{d}y} + e^{-\int y\mathrm{d}y}\displaystyle\int (-y^3)e^{\int y\mathrm{d}y}\mathrm{d}y$

$$= e^{-\frac{1}{2}y^2}\left(C - \int y^3 e^{\frac{1}{2}y^2}\mathrm{d}y\right)$$

$$= e^{-\frac{1}{2}y^2}\left[C - e^{\frac{1}{2}y^2}(y^2 - 2)\right] = Ce^{-\frac{1}{2}y^2} - y^2 + 2.$$

再将变量 $z = \dfrac{1}{x}$ 代入上式,

得原方程的通解为 $x(Ce^{-\frac{y^2}{2}} - y^2 + 2) = 1$.

* 例 6 – 5　求微分方程 $xy' + y = y(\ln x + \ln y)$ 的通解.

解　原方程改写为 $xy' + y = y\ln xy$. 该方程不属于已学过的类型(分离变量,齐次线性,一阶线性方程及伯努利方程).

若用变量代换,即设 $xy = u$,则有 $y = \dfrac{u}{x}$,将 $y' = \dfrac{x\dfrac{\mathrm{d}u}{\mathrm{d}x} - u}{x^2}$ 代入上式方程,得

$$x\frac{x\dfrac{\mathrm{d}u}{\mathrm{d}x} - u}{x^2} + \frac{u}{x} = \frac{u}{x}\ln u,$$

即 $x\dfrac{\mathrm{d}u}{\mathrm{d}x} = u\ln u.$

方程为可分离变量的微分方程.

分离变量 $\dfrac{\mathrm{d}u}{u\ln u} = \dfrac{\mathrm{d}x}{x}$,

两端积分 $\ln\ln u = \ln x + \ln C$，得

$$u = e^{Cx}$$

为方程 $x\dfrac{\mathrm{d}u}{\mathrm{d}x} = u\ln u$ 通解.

于是原方程的通解为 $y = \dfrac{1}{x}e^{Cx}$.

2. 一阶微分方程的应用

微分方程在解决实际问题时分为两个步骤：

（1）列方程过程 —— 建立数学模型

利用已学过的几何、物理、化学、力学等方面的知识（利用与问题本身有关的原理或通过元素法导出微分方程）.

（2）解方程过程

利用现在所学解微分方程的方法求解.

例 6-6 设有联结点 $O(0,0)$ 和 $A(1,1)$ 的一段向上凸的曲线弧 $\overset{\frown}{OA}$，对于 $\overset{\frown}{OA}$ 上任一点 $P(x,y)$，曲线弧 $\overset{\frown}{OP}$ 与直线段 $\overline{OP}$ 所围图形的面积为 x^2，求曲线弧 $\overset{\frown}{OA}$ 的方程.

解 （1）建立微分方程

设所求函数 $\overset{\frown}{OA}$ 的方程为

$$y = f(x)(0 \leqslant x \leqslant 1).$$

据题意，有

$$x^2 = \int_0^x f(t)\,\mathrm{d}t - \frac{1}{2}xy.$$

该式两边求导，得

$$2x = f(x) - \frac{1}{2}(y + xy'),$$

即 $xy' = y - 4x$ 为建立的微分方程.

（2）解微分方程

解初值问题 $\begin{cases} y' = \dfrac{1}{x}y - 4 \\ y(1) = 1 \end{cases}$，这是一阶线性微分方程，

利用公式 $y = e^{-\int P(x)\mathrm{d}x}\left(\int Q(x)e^{\int P(x)\mathrm{d}x}\,\mathrm{d}x + C\right)$ 计算，其中 $P(x) = -\dfrac{1}{x}$，$Q(x) = -4$.

则 $y = e^{\int \frac{1}{x}\mathrm{d}x}\left(\int -4e^{-\int \frac{1}{x}\mathrm{d}x}\,\mathrm{d}x + C\right)$

$\qquad = e^{\ln x}\left(-4\int e^{-\ln x}\,\mathrm{d}x + C\right) = x\left(-4\int \frac{1}{x}\mathrm{d}x + C\right)$

$\qquad = -4x\ln x + Cx.$

由初始条件 $y(1)=1$，得 $C=1$，于是所求的函数方程为
$$y=x(1-4\ln x).$$

例 6 - 7 已知某曲线经过点 $(1,1)$，它的切线在纵轴上的截距等于切点的横坐标，求该曲线的方程.

解 （1）建立微分方程

设所求曲线方程为 $y=f(x)$，切点为 (x,y)，因此切线方程为 $Y-y=y'(X-x)$.

据题意，得 $-y'x+y=x$，即 $y'-\dfrac{1}{x}y=-1$.

（2）解微分方程

初值问题 $\begin{cases} y'-\dfrac{1}{x}y=-1 \\ y(1)=1 \end{cases}$，这是一阶线性微分方程，

其中 $P(x)=-\dfrac{1}{x}, Q(x)=-1$，

所以方程的通解为 $y=\mathrm{e}^{\int\frac{1}{x}\mathrm{d}x}\left(-\int\mathrm{e}^{-\int\frac{1}{x}\mathrm{d}x}\mathrm{d}x+C\right)=x(C-\ln x)$，

由初始条件 $y(1)=1$，得 $C=1$，于是所求曲线方程为 $y=x(1-\ln x)$.

◇ **练习题 6 - 2**

1. 求一曲线方程，该曲线通过原点，并且它在点 (x,y) 处的切线斜率等于 $2x+y$.

2. 求连续函数 $f(x)$，使它满足积分方程 $f(x)+2\int_0^x f(t)\mathrm{d}t=x^2$.

【练习题 6 - 2 答案】

1. $y=2(\mathrm{e}^x-x-1)$　2. $f(x)=\dfrac{1}{2}\mathrm{e}^{-2x}+x-\dfrac{1}{2}$

3. 二阶线性微分方程解的结构

* **例 6 - 8** 设微分方程 $x^2y''-xy'+y=0$ 的一个解为 $y_1=x$，求方程的通解.

解 由观察知 $y_1=x$ 是方程的一个特解，为求另一个与 y_1 线性无关的特解，可设
$$y_2=C(x)x,$$
则 $y'_2=C(x)+xC'(x), y''_2=2C'(x)+xC''(x)$，
代入方程中，得
$$x^2[2C'(x)+xC''(x)]-x[C(x)+xC'(x)]+xC(x)=0,$$
则 $x^3C''(x)+x^2C'(x)=0$，

得 $x=0$ 或 $xC''(x)+C'(x)=0$,

它是可降阶的微分方程,解得

$$C(x)=C_1\ln x+C_2,$$

取 $C_1=1,C_2=0$,即得原方程的另一特解为 $y_2=x\ln x$,

从而,原方程的通解为 $y=C_1x+C_2x\ln x$.

*例 6 - 9　已知方程 $(x-1)y''-xy'+y=-x^2+2x-2$ 的三个解为 $y_1=x^2$,$y_2=x+x^2$,$y_3=x^2+e^x$,求微分方程的通解.

解　因为 $y_2-y_1=x$ 及 $y_3-y_1=e^x$ 为原方程所对应的齐次方程的两个线性无关的解,则对应齐次方程的通解为

$$y(x)=C_1x+C_2e^x,$$

又 $y_1=x^2$ 是所给方程的一个特解,故所求方程的通解为 $y=C_1x+C_2e^x+x^2$.

◇ **练习题 6 - 3**

1.已知 $y=e^x$ 是方程 $y''-2y'+y=0$ 的解,求该方程的通解.

2.已知 $y_1=3,y_2=3+x^2,y_3=3+e^x$ 是二阶非齐次线性微分方程的解,求方程的通解及该微分方程.

【**练习题 6 - 3 答案**】

1.$y=(C_1+C_2x)e^x$

2.$y=C_1x^2+C_2e^x+3$;$(2x-x^2)y''+(x^2-2)y'+2(1-x)y=6(1-x)$

4. 二阶微分方程的求解

*例 6 - 10　求微分方程 $xy''+y'=4x$ 的通解.

解　这是可降阶微分方程的第二种类型,

所以令 $y'=p$,则 $y''=\dfrac{dp}{dx}$,则原方程可写为

$$x\frac{dp}{dx}+p=4x,$$

即 $\dfrac{dp}{dx}+\dfrac{p}{x}=4$ 是一阶线性微分方程,据公式,求出通解为

$$p=2x+\frac{C_1}{x}.$$

以 $\dfrac{dy}{dx}$ 代替 p,得方程 $\dfrac{dy}{dx}=2x+\dfrac{C_1}{x}$,

两边积分,得原方程的通解为

$$y = x^2 + C_1 \ln |x| + C_2.$$

例 6-11　已知二阶常系数非齐次线性微分方程 $y'' + py' + qy = f(x)$ 的特征根和 $f(x)$，试写出方程待定特解 y^* 的形式.

(1) $r_1 = 1, r_2 = 2, f(x) = ax^2 + bx + c$；

(2) $r_1 = 0, r_2 = 1, f(x) = 8x$；

(3) $r_1 = 1, r_2 = 2, f(x) = e^{-x}(ax + b)$；

(4) $r_1 = r_2 = -5, f(x) = 4e^{-5x}$；

(5) $r_1 = 0, r_2 = 1, f(x) = \sin x + \cos x$；

(6) $r_1 = 2 + i, r_2 = 2 - i, f(x) = e^{2x}(2\cos x + \sin x)$.

解　(1) 因为 $f(x) = e^{0x}P_2(x) = ax^2 + bx + c$，

所以 $\alpha = 0$ 不是特征根，故特解的形式为

$$y^* = Ax^2 + Bx + C.$$

(2) 因为 $f(x) = e^{0x}P_1(x) = 8x$，

所以 $\alpha = 0$ 是特征单根，故特解的形式为

$$y^* = x(Ax + B).$$

(3) 因为 $f(x) = e^{-x}P_1(x) = e^{-x}(ax + b)$，

所以 $\alpha = -1$ 不是特征根，故特解的形式为

$$y^* = e^{-x}(Ax + B).$$

(4) 因为 $f(x) = e^{-5x}P_0(x) = 4e^{-5x}$，

所以 $\alpha = -5$ 是二重特征根，故特解的形式为

$$y^* = Ax^2 e^{-5x}.$$

(5) 因为 $f(x) = e^{0x}(\cos x + \sin x)$，

所以 $\alpha \pm i\beta = \pm i$ 不是特征根，故特解的形式为

$$y^* = A\cos x + B\sin x.$$

(6) 因为 $f(x) = e^{2x}(2\cos x + \sin x)$，

所以 $\alpha \pm i\beta = 2 \pm i$ 是特征根，故特解的形式为

$$y^* = xe^{2x}(A\cos x + B\sin x).$$

例 6-12　求下列二阶常系数微分方程的通解.

(1) $y'' + y' = x^2 + \dfrac{1}{2}$；

(2) $y'' + y' = e^x$；

(3) $y'' + y' = \dfrac{1}{2}\cos 2x$.

解　因为上面微分方程左端均一样，所以只需分别求出它们非齐次的特解就可以求出上面几个方程的通解.

方程的特征方程为 $r^2 + r = 0$，

特征根为 $r_1 = 0, r_2 = -1$，

所以齐次方程的通解

$$Y = C_1 + C_2 e^{-x}.$$

(1) 方程 $y'' + y' = x^2 + \dfrac{1}{2}$ 的特解的形式是

$$y^* = x(ax^2 + bx + c).$$

将其代入微分方程 $y'' + y' = x^2 + \dfrac{1}{2}$ 中,利用比较系数法求出 $a = \dfrac{1}{3}$, $b = -1$,

$c = \dfrac{5}{2}$,于是方程的特解为

$$y_3^* = x\left(\dfrac{1}{3}x^2 - x + \dfrac{5}{2}\right).$$

故微分方程的通解是

$$y = C_1 + C_2 e^{-x} + x\left(\dfrac{1}{3}x^2 - x + \dfrac{5}{2}\right).$$

(2) 方程 $y'' + y' = e^x$ 的特解的形式是

$$y^* = a e^x.$$

用同样方法求出 $a = \dfrac{1}{2}$,于是方程的特解为

$$y^* = \dfrac{1}{2}e^x.$$

故微分方程的通解为

$$y = C_1 + C_2 e^{-x} + \dfrac{1}{2}e^x.$$

(3) 方程 $y'' + y' = \dfrac{1}{2}\cos 2x$ 的特解形式是

$$y^* = A\cos 2x + B\sin 2x.$$

用同样方法求出 $A = -\dfrac{1}{10}$, $B = \dfrac{1}{20}$,于是方程的特解为

$$y^* = -\dfrac{1}{10}\cos 2x + \dfrac{1}{20}\sin 2x.$$

故微分方程的通解是

$$y = C_1 + C_2 e^{-x} - \dfrac{1}{10}\cos 2x + \dfrac{1}{20}\sin 2x.$$

问题:如何求二阶常系数微分方程 $y'' + y' = \cos^2 x + e^x + x^2$ 的通解?

◇ 练习题 6 - 4

求下列二阶微分方程的通解或特解.

1. $y'' - 7y' + 6y = e^{-x}.$ 2. $y'' - 2y' + y = x e^x.$

3. $y'' + 4y = \sin 2x$.　　　　　　　　　*4. $(1-y)y'' + 2(y')^2 = 0$.

*5. $\begin{cases} xy'' + x(y')^2 - y' = 0 \\ y(2) = 2, y'(2) = 1 \end{cases}$.

【练习题 6 - 4 答案】

1. $y = C_1 e^{6x} + C_2 e^x + \dfrac{1}{14} e^{-x}$　　2. $y = (C_1 + C_2 x)e^x + \dfrac{1}{6} x^3 e^x$

3. $y = C_1 \cos 2x + C_2 \sin 2x - \dfrac{1}{4} x \cos 2x$

*4. $(C_1 x + C_2)(1-y) = 1$　　*5. $y = 2 + \ln\left(\dfrac{x}{2}\right)^2$

5. 二阶微分方程的应用

*例 6 - 13　设一质点由原点出发且初速度为零做直线运动,其加速度 $a = 5\sin 2t - 9x$,求质点的运动规律 $x(t)$.

解　(1) 建立微分方程

由于加速度 $a = \dfrac{\mathrm{d}^2 x}{\mathrm{d}t^2}$,所以得到关于运动规律 $x(t)$ 对时间导数的二阶微分

$$\frac{\mathrm{d}^2 x}{\mathrm{d}t^2} = 5\sin 2t - 9x,$$

即初值问题为 $\begin{cases} \dfrac{\mathrm{d}^2 x}{\mathrm{d}t^2} + 9x = 5\sin 2t \\ x\,|_{t=0} = 0, x'\,|_{t=0} = 0 \end{cases}$.

(2) 求微分方程的特解

$$\begin{cases} \dfrac{\mathrm{d}^2 x}{\mathrm{d}t^2} + 9x = 5\sin 2t \\ x\,|_{t=0} = 0, x'\,|_{t=0} = 0 \end{cases}.$$

这个方程是常系数二阶线性非齐次微分方程,先求出线性齐次方程的通解. 特征方程为

$$r^2 + 9 = 0,$$

特征方程的根为 $r_{1,2} = \pm 3\mathrm{i}$,因此线性齐次方程的通解为

$$X = C_1 \cos 3t + C_2 \sin 3t.$$

设线性非齐次微分方程的特解为

$$x^* = A\cos 2t + B\sin 2t,$$

将其代入微分方程 $\dfrac{\mathrm{d}^2 x}{\mathrm{d}t^2} + 9x = 5\sin 2t$ 中,比较系数,得 $A = 0, B = 1$,因此线性非齐次微分方程的特解为

$$x^* = \sin 2t.$$

所以线性非齐次方程的通解为

$$x = X + x^* = C_1 \cos 3t + C_2 \sin 3t + \sin 2t.$$

由初始条件 $x\,|_{t=0} = 0, x'\,|_{t=0} = 0$,得到 $C_1 = 0, C_2 = -\dfrac{2}{3}$,于是质点的运动规律为

$$x = \sin 2t - \frac{2}{3}\sin 3t.$$

*例 6 - 14 设 $y = y(x)$ 是一个上凸的连续曲线,其上任一点 (x,y) 处曲率为 $\dfrac{1}{\sqrt{1 + y'^2}}$,并且该曲线上点 $(0,1)$ 处的切线方程为 $y = x + 1$,求该曲线方程.

解 (1)建立微分方程

因为曲线上凸,所以 $y'' < 0$,据题意得

$$\frac{-y''}{\sqrt{(1 + y'^2)^3}} = \frac{1}{\sqrt{1 + y'^2}},$$

即 $\dfrac{-y''}{1 + y'^2} = 1$,亦即 $y'' = -(1 + y'^2)$.

另外,曲线上点 $(0,1)$ 处的切线方程为 $y = x + 1$,所以有初始条件

$$y(0) = 1, y'(0) = 1,$$

于是初值问题是 $\begin{cases} y'' = -(1 + y'^2) \\ y(0) = 1, y'(0) = 1 \end{cases}.$

(2)求解微分方程的特解

$$\begin{cases} y'' = -(1 + y'^2) \\ y(0) = 1, y'(0) = 1 \end{cases},$$

方程是 $y'' = f(x, y')$ 类型,令 $y' = p$,则 $y'' = p' = \dfrac{\mathrm{d}p}{\mathrm{d}x}$,代入方程 $y'' = -(1 + y'^2)$ 中,得

$$\frac{\mathrm{d}p}{\mathrm{d}x} = -(1 + p^2),$$

分离变量并积分得

$$\arctan p = C_1 - x,$$

将条件 $y'(0) = 1$ 代入上式,得 $C_1 = \dfrac{\pi}{4}$,从而

$$\arctan p = \frac{\pi}{4} - x,$$

即 $y' = p = \arctan\left(\dfrac{\pi}{4} - x\right)$,

积分得 $y = \ln|\cos\left(\dfrac{\pi}{4} - x\right)| + C_2$,

将条件 $y(0) = 1$ 代入上式,得 $C_2 = 1 + \dfrac{1}{2}\ln2$.

于是所求的曲线方程为
$$y = \ln\cos\left(\dfrac{\pi}{4} - x\right) + 1 + \dfrac{1}{2}\ln2, x \in \left(-\dfrac{\pi}{4}, \dfrac{3}{4}\pi\right).$$

◇ **练习题 6 - 5**

1. 已知微分方程 $y'' + 9y = 0$ 的一条积分曲线通过点 $(\pi, -1)$,且在该点与直线 $y + 1 = x - \pi$ 相切,求这条曲线.

*2. 一质量为 m 的质点由静止 $(V|_{t=0} = 0)$ 开始沉入水中,下沉时水的阻力的大小与下沉速度的大小成正比,求该质点的运动规律.

【练习题 6 - 5 答案】

1. $y = \cos3x - \dfrac{1}{3}\sin3x$

*2. $\dfrac{mg}{k}t - \dfrac{m^2g}{k}(1 - e^{-\frac{k}{m}t})$,其中 g 为重力加速度,k 为比例系数

6. 综合问题

例 6 - 15 若函数 $f(x)$ 满足方程 $f(x) = \int_0^x tf(t)\mathrm{d}t - x\int_0^x f(t)\mathrm{d}t + 3$,求函数 $f(x)$.

解 方程两端求导,得
$$f'(x) = xf(x) - \int_0^x f(t)\mathrm{d}t - xf(x) = -\int_0^x f(t)\mathrm{d}t,$$

再求导得
$$f''(x) = -f(x).$$

且 $f'(0) = 0, f(0) = 3$.

令 $y = f(x)$,则有初值问题
$$\begin{cases} y'' = -y \\ y'|_{x=0} = 0. \\ y|_{x=0} = 3 \end{cases}$$

方法 1：方程为二阶常系数线性齐次微分方程，因为
$$r^2 + 1 = 0,$$
得根 $r = \pm i$,

通解为 $y = C_1 \cos x + C_2 \sin x$.

由初始条件 3，得特解为
$$y = 3\cos x.$$

方法 2：这个方程是可降阶的微分方程，设 $y' = p(y)$，则 $y'' = \dfrac{\mathrm{d}p}{\mathrm{d}x} = \dfrac{\mathrm{d}p}{\mathrm{d}y} \cdot \dfrac{\mathrm{d}y}{\mathrm{d}x} = p\dfrac{\mathrm{d}p}{\mathrm{d}y}$，代入方程，得 $p\dfrac{\mathrm{d}p}{\mathrm{d}y} = -y$，从而 $\dfrac{1}{2}p^2 = -\dfrac{1}{2}y^2 + \dfrac{1}{2}C_1$.

由初始条件 $f(0) = 3, f'(0) = 0$ 知 $C_1 = 9$，因此
$$\frac{\mathrm{d}y}{\mathrm{d}x} = \pm \sqrt{9 - y^2},$$

移项，两端积分，得 $\quad \arcsin \dfrac{y}{3} = \pm x + C_2$.

由初始条件 $f(0) = 3$，得 $C_2 = \dfrac{\pi}{2}$，代入通解中，得方程的特解为
$$\arcsin \frac{y}{3} = \pm x + \frac{\pi}{2},$$

即 $y = 3\cos x$.

例 6-16 设函数 $f(x)$ 满足方程 $f(x) = \sin x - \displaystyle\int_0^x (x-t)f(t)\mathrm{d}t$，其中 f 为连续函数，求 $f(x)$.

解 （1）先将积分方程化为微分方程

将方程两边对 x 求导，得
$$f'(x) = \cos x - \int_0^x f(t)\mathrm{d}t,$$

再两边对 x 求导，得
$$f''(x) = -\sin x - f(x).$$

（2）求微分方程的解

初值问题 $\begin{cases} f''(x) + f(x) = -\sin x \\ f(0) = 0, f'(0) = 1 \end{cases}$,

这是二阶常系数线性非齐次微分方程，其特征方程为
$$r^2 + 1 = 0,$$
特征根为 $r_{1,2} = \pm i$,

所以齐次方程的通解为
$$Y = C_1 \cos x + C_2 \sin x.$$

非齐次方程的特解为

$$y^* = x(A\cos x + B\sin x),$$

代入原方程中,求出 $A = \dfrac{1}{2}, B = 0$,

因此非齐次方程的特解为

$$y^* = \frac{1}{2}x\cos x,$$

于是原方程的通解为

$$y = C_1\cos x + C_2\sin x + \frac{1}{2}x\cos x.$$

再由初始条件 $f(0) = 0, f'(0) = 1$,求出 $C_1 = 0, C_2 = \dfrac{1}{2}$.

于是所求满足积分方程的函数为

$$y = f(x) = \frac{1}{2}\sin x + \frac{1}{2}x\cos x.$$

  *例 6-17   已知微分方程 $y'' + (x + e^y)y'^3 = 0$,求以 y 为自变量,x 为因变量的通解.

  解   (1) 先求 x 对 y 导数所满足的微分方程
  因为 $\dfrac{\mathrm{d}y}{\mathrm{d}x} = \dfrac{1}{\dfrac{\mathrm{d}x}{\mathrm{d}y}}$,

所以 $y'' = \dfrac{\mathrm{d}^2 y}{\mathrm{d}x^2} = \dfrac{-\dfrac{\mathrm{d}^2 x}{\mathrm{d}y^2}\cdot\dfrac{\mathrm{d}y}{\mathrm{d}x}}{\left(\dfrac{\mathrm{d}x}{\mathrm{d}y}\right)^2} = -\dfrac{\mathrm{d}^2 x}{\mathrm{d}y^2}\left(\dfrac{\mathrm{d}y}{\mathrm{d}x}\right)^3 = -y'^3\dfrac{\mathrm{d}^2 x}{\mathrm{d}y^2}$,

代入原方程中,得

$$-y'^3\frac{\mathrm{d}^2 x}{\mathrm{d}y^2} + (x + e^y)y'^3 = 0,$$

整理得 $\dfrac{\mathrm{d}^2 x}{\mathrm{d}y^2} - x = e^y$,

其为二阶常系数非齐次微分方程.
  (2) 求方程的通解
  方程的特征方程为

$$r^2 - 1 = 0,$$

特征根为 $r_1 = 1, r_2 = -1$,
则线性齐次方程的通解是

$$X = C_1 e^y + C_2 e^{-y}.$$

线性非齐次方程的特解是

$$x^* = \frac{1}{2}y e^y.$$

因此方程的通解是

$$x = C_1 \mathrm{e}^y + C_2 \mathrm{e}^{-y} + \frac{1}{2} y \mathrm{e}^y.$$

◇ **练习题 6 - 6**

设对于任意 $x > 0$，曲线 $y = f(x)$ 上点 $[x, f(x)]$ 处的切线在 y 轴上的截距等于 $\dfrac{1}{x}\displaystyle\int_0^x f(t)\mathrm{d}t$，求函数 $f(x)$ 的一般表达式.

【练习题 6 - 6 答案】

$$f(x) = C_1 \ln x + C_2 \left[提示: \frac{1}{x}\int_0^x f(t)\mathrm{d}t = f(x) - xf'(x)\right]$$

三、基础题

（一）单项选择题

1. 方程 $(x+1)(y^2+1)\mathrm{d}x + y^2 x^2 \mathrm{d}y = 0$ 是（　　　）.

A. 齐次方程　　　　　　　　　　　　B. 可分离变量方程

C. 贝努利方程　　　　　　　　　　　D. 线性非齐次方程

2. 微分方程 $x^3 y'' - (y')^2 = 0$ 是（　　　）.

A. 二阶、线性方程　　　　　　　　　B. 三阶、可分离变量方程

C. 二阶、可降阶方程　　　　　　　　D. 线性、可降阶方程

3. 若 $y = \mathrm{e}^{rx}$ 是方程 $y'' - y = 0$ 的解，则所有 r 的值是（　　　）.

A. $-1, -1$　　　　　B. $1, 1$　　　　　　C. $-1, 1$　　　　　D. $1, 2$

4. 若 $f(x)$ 为连续函数，且满足 $f(x) = \displaystyle\int_0^{5x} f\left(\frac{t}{5}\right)\mathrm{d}t + \ln 5$，则 $f(x)$ 的值是（　　　）.

A. $\mathrm{e}^x + \ln 5$　　　　　B. $\mathrm{e}^{5x}\ln 5$　　　　　C. $5\mathrm{e}^x + \ln 5$　　　　　D. $\mathrm{e}^{5x} + \ln 5$

5. 设 $\dfrac{\mathrm{d}y}{\mathrm{d}x} = \tan^2(x+y)$，若令 $x+y = u$，则方程化为（　　　）.

A. $\sin^2 u \mathrm{d}u = \mathrm{d}x$　　　　　　　　　　B. $\cos^2 u \mathrm{d}u = \mathrm{d}x$

C. $\tan^2 u \mathrm{d}u = \mathrm{d}x$　　　　　　　　　　D. $\cot^2 u \mathrm{d}u = \mathrm{d}x$

6. 方程 $y'' - 6y' + 9y = (x+1)\mathrm{e}^{3x}$ 的待定特解为（　　　）.

A. $(ax+b)\mathrm{e}^{3x}$　　　B. $x(ax+b)\mathrm{e}^{3x}$　　　C. $x^2(ax+b)\mathrm{e}^{3x}$　　　D. $(x+1)\mathrm{e}^{3x}$

7. 设二阶常系数线性齐次方程 $y'' + p_1 y' + p_2 y = 0$，它的特征方程有两个不相等的实根 r_1, r_2，则方程的通解为（　　　）.

A. $C_1\cos r_1 x + C_2\sin r_2 x$ B. $C_1 e^{r_1 x} + C_2 x e^{r_2 x}$

C. $x(C_1 e^{r_1 x} + C_2 x e^{r_2 x})$ D. $C_1 e^{r_1 x} + C_2 e^{r_2 x}$

8. 已知 $r_1 = 0, r_2 = 2$ 是微分方程 $y'' + py' + qy = 0 (p, q$ 时常数$)$ 的特征方程的两个根，则微分方程是（   ）.

A. $y'' + 2y' = 0$ B. $y'' - 2y' = 0$ C. $y'' + 2y = 0$ D. $y'' - 2y = 0$

9. 微分方程 $y'' - y = e^x + 1$ 的特解应具有形式（式中 a, b 为常数）（   ）.

A. $a e^x + b$ B. $a x e^x + b$ C. $a e^x + bx$ D. $a x e^x + bx$

10. 若 y_1 和 y_2 是方程 $y'' + py' + qy = f(x) (p, q$ 为常数$)$ 的两个特解，则下列结论中正确的是（   ）.

A. $y_1 - y_2$ 是对应齐次方程的解   B. $y_1 - y_2$ 也是该方程的解

C. $y_1 + y_2$ 是对应齐次线性方程的解   D. $y_1 + y_2$ 也是该方程的解

(二)填空题

1. 设方程 $\dfrac{dy}{dx} = ky, y(0) = 100, y(1) = 50$，则方程的解是_____.

2. 微分方程 $e^{y'} = x$ 的通解是_____.

3. 当常数 $r =$ _____时，函数 $y = e^{rx}$ 是微分方程 $\dfrac{d^2 y}{dx^2} - 4y = 0$ 的解.

4. 若连续函数 $f(x)$ 满足关系式 $f(x) = \displaystyle\int_0^{2x} f\left(\dfrac{t}{2}\right) dt + \ln 2$，则 $f(x) =$ _____.

5. 设微分方程 $y'\cos y + x\sin y = 2x$，做变换_____，则方程化为_____，这是属于_____类型的微分方程.

6. 方程 $(1 + 2e^{\frac{x}{y}}) dx + 2e^{\frac{x}{y}}\left(1 - \dfrac{x}{y}\right) dy = 0$；做变换 $v = \dfrac{x}{y}$，于是 $\dfrac{dx}{dy} =$ _____.
则方程化为_____，这是属于_____类型的微分方程.

7. 若方程 $y'' + py' + qy = 0 (p, q$ 为常数$)$ 对应的特征方程的根为 $\alpha \pm i\beta$，则微分方程的通解是_____.

8. 由解的叠加原理，方程 $y'' - 4y' + 4y = e^{2x} + e^x + 1$ 特解的形式是_____.

*9. 方程 $y^{(4)} - y = 0$ 的通解是_____.

10. 若曲线上任一点切线的斜率与切点的横坐标成正比，则这条曲线是_____.

(三)求下列一阶微分方程的通解或其初值问题的解

1. $\begin{cases} 2\sin y\, dx + \cos y\, dy = 0 \\ y(0) = \dfrac{\pi}{2} \end{cases}$.   *2. $x\dfrac{dy}{dx} = y(1 + \ln y - \ln x)$.

3. $\begin{cases} x^2 y' + 2xy - x + 1 = 0 \\ y(1) = 0 \end{cases}$.   4. $y\ln y\,dx + (x - \ln y)\,dy = 0.$

* 5. $y' - 2xy = 2x^3 y^2.$

（四）求下列二阶微分方程的通解或满足初始条件的特解

1. $\dfrac{d^2 y}{dx^2} = 4\cos 2x, y\Big|_{x=0} = 0, \dfrac{dy}{dx}\Big|_{x=0} = 0.$ 2. $y'' - 2y' + y = x - 2.$

3. $\begin{cases} y'' - 4y = e^{2x} \\ y|_{x=0} = 1, y'|_{x=0} = 2 \end{cases}$.   4. $\begin{cases} y'' + 4y = \cos x\sin x \\ y|_{x=0} = 0, y'|_{x=0} = 0 \end{cases}$.

* 5. $(\tan x)\dfrac{d^2 y}{dx^2} - \dfrac{dy}{dx} = 1.$ * 6. $\begin{cases} yy'' - y'^2 = 0 \\ y(0) = 1, y'(0) = 2 \end{cases}$.

7. 设 $\dfrac{d^2 x}{dy^2} - x = e^y$，求 $x = x(y).$ 8. $y' + 4y + 4\displaystyle\int_0^x y(x)\,dx = 0.$

（五）应用题

1. 已知曲线过点 $(1,3)$，且在曲线上任一点的切线斜率等于自原点到该切点的连线的斜率的两倍，求此曲线的方程.

2.连接两点 $A(0,1)$，$B(1,0)$ 的一条曲线，它位于弦 AB 上方，$P(x,y)$ 为曲线上任一点，已知曲线与弦 AP 之间的面积为 x^3，求曲线的方程.

3.一曲线通过点 $(0,a)(a>0)$，曲线上任一点 M 处的法线与 x 轴的交点记为 N，设 MN 为定长 $\sqrt{2}\,a$，求此曲线的方程.

4.一闭合电路，电阻为 R，电感为 L，当时间 $t=0$ 时，接入电动势为 E_0 的电源（R,L,E_0 为常数），此时电流 $i=0$，求电路中电流 i 随时间 t 变化的规律.

5.设函数 $y=y(x)$ 满足微分方程 $y''-3y'+2y=2\mathrm{e}^x$，且其图形在点 $(0,1)$ 处的切线与曲线 $y=x^2-x+1$ 在该点的切线重合，求函数 $y=y(x)$.

（六）综合题

1.设 $f(x)$ 为连续函数，且满足 $f(x)=\displaystyle\int_0^x f(t)\mathrm{d}t+\mathrm{e}^x$，求函数 $f(x)$.

2.设 $f(x)=\sin x-x\displaystyle\int_0^x f(t)\mathrm{d}t+\int_0^x tf(t)\mathrm{d}t$，其中 $f(x)$ 为连续函数，求函数 $f(x)$.

四、提高题

(一)单项选择题

1.已知微分方程 $y'+p(x)y=(x+1)^{\frac{5}{2}}$ 的一个特解为 $y^*=\frac{2}{3}(x+1)^{\frac{7}{2}}$,则此微分程的通解是(   ).

A. $\dfrac{C}{(x+1)^2}+\dfrac{2}{3}(x+1)^{\frac{7}{2}}$ 　　　　B. $\dfrac{C}{(x+1)^2}+\dfrac{2}{11}(x+1)^{\frac{7}{2}}$

C. $C(x+1)^2+\dfrac{2}{3}(x+1)^{\frac{7}{2}}$ 　　　　D. $C(x+1)^2+\dfrac{2}{11}(x+1)^{\frac{7}{2}}$

2.具有特解 $y_1=e^{-x},y_2=2xe^{-x},y_3=3e^x$ 的三阶常系数线性齐次微分方程是(   ).

A. $y'''-y''-y'+y=0$ 　　　　B. $y'''+y''-y'-y=0$
C. $y''-6y'+11y'-6y=0$ 　　　D. $y'''-2y''-y'+2y=0$

3.设线性无关的函数 y_1,y_2,y_3 都是二阶非齐次线性方程的解,C_1,C_2 是任意常数,则该非齐次方程的通解是(   ).

A. $C_1y_1+C_2y_2+C_3y_3$ 　　　　B. $C_1y_1+C_2y_2+(1-C_1-C_2)y_3$
C. $C_1y_1+C_2y_2-(1-C_1-C_2)y_3$ 　　D. $C_1y_1+C_2y_2+(C_1+C_2)y_3$

4.若方程 $y''+py'+qy=0$ 的一切解是 x 的周期函数,则应有(   ).
A. $p>0,q=0$ 　　B. $p<0,q=0$ 　　C. $p=0,q>0$ 　　D. $p=0,q<0$

5.$y''-4y'-5y=e^{-x}+\sin5x$ 的特解形式为(   ).

A. $ae^{-x}+b\sin5x$ 　　　　B. $ae^{-x}+b\cos5x+c\sin5x$
C. $axe^{-x}+b\sin5x$ 　　　　D. $axe^{-x}+b\sin5x+c\cos5x$

(二)填空题

1.试确定常数 a _____,使 $y=x^a$ 是微分方程 $x^2\dfrac{d^2y}{dx^2}+2x\dfrac{dy}{dx}-2y=0$ 的解.

2.函数 $y=y(x)$ 满足微分方程 $xy'+y-y^2\ln x=0$,且在 $x=1$ 时,$y=1$,则在 $x=e$时,$y=$_____.

3.方程 $y''+4y'+5y=8\cos x$,当 $x\to-\infty$时,有界的特解是_____.

4.若非常数函数 $f(x)$ 满足 $f^2(x)=\int_0^x f(t)(t+1)dt$,则 $f(x)=$_____.

5.已知 $y_1=\cos2x-\dfrac{1}{4}x\cos2x,y_2=\sin2x-\dfrac{1}{4}x\cos2x$ 是二阶常系数非齐次线性微分方程的两个解,则该微分方程是_____.

（三）按要求解下列方程

1. 通过适当代换，求方程 $\dfrac{\mathrm{d}y}{\mathrm{d}x}=\cos(x+y)$ 的通解.

2. 求解方程 $xy''=y'+x\sin\dfrac{y'}{x}$.

3. 已知微分方程 $y''+(x+\mathrm{e}^y)y'^3=0$，求以 y 为自变量，x 为因变量的通解.

4. 已知方程 $xy''-(1+6x^2)y'+8x^3y=8x^3$ 的两个特解为 $y_1^*=1$，$y_2^*=\mathrm{e}^{x^2}+1$，求通解.

5. 设 $y=\mathrm{e}^x$ 是微分方程 $xy'+p(x)y=x$ 的一个特解，求此方程满足条件 $y|_{x=\ln 2}=0$ 的特解.

（四）综合题

1. 函数 $f(x)$ 在 $[0,+\infty)$ 上可导，$f(0)=1$ 且满足 $f'(x)+f(x)-\dfrac{1}{1+x}\displaystyle\int_0^x f(t)\mathrm{d}t=0$，求 $f'(x)$.

2. 求满足条件 $\displaystyle\int_0^1 f(tx)\mathrm{d}t=\dfrac{1}{x}f'(x)-x$ 的函数 $f(x)$，其中 $f(x)$ 有二阶连续函数.

3. 已知微分方程 $y' + y = g(x)$，其中 $g(x) = \begin{cases} 2, & 0 \leqslant x \leqslant 1 \\ 0, & x > 1 \end{cases}$，试求一连续函数 $y = y(x)$，满足条件 $y(0) = 0$，且在区间 $[0, +\infty)$ 内满足上述方程.

（五）应用题

1. 已知函数 $y = f(x)$ 所确定的曲线与 x 轴相切于原点，且满足 $f''(x) + f(x) = 3 + \cos x$，求 $f(x)$.

2. 设对任意 $x > 0$，曲线 $y = f(x)$ 上点 $[x, f(x)]$ 处的切线在 y 轴上的截距等于 $\dfrac{1}{x} \displaystyle\int_0^x f(t) \, dt$，求函数 $f(x)$ 的一般表达式.

3. 当 $x \geqslant 1$ 时，函数 $f(x) > 0$，将曲线 $y = f(x)$ 与三条直线 $x = 1, x = a(a > 1), y = 0$ 围成的图形绕 x 轴旋转一周而成的旋转体的体积 $v(a) = \dfrac{\pi}{3} [a^2 f(a) - f(1)]$，又曲线过点 $M\left(2, \dfrac{2}{9}\right)$，求该曲线方程 $y = f(x)$.

【基础题答案】

（一）1. B　2. C　3. C　4. B　5. B　6. C　7. D　8. B　9. B　10. A

（二）1. $100 \cdot 2^{-x}$　2. $y = x(\ln x - 1) + C$　3. $r = \pm 2$　4. $e^{2x} \ln 2$

　　5. 作变换 $\sin y = u$，则方程为 $u' + xu = 2x$，这是 u 关于 x 的一阶线性微分方程

　　6. $\dfrac{dx}{dy} = v + y \dfrac{dv}{dy}$，方程化为 $\dfrac{1 + 2e^v}{v + 2e^v} dv = -\dfrac{dy}{y}$，这是变量可分离的方程

　　7. $Y = e^{ax}(C_1 \cos \beta x + C_2 \sin \beta x)$

　　8. $y^* = ax^2 e^{2x} + be^x + c$（$a, b, c$ 为待定常数）

　　*9. $y = C_1 e^{-x} + C_2 e^x + C_3 \cos x + C_4 \sin x$　10. 抛物线

（三）1. $\sin y = e^{-2x}$　*2. $y = xe^{Cx}$　3. $y = \dfrac{1}{2} - \dfrac{1}{x} + \dfrac{1}{2x^2}$

4. $x=\dfrac{1}{2}\ln y+\dfrac{C}{\ln y}$　*5. $y=\dfrac{1}{1-x^2-Ce^{-x^2}}$

（四）1. $y=1-\cos2x$　2. $y=C_1e^x+C_2xe^x+x$

3. $y=\dfrac{15}{16}e^{2x}+\dfrac{1}{16}e^{-2x}+\dfrac{x}{4}e^{2x}$　4. $y=\dfrac{1}{8}\left(\dfrac{\sin2x}{2}-x\cos2x\right)$

*5. $y=C_2-C_1\cos x-x$　*6. $y=e^{2x}$

7. $x=C_1e^{-y}+C_2e^y+\dfrac{1}{2}ye^y$　8. $y=(C_1+C_2x)e^{-2x}$

（五）1. $y=3x^2$　2. $y=-6x^2+5x+1$　3. $(x\pm a)^2+y^2=2a^2$

4. $i(t)=\dfrac{E_0}{R}(1-e^{-\frac{R_0}{L}t})$　5. $y=e^x(1-2x)$

（六）1. $f(x)=(x+1)e^x$　2. $f(x)=\dfrac{\sin x}{2}+\dfrac{x}{2}\cos x$

【提高题答案】

（一）1. C　2. B　3. B　4. C　5. D

（二）1. $a=-2;1$　2. $y=\dfrac{1}{2}$　3. $y=\cos x+\sin x$

4. $f(x)=\dfrac{x^2}{4}+\dfrac{x}{2}$　5. $y''+4y=\sin2x$

（三）1. $\tan\dfrac{x+t}{2}=x+C$（提示：令 $u=x+y$）

2. $\begin{cases}y=x^2\arctan C_1x-\dfrac{x}{C_1}+\dfrac{1}{C_1^2}\arctan C_1x+C_2，&C_1\neq0\\[2mm]y=C_2，&C_1=0\end{cases}$

3. $x=C_1e^{-y}+C_2e^y+\dfrac{1}{2}ye^y$

（提示：由反函数的导数公式，$\dfrac{dy}{dx}=\dfrac{1}{\dfrac{dx}{dy}}$，$\dfrac{d^2y}{dx^2}=-\dfrac{1}{\left(\dfrac{dx}{dy}\right)^3}\dfrac{d^2x}{dy^2}$，得 $\dfrac{d^2x}{dy^2}-x=e^y$）

4. $y=C_1e^{x^2}+C_2e^{2x^2}+1$

5. $p(x)=xe^{-x}-x,y=e^x(1-e^{-x}-\dfrac{1}{2})$

（四）1. $f'(x)=-\dfrac{e^{-x}}{x+1}$

2. $f(x)=C_1e^{-x}+C_2e^x-2x$

3. $y=y(x)=\begin{cases}2(1-e^{-x})，&0\leqslant x\leqslant1\\2(e-1)e^{-x}，&x>1\end{cases}$

（五）1. $f(x)=-3\cos x+3+\dfrac{1}{2}x\sin x$［提示：$f(0)=0,f'(0)=0$］

2. $f(x)=C_1\ln x+C_2$

3. $y=\dfrac{x}{1+x^3}$｛提示：据题意，有 $\pi\displaystyle\int_1^a[f(x)]^2dx=\dfrac{\pi}{3}[a^2f(a)-f(1)]$，两边对 a 求导，即

可得微分方程｝

附录 Ⅰ

模 拟 题

模拟题一

(一)单项选择题(每小题3分,共5×3=15分)

1. 设函数 $f(x)=\begin{cases} x-1, & x\leqslant 1 \\ 3-x, & x>1 \end{cases}$,则 $x=1$ 是函数的( )间断点.

   A. 可去   B. 跳跃   C. 无穷   D. 振荡

2. 设函数 $f(x)$ 在 (a,b) 内一阶、二阶导数存在,且其函数图形是单调递增的凸函数,则必有( ).

   A. $f'(x)>0, f''(x)<0$ B. $f'(x)>0, f''(x)>0$

   C. $f'(x)<0, f''(x)>0$ D. $f'(x)<0, f''(x)<0$

3. 若 $e^{\frac{1}{x}}$ 是函数 $f(x)e^{\frac{1}{x}}$ 的一个原函数,则 $f(x)$ 为( ).

   A. $-\dfrac{1}{x}$ B. $\dfrac{1}{x}$ C. $\dfrac{1}{x^2}$ D. $-\dfrac{1}{x^2}$

4. 函数 $f(x)=|x-1|$ 在区间 $[0,2]$ 上的平均值等于( ).

   A. $\dfrac{1}{2}$ B. $\dfrac{1}{3}$ C. $\dfrac{5}{4}$ D. $\dfrac{5}{2}$

5. 微分方程 $y''-6y'+8y=e^x+e^{2x}$ 的一个特解应具有形式( ).

   A. ae^x+be^{2x} B. ae^x+bxe^{2x} C. axe^x+be^{2x} D. axe^x+bxe^{2x}

(二)填空题(每小题3分,共5×3=15分)

1. 设函数 $f(x)=\begin{cases} \dfrac{e^{2x}-1}{ax}, & x\neq 0 \\ 1, & x=0 \end{cases}$ 在点 $x=0$ 处连续,则 $a=$ _____.

2. 设曲线 $y=x^2+ax+b$ 和 $2y=xy^3-1$ 在点 $(1,-1)$ 处相切,则 $a=$

_____ , $b=$ _____ .

3. 函数 $f(x) = e^x$ 具有佩亚诺余项的三阶麦克劳林式是 _____ .

4. 设函数 $f(x)$ 在区间 $[0, +\infty)$ 上连续,且 $\int_0^x f(t)\mathrm{d}t = x(1+\cos x)$,则
$f\left(\dfrac{\pi}{2}\right) =$ _____ .

5. 曲线 $y = 1 + \dfrac{36x}{(x+3)^2}$ 的水平渐近线是 _____ ,垂直渐近线是 _____ .

(三)计算题 1(每小题 5 分,共 9×5=45 分)

1. 求极限 $\lim\limits_{x \to 0} \dfrac{3 - \sqrt{9-x^2}}{\sin^2 x}$.

2. 求极限 $\lim\limits_{x \to 0}(\cos x)^{\frac{1}{x^2}}$.

3. 设函数 $y = \sin mx \cdot \cos^n x$,求微分 $\mathrm{d}y$.

4. 设函数 $f(x) = \dfrac{x}{1-x}$,求 $f^{(n)}(x)$.

5. 求参数方程 $\begin{cases} x = 2te^t + 1 \\ y = t^3 - 3t \end{cases}$ 所确定函数 $y(x)$ 的导数 $\dfrac{\mathrm{d}y}{\mathrm{d}x}, \dfrac{\mathrm{d}^2 y}{\mathrm{d}x^2}$.

6. 计算不定积分 $\displaystyle\int \dfrac{\ln\ln x}{x}\mathrm{d}x$.

7. 计算反常积分 $\displaystyle\int_{11}^{+\infty} \dfrac{1}{(x+7)\sqrt{x-2}}\mathrm{d}x$.

8. 求曲线 $y = x^2$ 与 $y = 2 - x^2$ 所围成的图形绕 x 轴及 y 轴旋转一周所形成的旋转体的体积.

9.求微分方程 $\dfrac{\mathrm{d}y}{\mathrm{d}x}=\dfrac{3}{x}y-\dfrac{1}{2}x$ 的通解.

(四)综合题(每小题 6 分,共 3×6＝18 分)

1.设曲线 $f(x)=x^n$ 在点 $(1,1)$ 处的切线与 x 轴的交点为 $(\xi_n,0)$,求极限 $\lim\limits_{n\to\infty}f(\xi_n)$.

2.设函数 $f(x)$ 在区间 $[0,1]$ 上连续,且 $f(x)<1$,求证: $2x-\displaystyle\int_0^x f(t)\mathrm{d}t=1$ 在 $[0,1]$ 上有且仅有一根.

3.设直线 $y=ax$ 与抛物线 $y=x^2$ 所围成的图形的面积为 S_1,它们与直线 $x=1$ 所围成的图形的面积为 S_2,并且 $0<a<1$,试确定 a 的值,使得 S_1+S_2 达到最小,并求出最小值.

(五)求值(本题 7 分)

设连续函数 $f(x)$ 满足 $f(x)+f(-x)=\sin^2 x$,求积分 $\displaystyle\int_{-\frac{\pi}{2}}^{\frac{\pi}{2}}f(x)\sin^6 x\mathrm{d}x$ 的值.

【模拟题一答案】

(一)1.B　2.A　3.D　4.A　5.B

(二)1.2　2.$a=-1;b=-1$　3.$1+x+\dfrac{1}{2!}x^2+\dfrac{1}{3!}x^3+o(x^3)$　4.$1-\dfrac{\pi}{2}$　5.$y=1,x=-3$

(三)1.$\dfrac{1}{6}$　2.$\mathrm{e}^{-\frac{1}{2}}$　3.$\mathrm{d}y=\cos^{n-1}x(m\cos mx\cdot\cos x-n\sin mx\cdot\sin x)\mathrm{d}x$

　　4.$f^{(n)}(x)=\dfrac{n!}{(1-x)^{n+1}}$　5.$\dfrac{\mathrm{d}y}{\mathrm{d}x}=\dfrac{3(t-1)}{2\mathrm{e}^t},\dfrac{\mathrm{d}^2y}{\mathrm{d}x^2}=\dfrac{3(2-t)}{4\mathrm{e}^{2t}(1+t)}$

　　6.$\ln x(\ln\ln x-1)+C$　7.$\dfrac{\pi}{6}$　8.$\dfrac{16}{3}\pi;\pi$　9.$\dfrac{1}{2}x^2+Cx^3$.

(四)1.e^{-1}　2.提示:设 $F(x)=2x-\displaystyle\int_0^x f(t)\mathrm{d}t-1$.　3.当 $a=\dfrac{1}{\sqrt{2}}$ 时,$S\left(\dfrac{1}{\sqrt{2}}\right)=\dfrac{2-\sqrt{2}}{6}$

(五)$\dfrac{35}{256}\pi$

模拟题二

(一)单项选择题(每小题 3 分,共 6×3＝18 分)

1.设函数 $f(x)=\begin{cases}\dfrac{\sin x}{x},x\neq 0\\ k,x=0\end{cases}$ 在点 $x=0$ 处连续,则 k 的值为( ).

A. 0 　　　　　　 B. 2 　　　　　　 C. $\dfrac{1}{2}$ 　　　　　　 D. 1

2.若 $[x_0,f(x_0)]$ 为连续函数 $y=f(x)$ 上凹弧与凸弧的分界点,则( ).

A. $f''(x_0)$ 必为 0 　　　　　　　　 B. $[x_0,f(x_0)]$ 必为拐点

C. x_0 必为 $f(x)$ 极值点 　　　　　　 D. x_0 必为驻点

3.设 $F_1(x),F_2(x)$ 是区间 I 内的连续函数 $f(x)$ 的两个不同的原函数,且 $f(x)\neq 0$,则在区间 I 内必有( ).

A. $F_1(x)-F_2(x)=C$ 　　　　　　　 B. $F_1(x)\cdot F_2(x)=C$

C. $F_1(x)=CF_2(x)$ 　　　　　　　　 D. $F_1(x)+F_2(x)=C$

4.函数 $f(x)=\dfrac{\sin x}{1+x^2}$ 在区间 $\left[-\dfrac{\pi}{2},\dfrac{\pi}{2}\right]$ 上的平均值等于( ).

A. 2 　　　　　　 B. 1 　　　　　　 C. -1 　　　　　　 D. 0

5.方程 $y''-6y'+9y=0$ 的通解为( ).

A. $C_1\mathrm{e}^{3x}$ 　　 B. $(C_1+C_2x)\mathrm{e}^{3x}$ 　　 C. $C_1\mathrm{e}^{3x}+C_2\mathrm{e}^{-3x}$ 　　 D. $C_1\mathrm{e}^{3x}+C_2$

6. 若反常积分 $\displaystyle\int_2^{+\infty}\dfrac{2x}{(x^2-1)^k}\mathrm{d}x$ 收敛,则( ).

A. $k>1$ 　　　　 B. $k\geqslant 1$ 　　　　 C. $k<1$ 　　　　 D. $k\leqslant 1$

(二)填空题(每小题 3 分,共 5×3＝15 分)

1.设函数 $f(x)=\begin{cases}\dfrac{\tan x-\sin x}{x^3},&x\neq 0\\ a,&x=0\end{cases}$ 在点 $x=0$ 处连续,则 $a=$ _____.

2.函数 $f(x)=\ln x$ 在区间 $[1,2]$ 上满足拉格朗日定理结论的 $\xi=$ _____.

3.求方程 $\mathrm{e}^y+xy=\mathrm{e}$ 所确定隐函数的导数 $\dfrac{\mathrm{d}y}{\mathrm{d}x}\Big|_{x=0}=$ _____.

4. 若函数 $f(x)$ 为连续函数,且满足 $f(x)=\displaystyle\int_0^{2x}f\left(\dfrac{t}{2}\right)\mathrm{d}t+1$,则 $f(x)=$ _____.

5. 曲线 $y=\dfrac{x}{3-x^2}$ 的水平渐近线为 _____ ,垂直渐近线为 _____.

（三）计算题（每小题 5 分，共 7×5＝35 分）

1. 求极限 $\lim\limits_{x\to 0} x\cot 2x$.

2. 求极限 $\lim\limits_{x\to +\infty} x^{\frac{1}{x}}$.

3. 设函数 $y=f(x)=\lim\limits_{t\to 0}\left[(1+tx)^{\frac{1}{t}}\ln(t^2+x)\right]$，求微分 $\mathrm{d}y$.

4. 设函数 $f(x)=\dfrac{x^n}{1-x}$，求 $f^{(n)}(x)$.

5. 设参数方程 $\begin{cases} x=\ln\sqrt{1+t^2} \\ y=\arctan t \end{cases}$，求 $\dfrac{\mathrm{d}y}{\mathrm{d}x}$，$\dfrac{\mathrm{d}^2 y}{\mathrm{d}x^2}$.

6. 计算不定积分 $\displaystyle\int x^{-2}\cos\dfrac{1}{x}\,\mathrm{d}x$.

7. 计算定积分 $\displaystyle\int_1^2 \dfrac{x}{\sqrt{x-1}}\,\mathrm{d}x$.

（四）综合题（每小题8分，共4×8＝32分）

1. $a>0,b>0$，求证：方程 $x=a\sin x+b$ 至少有一个正根，并且它不超过 $a+b$.

2. 求微分方程 $\begin{cases} y'+2y=2x \\ y|_{x=0}=0 \end{cases}$ 的特解.

3. 平面图形由曲线 $y=\dfrac{1}{x}$，直线 $y=x$，$x=2$ 及 x 轴所围，求：

(1) 平面图形的面积；

(2) 平面图形绕着 y 旋转一周所得旋转体的体积.

4. 在第一象限内作椭圆 $4x^2+y^2=1$ 的切线，使其与两坐标轴所构成的三角形面积最小，求切点坐标.

【模拟题二答案】

（一）1. D　2. B　3. A　4. D　5. B　6. A

（二）1. $\dfrac{1}{2}$　2. $\dfrac{1}{\ln 2}$　3. $-\dfrac{1}{e}$　4. e^{2x}　5. $y=0$；$x=\pm\sqrt{3}$

（三）1. $\dfrac{1}{2}$　2. 1　3. $dy=e^x\left(\ln x+\dfrac{1}{x}\right)dx$　4. $\dfrac{n!}{(1-x)^{n+1}}$.

　　5. $\dfrac{dy}{dx}=\dfrac{1}{t}$；$\dfrac{d^2y}{dx^2}=-\dfrac{1+t^2}{t^3}$　6. $-\sin\dfrac{1}{x}+C$　7. $\dfrac{8}{3}$

（四）1. 提示：设函数 $F(x)=x-a\sin x-b$.　2. $f(x)=\dfrac{1}{2}e^{-2x}+x-\dfrac{1}{2}$

　　3. (1) $\dfrac{1}{2}+\ln 2$　(2) $V_1=2\pi-\dfrac{\pi}{24}$，$V_2=\dfrac{2\pi}{3}+\dfrac{\pi}{24}$，则 $V_1+V_2=\dfrac{8}{3}\pi$

　　4. 切线为 $y-y_0=-\dfrac{4x_0}{y_0}(x-x_0)$；$S_\triangle=\dfrac{1}{8x_0\sqrt{1-4x_0^2}}$；切点 $\left(\dfrac{\sqrt{2}}{4},\dfrac{\sqrt{2}}{2}\right)$

模拟题三

(一)单项选择题(每小题 3 分,共 6×3=18 分)

1. 设函数 $f(x)=\begin{cases}\dfrac{\sin x}{x}, & x\neq 0 \\ 0, & x=0\end{cases}$,则 $x=0$ 是函数的( )间断点.

　A. 可去　　　　　　　B. 跳跃　　　　　　　C. 无穷　　　　　　　D. 振荡

2. 设 $\displaystyle\int f(x)\mathrm{d}x=x^2\mathrm{e}^{2x}+C$,则 $f(x)$ 的表达式是( ).

　A. $x\mathrm{e}^{2x}(2+x)$　　　B. $2x\mathrm{e}^{2x}(1+x)$　　　C. $2x\mathrm{e}^{2x}$　　　　D. $2x^2\mathrm{e}^{2x}$

3. 下列反常积分中收敛的是( ).

　A. $\displaystyle\int_2^{+\infty}\dfrac{1}{x}\mathrm{d}x$　　　B. $\displaystyle\int_2^{+\infty}\dfrac{1}{\sqrt{x}}\mathrm{d}x$　　　C. $\displaystyle\int_0^1\dfrac{1}{\sqrt{x}}\mathrm{d}x$　　　D. $\displaystyle\int_0^1\dfrac{1}{x}\mathrm{d}x$

4. 设 $M=\displaystyle\int_{-\frac{\pi}{2}}^{\frac{\pi}{2}}\dfrac{\sin x}{1+x^2}\cos^6 x\mathrm{d}x,N=\displaystyle\int_{-\frac{\pi}{2}}^{\frac{\pi}{2}}(\sin^3 x+\cos^4 x)\mathrm{d}x,P=\displaystyle\int_{-\frac{\pi}{2}}^{\frac{\pi}{2}}(x^3\sin^2 x-\cos^4 x)\mathrm{d}x$,
则有( ).

　A. $N<P<M$　　　　　　　　　　　　B. $M<P<N$

　C. $N<M<P$　　　　　　　　　　　　D. $P<M<N$

5. 横截面为 S,深为 h 的水池灌满水,设水的密度 $\mu=1$,把水全部抽到距水池的水表面高为 H 的水塔上,所做的功为( ).

　A. $\displaystyle\int_0^h gS\cdot(H+h-y)\mathrm{d}y$　　　　　B. $\displaystyle\int_0^H gS\cdot(H+h-y)\mathrm{d}y$

　C. $\displaystyle\int_0^h gS\cdot(H-y)\mathrm{d}y$　　　　　　D. $\displaystyle\int_0^{h+H} gS\cdot(H+h-y)\mathrm{d}y$

(二)填空题(每小题 3 分,共 6×3=18 分)

1. 设函数 $f(x)=\begin{cases}\dfrac{\ln(x+1)}{x}, & x\neq 0 \\ a, & x=0\end{cases}$ 在点 $x=0$ 处连续,则 $a=$ _____.

2. 曲线 $y=\ln x$ 在点 $(1,0)$ 处的切线与 x 轴的夹角是 _____.

3. 设函数 $f(x)=x(x+1)(x+2)\cdots(x+100)$,则 $f'(0)=$ _____.

4. 物体以 $v(t)=3t^2+2t(\mathrm{m/s})$ 的速度做直线运动,则它在时间间隔 $[0,3]$ 内行走路程 $s=$ _____,平均速度 $\overline{v}=$ _____.

5. 若连续函数 $f(x)$ 满足关系式 $f(x)=\displaystyle\int_0^{2x}f\left(\dfrac{t}{2}\right)\mathrm{d}t+\ln 2$,则 $f(x)=$ _____.

（三）计算题（每小题 5 分，共 10×5＝50 分）

1. 求极限 $\lim\limits_{x \to 0} \dfrac{2-\sqrt{4-x^2}}{x^2}$.

2. 求极限 $\lim\limits_{x \to 0}(1+2\sin x)^{\frac{1}{x}}$.

3. 设函数 $y = x\arcsin\dfrac{x}{2} + \sqrt{4-x^2}$，求 $\mathrm{d}y$.

4. 设函数 $f(x) = \dfrac{x}{1-x}$，求 $f^{(4)}(x)$.

5. 设函数的参数方程为 $\begin{cases} x = \ln(1+t^2) \\ y = \arctan t \end{cases}$，求 $\dfrac{\mathrm{d}^2 y}{\mathrm{d}x^2}$.

6. 计算不定积分 $\displaystyle\int \dfrac{\sqrt[5]{x}+\ln x}{x}\mathrm{d}x$.

7. 计算定积分 $\displaystyle\int_0^4 \mathrm{e}^{\sqrt{x}}\mathrm{d}x$.

8. 设曲线 $y=x^2$ 与 $y^2=x$ 所围成的图形为 A,求:

(1)图形的面积;

(2)该图形绕 x 轴旋转一周所形成的旋转体的体积.

9. 一个横放着的圆柱形水桶,桶内盛有半桶水,设桶的底半径为 R,水的密度为 γ,计算桶的一个端面上所受的压力.

10. 求微分方程 $\dfrac{\mathrm{d}y}{\mathrm{d}x}-\dfrac{1}{x}y=-a\ln x$ 的通解.

(四)综合题(每小题 5 分,共 2×5=10 分)

1. 设函数 $f(x)=nx(1-x)^n$,求函数在区间 $[0,1]$ 上最大值的极限 $\lim\limits_{n\to\infty}M(n)$.

2. 当 $x\to 0$ 时,函数 $2\sin x-\sin 2x$ 是 x 的几阶无穷小?

(五)求方程(本题 4 分)

求对数螺线 $\rho=e^\theta$ 在点 $\left(e^{\frac{\pi}{2}},\dfrac{\pi}{2}\right)$ 处的切线的直角坐标方程.

【模拟题三答案】

(一)1. A 2. B 3. C 4. D 5. A

(二)1. $a=1$ 2. $\dfrac{\pi}{4}$ 3. $100!$ 4. $S=36\mathrm{m}$,平均速度 $\bar{v}=12\mathrm{m/s}$ 5. $f(x)=e^{2x}\ln 2$

(三)1. $\dfrac{1}{4}$ 2. e^2 3. $\mathrm{d}y=\arcsin\dfrac{x}{2}\mathrm{d}x$ 4. $\dfrac{4!}{(1-x)^5}$ 5. $\dfrac{\mathrm{d}^2y}{\mathrm{d}x^2}=-\dfrac{1+t^2}{4t^3}$ 6. $5\sqrt[5]{x}+\dfrac{1}{2}\ln^2 x+C$

7. $2(e^2+1)$ 8. (1)$A=\dfrac{1}{3}$ (2)$V_x=\dfrac{3}{10}\pi$ 9. $\dfrac{2\gamma g}{3}R^3$ 10. $y=x\left[C-\dfrac{a}{2}(\ln x)^2\right]$

(四)1. $\lim\limits_{n\to\infty}M(n)=e^{-1}$ 2. 是 x 的 3 阶无穷小

(五)切线方程为 $y-e^{\frac{\pi}{2}}=-1(x-0)$,即 $x+y=e^{\frac{\pi}{2}}$

模拟题四

(一)单项选择题(每小题 3 分,共 6×3＝18 分)

1.若函数 $f(x)$ 在点 x_0 处不连续,则 $f(x)$ 在点 x_0 处(　　　).

A. 必不可导　　　　B. 必定可导　　　　C. 不一定可导　　　　D. 必无定义

2.下列运算过程中,正确的是(　　　).

A. $\lim\limits_{x\to1}\dfrac{x}{x^2-1}=\dfrac{\lim\limits_{x\to1}x}{\lim\limits_{x\to1}x^2-1}=\infty$　　　　B. $\lim\limits_{x\to0}x\sin\dfrac{1}{x}=\lim\limits_{x\to0}x\cdot\lim\limits_{x\to0}\sin\dfrac{1}{x}=0$

C. $\lim\limits_{x\to0}x\sin\dfrac{1}{x}=\lim\limits_{x\to0}\dfrac{\sin\dfrac{1}{x}}{\dfrac{1}{x}}=1$　　　　D. $\lim\limits_{x\to\infty}x\sin\dfrac{1}{x}=\lim\limits_{x\to\infty}\dfrac{\sin\dfrac{1}{x}}{\dfrac{1}{x}}=1$

3.设 $f(x)=\begin{cases}x^2-1, & x<0 \\ x, & 0\leqslant x<1, \\ 2-x, & 1\leqslant x\leqslant2\end{cases}$ 则 $f(x)$(　　　).

A. 在 $x=0,x=1$ 处都间断　　　　B. 在 $x=0,x=1$ 处都连续

C. 在 $x=0$ 处连续,在 $x=1$ 处间断　　　　D. 在 $x=0$ 处间断,在 $x=1$ 处连续

4.在区间 $[0,8]$ 上,对函数 $f(x)=\sqrt[3]{8x-x^2}$,罗尔定理(　　　).

A. 不成立　　　　B. 成立,且 $f'(2)=0$

C. 成立,且 $f'(4)=0$　　　　D. 成立,且 $f'(8)=0$

5.$\displaystyle\int\dfrac{\mathrm{d}x}{(\arcsin x)^2\sqrt{1-x^2}}$ 的值为 (　　　).

A. $\dfrac{2}{3}(1-x^2)^{\frac{3}{2}}+C$　　　　B. $-\dfrac{1}{\arcsin x}+C$

C. $\pm\dfrac{1}{\arcsin x}+C$　　　　D. $-\dfrac{2}{3}(1-x^2)^{\frac{3}{2}}+C.$

6.微分方程 $y^2\mathrm{d}y+x^2\mathrm{d}x=0$ 满足初始条件 $y|_{x=1}=2$ 的特解是(　　　).

A. $x^2+y^2=2$　　　　B. $x^3+y^3=9$　　　　C. $x^3+y^3=1$　　　　D. $\dfrac{x^3}{3}+\dfrac{y^3}{3}=1$

(二)填空题(每小题 3 分,共 6×3＝18 分)

1.$\lim\limits_{x\to\infty}\dfrac{x^2+1}{x^3+x}=$ _____.

2.设函数 $f(x)=\dfrac{x^n-1}{1-x}$,则 $f^{(n)}(x)=$ _____.

3.曲线 $y=\sqrt[3]{x}$ 的拐点为_____.

4.设函数 $f(x)$ 可导,则抽象函数 $y=f(x^2)$ 的导数 $\dfrac{\mathrm{d}y}{\mathrm{d}x}=$_____.

5. $\lim\limits_{x\to 0}\dfrac{\displaystyle\int_0^x \sin(t^3)\mathrm{d}t}{x^4}=$_____.

6.反常积分 $\displaystyle\int_{-\infty}^{+\infty}\dfrac{1}{1+x^2}\mathrm{d}x=$_____.

(三)计算题(每小题 6 分,共 8×6=48 分)

1.求极限 $\lim\limits_{x\to 0}\left(\dfrac{\sin x}{x}\right)^{\frac{1}{x^2}}$.

2.当 $x>0$ 时,求证:不等式 $x-\dfrac{1}{3}x^3<\sin x<x$.

3.设方程 $\mathrm{e}^y+xy-\mathrm{e}=0$ 确定隐函数 $y=y(x)$,求微分 $\mathrm{d}y$.

4.求曲线 $\begin{cases} x=2\mathrm{e}^t \\ y=\mathrm{e}^{-t} \end{cases}$ 在 $t=0$ 相应的点处的切线方程及法线方程.

5.计算不定积分 $\displaystyle\int_1^4 \dfrac{1}{x(1+\sqrt{x})}\mathrm{d}x$.

6.计算定积分 $\displaystyle\int_0^2 f(x)\mathrm{d}x$,其中 $f(x)=\begin{cases} x+1, & x\leqslant 1 \\ \dfrac{1}{2}x^2, & x>1 \end{cases}$.

7. 求微分方程 $y''=x\mathrm{e}^x$ 的通解.

8. 求证:方程 $\ln x-x+2=0$ 在区间 $(1,\mathrm{e}^2)$ 内至少有一个实根.

(四)综合题(每小题 8 分,共 2×8=16 分)

1. 设 $f(x)$ 在 $[0,+\infty)$ 内连续,且 $\lim\limits_{x\to+\infty}f(x)=1$,求证:函数 $y=\mathrm{e}^{-x}\displaystyle\int_0^x\mathrm{e}^t f(t)\mathrm{d}t$ 满足方程 $\dfrac{\mathrm{d}y}{\mathrm{d}x}+y=f(x)$. 并求 $\lim\limits_{x\to+\infty}y(x)$.

2. 设抛物线 $y=ax^2+bx+c$ 过原点,当 $0\leqslant x\leqslant 1$ 时,$y\geqslant 0$,又已知该抛物线与直线 $x=1$ 及 x 轴所围的图形的面积为 $\dfrac{1}{3}$,求 a,b,c,使此图形绕 x 轴旋转一周而成的旋转体的体积 V 最小.

【模拟题四答案】

(一)1. A　2. D　3. D　4. C　5. B　6. B

(二)1. 0　2. 0　3. (0,0)　4. $2xf'(x^2)$　5. $\dfrac{1}{4}$　6. π

(三)1. $\mathrm{e}^{-\frac{1}{6}}$　2. 提示:两边分别证明.　3. $-\dfrac{y}{x+\mathrm{e}^y}\mathrm{d}x$

　　4. 切线方程为 $x+2y-4=0$,法线方程为 $2x-y-3=0$

　　5. $2\ln\dfrac{4}{3}$　6. $\dfrac{8}{3}$　7. $(x-2)\mathrm{e}^x+C_1 x+C_2$

　　8. 提示:设函数 $f(x)=\ln x-x+2,x\in[1,\mathrm{e}^2]$.

(四)1. 证明略;$\lim\limits_{x\to+\infty}y(x)=1$

　　2. $V_x=\pi\left[\dfrac{a^2}{5}+\dfrac{a(1-a)}{3}+\dfrac{4(1-a)^2}{27}\right]$,当 $a=-\dfrac{5}{4},b=\dfrac{3}{2},c=0$ 时,旋转体的体积最小

模拟题五

(一)选择题(每小题 3 分,共 5×3＝15 分)

1. 设 $f(x)=\begin{cases}\sqrt{-x}, & x<0 \\ 3-x, & 0\leqslant x<3 \\ (x-3)^2, & x\geqslant 3\end{cases}$,则 $f(x)($ $)$.

A. 在 $x=0,x=3$ 处都间断   B. 在 $x=0,x=3$ 处都连续

C. 在 $x=0$ 处连续,在 $x=3$ 处间断   D. 在 $x=0$ 处间断,在 $x=3$ 处连续

2. 设函数 $f(x)$ 在点 x_0 可导,则 $\lim\limits_{\Delta x\to 0}\dfrac{f(x_0+\Delta x)-f(x_0-\Delta x)}{\Delta x}$ 的值是(   ).

A. $3f'(x_0)$ B. $4f'(x_0)$ C. $2f'(x_0)$ D. $\dfrac{1}{3}f'(x_0)$

3. 函数 $f(x)=x^2-x$ 在区间 $[-1,3]$ 上满足拉格朗日中值定理的点 ξ 是(   ).

A. $\dfrac{1}{2}$ B. $\dfrac{9}{4}$ C. 1 D. $\dfrac{5}{2}$

4. 设函数 $f(x)=\sqrt[3]{x}$,下列命题中正确的是(   ).

A. $x=0$ 是 $f(x)$ 的驻点   B. $x=0$ 是 $f(x)$ 的极大值点

C. $x=0$ 是 $f(x)$ 的极小值点   D. $(0,0)$ 是曲线 $y=\sqrt[3]{x}$ 的拐点

5. 下列积分中,收敛的反常积分是(   ).

A. $\displaystyle\int_2^{+\infty}\dfrac{\ln x}{x}\mathrm{d}x$ B. $\displaystyle\int_2^{+\infty}\dfrac{\mathrm{d}x}{x\ln^2 x}$ C. $\displaystyle\int_0^1\dfrac{\ln x}{x}\mathrm{d}x$ D. $\displaystyle\int_0^1\dfrac{\sin x}{x}\mathrm{d}x$

(二)填空题(每小题 3 分,共 5×3＝18 分)

1. 极限 $\lim\limits_{x\to\infty}\left(1-\dfrac{1}{x}\right)^x=$＿＿＿＿＿＿.

2. 设当 $0<x<3$ 时,有 $2x-1\leqslant f(x)\leqslant x^2$,则由夹逼准则得 $\lim\limits_{x\to 1}f(x)$ ＝＿＿＿＿＿＿.

3. 曲线 $y=\ln x$ 在点 $(1,0)$ 处的切线与 x 轴的夹角是＿＿＿＿＿＿.

4. 极限 $\lim\limits_{x\to 0}\dfrac{\displaystyle\int_0^x\cos t^2\mathrm{d}t}{x}=$＿＿＿＿＿＿.

5. 函数 $f(x)=\dfrac{4}{x^2}$ 在区间 $[1,a]$ 上的平均值为 1,则 $a=$＿＿＿＿＿＿.

(三)计算题(每小题 6 分,共 7×6＝42 分)

1. 求极限 $\lim\limits_{x \to 16} \dfrac{\sqrt{x}-4}{x-16}$.

2. 求函数 $g(x) = \left(\dfrac{x-2}{2x+1}\right)^9$ 的导数 $g'(x)$.

3. 由方程 $x^4 + y^4 = 16$ 确定隐函数 $y = y(x)$,求 y' 和 y''.

4. 设曲线参数方程为 $\begin{cases} x = t+2+\sin t \\ y = t+\cos t \end{cases}$,求 $\dfrac{\mathrm{d}y}{\mathrm{d}x}\Big|_{t=0}$ 及曲线在点 $t=0$ 处的切线方程.

5. 计算不定积分 $\int x\sin x\,\mathrm{d}x$.

6. 计算定积分 $\displaystyle\int_1^4 \dfrac{\mathrm{d}x}{1+\sqrt{x}}$.

7. 求函数 $f(x) = (x^2-1)^3 + 1$ 的极值.

(四)综合题(每小题 7 分,共 4×7＝28 分)

1. 设函数 $f(x) = \begin{cases} 2-x, & x \leqslant 1 \\ x^2-2x+2, & x > 1 \end{cases}$,用导数定义判断函数在点 $x=1$ 处是否可导,并求 $f'(x)$.

2. 已知函数 $y = \dfrac{1}{x^2 + 3x + 2} = \dfrac{A}{x+1} - \dfrac{B}{x+2}$,试确定 A 和 B 的值,并求函数 y 的 n 阶导数 $y^{(n)}$ 或不定积分 $\int y \mathrm{d}x$(两者任选其一).

3. 试用零点定理求证方程 $4x^3 - 6x^2 + 3x - 2 = 0$ 在区间 $(1,2)$ 内至少有一个实根,并找出一个更精确的区间 $(a,b) \subset (1,2)$,使得方程在该区间内至少也有一个实根.

4. 已知曲线 $y = a\sqrt{x}\ (a>0)$ 与曲线 $y = \dfrac{1}{2}\ln x$ 在点 (x_0, y_0) 有公切线,试求:

(1)常数 a 及切点 (x_0, y_0);

(2)两曲线与 x 轴所围成的平面图形 D 的面积;

(3)图形 D 绕 x 轴旋转一周而成的旋转体积 V.

【模拟题五答案】

(一)1. D　2. C　3. C　4. D　5. B

(二)1. e^{-1}　2. 1　3. $\dfrac{\pi}{4}$　4. 1　5. 4

(三)1. $\dfrac{1}{8}$　2. $\dfrac{45(x-2)^8}{(2x+1)^{10}}$　3. $y' = -\dfrac{x^3}{y^3}$; $y'' = -48\dfrac{x^2}{y^7}$　4. $\dfrac{\mathrm{d}y}{\mathrm{d}x}\Big|_{t=0} = \dfrac{1}{2}$; $2y - x = 0$

5. $-x\cos x + \sin x + C$　6. $2 + 2\ln\dfrac{2}{3}$　7. 极小值为 $f(0) = 0$

(四)1. 提示:考虑左、右导数.

2. $A=1, B=1, y^{(n)} = \left(\dfrac{1}{x+1}\right)^{(n)} - \left(\dfrac{1}{x+2}\right)^{(n)} = (-1)^n n! \left[\dfrac{1}{(x+1)^{n+1}} - \dfrac{1}{(x+2)^{n+1}}\right]$,

$\int y \mathrm{d}x = \int \left(\dfrac{1}{x+1} - \dfrac{1}{x+2}\right)\mathrm{d}x = \ln\left|\dfrac{x+1}{x+2}\right| + C$

3. 提示:设 $f(x) = 4x^3 - 6x^2 + 3x - 2, x \in [1,2]$.

第 2 问只需在 $(1,2)$ 内任取一个点 $x=c$ 都可以:若 $f(c)>0$,则方程在 $(1,c)$ 内至少有一个根;若 $f(c)=0$,则 $x=c$ 就是方程的一个根;若 $f(c)<0$,则方程在 $(c,2)$ 内至少有一个根.

例如:$f(1.2) = -0.128 < 0$ 和 $f(1.3) = 0.548 > 0$,$f(1.22) = -0.007008 < 0$ 和 $f(1.23) = 0.056068 > 0$,由零点定理,方程在 $(1.22, 1.23)$ 内至少有一个根.

4. (1) $a = \dfrac{1}{e}$;切点为 $(e^2, 1)$　(2) $\dfrac{1}{6}e^2 - \dfrac{1}{2}$　(3) $\dfrac{\pi}{2}$

模拟题六

(一)单项选择题(每小题 2 分,共 9×2＝18 分)

1.下列各题可供选择的四种结果是

A. 必要条件   B. 充分条件   C. 充分必要条件   D. 无关条件

(1) $f(x)$ 在 x_0 处有定义是 $\lim\limits_{x \to x_0} f(x)$ 存在的(   )条件;

(2) $f(x)$ 在 x_0 处连续是在该点可导的(   )条件;

(3) $f(x)$ 在 x_0 处可导是在该点可微的(   )条件;

(4) $f(x)$ 在 $[a,b]$ 上连续是 $f(x)$ 在 $[a,b]$ 上可积的(   )条件;

(5) $f(x)$ 在 $[a,b]$ 上连续是 $f(x)$ 在 $[a,b]$ 上原函数存在的(   )条件.

2.下列极限结果中错误的是(   ).

A. $\lim\limits_{x \to 0} x\sin\dfrac{1}{x} = 0$ B. $\lim\limits_{x \to \infty} x\sin\dfrac{1}{x} = 1$

C. $\lim\limits_{x \to 0} \dfrac{\arctan x}{x} = 1$ D. $\lim\limits_{x \to \infty} \dfrac{\sin x}{x} = 1$

3.下列微分方程中,属线性微分方程的是(   ).

A. $yy' = x$ B. $y'' + y' - \sin y = 0$ C. $y'' - y' = \sin^2 x$ D. $y'' = \sqrt{y}$

4.在下列函数中,当 $x \in [-1,1]$ 时,满足罗尔定理条件的是(   ).

A. $y = e^x$ B. $y = \ln|x|$ C. $y = 1 - x^2$ D. $y = \dfrac{1}{1 - x^2}$

5. 设 $F(x)$ 是 $f(x)$ 的一个原函数,则 $\displaystyle\int e^{-x} f(e^{-x}) \, dx$ 等于(   ).

A. $F(e^{-x}) + C$ B. $-F(e^{-x}) + C$ C. $F(e^x) + C$ D. $-F(e^x) + C$

(二)填空题(每小题 3 分,共 6×3＝18 分)

1. $\lim\limits_{x \to 0} (1 + \sin x)^{\frac{1}{\sin x}} = $ _____ .

2. 设函数 $y = x^{\sin x}$ 且 $x > 0$,则 $dy = $ _____ .

3. $\displaystyle\int_{-1}^{1} \dfrac{x^2 \sin x}{\cos x^2 + 1} \, dx = $ _____ .

4. $\lim\limits_{x \to 0} \dfrac{\displaystyle\int_0^x \sin t^2 \, dt}{x^3} = $ _____ .

5. $\displaystyle\int_e^{+\infty} \dfrac{dx}{x \ln^2 x} = $ _____ .

6. 方程 $y'' - 4y' - 5y = e^x + \sin 5x$ 的特解形式为 _____ .

（三）简算题（每小题 6 分，共 5×6＝30 分）

1. 求极限 $\lim\limits_{x\to 0}\left(\dfrac{1}{x}-\dfrac{1}{e^x-1}\right)$.

2. 设方程 $e^{x+y}-xy=0$ 确定隐函数 $y=y(x)$，求微分 dy.

3. 求参数方程 $\begin{cases} x=\ln(1+t^2) \\ y=t-\arctan t \end{cases}$ 所确定函数的导数 $\dfrac{dy}{dx},\dfrac{d^2y}{dx^2}$.

4. 计算不定积分 $\displaystyle\int e^{\sqrt{x+1}}\,dx$.

5. 求微分方程 $\dfrac{dy}{dx}-\dfrac{y}{x}=x^2$ 的通解.

（四）计算题（每小题 5 分，共 4×5＝20 分）

1. 求极限 $\lim\limits_{x\to 0}\dfrac{e^x-\sin x-1}{1-\sqrt{1-x^2}}$.

2. 设函数 $f(x)=\begin{cases} \sin ax, & x<0 \\ \ln(x+b), & x\geqslant 0 \end{cases}$ 在点 $x=0$ 处可导，则 a,b 应取何值？

3. 计算定积分 $\displaystyle\int_{\frac{1}{e}}^{e}|\ln x|\,dx$.

4. 设函数 $f(x)$ 为 $[a,b]$ 上的连续递增函数,求证:函数 $F(x) = \dfrac{1}{x-a}\displaystyle\int_a^x f(t)\,\mathrm{d}t$ 为 (a,b) 内递增函数.

(五)应用题(每小题 7 分,共 2×7=14 分)

1. 设积分上限函数 $F(x) = \displaystyle\int_0^{x^2} \mathrm{e}^{-t^2}\,\mathrm{d}t$,试求:

(1)$F(x)$ 的极值;

(2)曲线 $y = F(x)$ 的拐点的横坐标.

2. 设平面图形位于曲线 $y = \mathrm{e}^x$ 的下方,该曲线过原点的切线的左方以及 x 轴上方之间,求:

(1)该平面图形面积;

(2)该平面图形绕 x 轴旋转一周所成的立体体积.

【模拟题六答案】

(一)1. D　A　C　B　B　2. D　3. C　4. C　5. B

(二)1. e　2. $x^{\sin x}\left(\cos x \ln x + \dfrac{\sin x}{x}\right)\mathrm{d}x$　3. 0

　　4. $\dfrac{1}{3}$　5. 1　6. $a\mathrm{e}^x + b\sin 5x + c\cos 5x$

(三)1. $\dfrac{1}{2}$　2. $\mathrm{d}y = \dfrac{y - \mathrm{e}^{x+y}}{\mathrm{e}^{x+y} - x}\mathrm{d}x$　3. $\dfrac{\mathrm{d}y}{\mathrm{d}x} = \dfrac{t}{2}$；$\dfrac{\mathrm{d}^2 y}{\mathrm{d}x^2} = \dfrac{1+t^2}{4t}$

　　4. $2\mathrm{e}^{\sqrt{x+1}}(\sqrt{x+1} - 1) + C$　5. $y = \left(\dfrac{1}{2}x^2 + C\right)x = \dfrac{1}{2}x^3 + Cx$

(四)1. 1　2. $a = 1$；$b = 1$　3. $2 - \dfrac{2}{\mathrm{e}}$　4. 提示:说明 $F'(x) > 0$.

(五)1.(1)$x = 0$ 为函数 $F(x)$ 的极小值点,且极小值为 $F(0) = 0$

　　(2)$x = \dfrac{\sqrt{2}}{2}$ 和 $x = -\dfrac{\sqrt{2}}{2}$ 为拐点的横坐标

　　2.(1)$A = \displaystyle\int_{-\infty}^0 \mathrm{e}^x\,\mathrm{d}x + \int_0^1 (\mathrm{e}^x - \mathrm{e}x)\,\mathrm{d}x = \dfrac{1}{2}\mathrm{e}$

　　(2)$V_x = \pi\displaystyle\int_{-\infty}^1 \mathrm{e}^{2x}\,\mathrm{d}x - \dfrac{1}{3}\pi\mathrm{e}^2 = \dfrac{\pi}{6}\mathrm{e}^2$

附 录 **Ⅱ**

常用公式

一、代数中的公式

1. 绝对值

实数 x 的绝对值，记为 $|x|$，规定为 $|x| = \begin{cases} x, & x \geqslant 0 \\ -x, & x < 0 \end{cases}$.

从几何上看，$|x|$ 表示数轴上的点 x 到原点 O 的距离.

绝对值运算有下列性质：

(1) $|x| \geqslant 0$；

(2) $|x| = \sqrt{x^2}$；

(3) $|-x| = |x|$；

(4) $-|x| \leqslant x \leqslant |x|$；

(5) $|xy| = |x| \cdot |y|$；

(6) $\left|\dfrac{x}{y}\right| = \dfrac{|x|}{|y|}$；

(7) $|x \pm y| \leqslant |x| \pm |y|$；

(8) $\big||x| - |y|\big| \leqslant |x - y|$.

2. 因式分解

(1) $(x+a)(x+b) = x^2 + (a+b)x + ab$；

(2) $(a \pm b)^2 = a^2 \pm 2ab + b^2$；

(3) $(a \pm b)^3 = a^3 \pm 3a^2b + 3ab^2 \pm b^3$；

(4) $a^2 - b^2 = (a-b)(a+b)$；

(5) $a^3 \pm b^3 = (a \pm b)(a^2 \mp ab + b^2)$；

(6) $a^n - b^n = (a-b)(a^{n-1} + a^{n-2}b + a^{n-3}b^2 + \cdots + ab^{n-2} + b^{n-1})$；

(7) $(a+b+c)^2 = a^2 + b^2 + c^2 + 2ab + 2bc + 2ca$；

(8) $a^3 + b^3 + c^3 - 3abc = (a+b+c)(a^2+b^2+c^2-ab-bc-ca)$.

3. 一元二次方程

一元二次方程：$ax^2 + bx + c = 0 \, (a \neq 0)$.

根的判别式：$\Delta = b^2 - 4ac$.

当 $\Delta>0$ 时,方程有两个不相等的实根;

当 $\Delta=0$ 时,方程有两个相等的实根;

当 $\Delta<0$ 时,方程有无实根.

求根公式: $x=\dfrac{-b\pm\sqrt{b^2-4ac}}{2a}$.

根与系数的关系:设 x_1,x_2 是 $ax^2+bx+c=0(a\neq0)$ 的两个实根,则
$$x_1+x_2=-\frac{b}{a},\quad x_1\cdot x_2=\frac{c}{a}.$$

4. 指数

正整数指数幂: $a^n=\underbrace{a\cdot a\cdot a\cdot\cdots\cdot a}_{n}$.

负整数指数幂: $a^{-n}=\dfrac{1}{a^n}(a\neq0)$.

零指数幂: $a^0=1$.

指数运算法则:

(1) $a^m\cdot a^n=a^{m+n}$;

(2) $(a^m)^n=a^{mn}$;

(3) $(ab)^n=a^nb^n$;

(4) $\dfrac{a^n}{a^m}=a^{n-m}(a\neq0)$;

(5) $(\dfrac{a}{b})^m=\dfrac{a^m}{b^m}(b\neq0)$.

5. 对数

如果 $a^b=N(a>0,a\neq1)$,那么 b 叫作以 a 为底的 N 的对数,记做 $\log_aN=b$.

常用对数:以 10 为底的对数称为常用对数,记做 $\lg x=\log_{10}x$.

自然对数:以 e = 2. 178281828549 … 为底的对数称为自然对数,记做 $\ln x=\log_ex$.

对数的性质:

(1) $\log_aa=1$;

(2) $\log_a1=0$;

(3) $\log_axy=\log_ax+\log_ay$;

(4) $\log_a\dfrac{x}{y}=\log_ax-\log_ay$;

(5) $\log_ax^\mu=\mu\log_ax$;

(6) $a^{\log_ay}=y$;

(7) $\log_ay=\dfrac{\log_by}{\log_ba}$;

(8) $\log_ab\cdot\log_ba=1$.

6. 排列组合

(1) 阶层

设 n 为自然数,则 $n!=1\cdot2\cdot3\cdots n$ 称为 n 的阶层,并规定 $0!=1$.

定义: $(2n+1)!!=1\cdot3\cdot5\cdots(2n+1)$; $(-1)!!=0$;

$(2n)!!=2\cdot4\cdot6\cdots(2n)$; $(0)!!=0$.

（2）排列

①选排列：从 n 个不同的元素中，每次取出 k 个($k \leqslant n$)不同的元素，按一定的顺序排成一列，称为选排列. 其中排列总数为

$$A_n^k = n(n-1)(n-2)\cdots(n-k+1) = \frac{n!}{(n-k)!}.$$

②全排列：从 n 个不同的元素中，每次取出 n 个不同的元素，按一定的顺序排成一列，称为全排列. 其中排列总数为

$$P_n = A_n^n = n(n-1)(n-2)\cdots 3 \cdot 2 \cdot 1 = n!.$$

（3）组合

从 n 个不同的元素中，每次取出 k 个不同的元素，不管其顺序合并成一组，称为组合. 其中组合总数为 $C_n^k = \dfrac{A_n^k}{k!} = \dfrac{n!}{(n-k)! \ k!}$，并规定 $C_n^0 = 1$.

组合公式：$C_n^k = \dfrac{n}{k} C_{n-1}^{k-1} = \dfrac{k+1}{n+1} C_{n+1}^{k+1} = \dfrac{k+1}{n-k} C_n^{k+1} = \dfrac{n}{n-k} C_{n-1}^k$.

（4）二项式定理

$$(a+b)^n = C_n^0 a^n + C_n^1 a^{n-1} b + C_n^2 a^{n-2} b^2 + \cdots + C_n^{n-1} ab^{n-1} + C_n^n b^n = \sum_{k=0}^{n} C_n^k a^{n-k} b^k.$$

7. 数列

（1）等差数列

数列：$a_1, a_1+d, a_1+2d, a_1+3d, \cdots$($d$ 为常数)，称为公差为 d 的等差数列.

通项公式：$a_n = a_1 + (n-1)d$.

前 n 项和：$S_n = \dfrac{(a_1+a_n)n}{2} = na_1 + \dfrac{n(n-1)}{2}d$.

等差中项：$a_k = \dfrac{a_{k-1}+a_{k+1}}{2} (k > 1)$.

（2）等比数列

数列：$a_1, a_1 q, a_1 q^2, a_1 q^3, \cdots$($q$ 为常数)，称为比数为 q 的等比数列.

通项公式：$a_n = a_1 q^{n-1}$.

前 n 项和：$S_n = \dfrac{a_1(1-q^n)}{1-q} = \dfrac{a_1 - a_n q}{1-q}$.

等比中项：$a_k = \pm \sqrt{a_{k-1} \cdot a_{k+1}} (a_{k-1} \cdot a_{k+1} > 0)$.

（3）求和公式

$$\sum_{k=0}^{n} k = 1 + 2 + 3 + \cdots + n = \frac{1}{2}n(n+1);$$

$$\sum_{k=0}^{n} k^2 = 1 + 2^2 + 3^2 + \cdots + n^2 = \frac{1}{6}n(n+1)(2n+1);$$

$$\sum_{k=0}^{n} k^3 = 1 + 2^3 + 3^3 + \cdots + n^3 = \frac{1}{4}n^2(n+1)^2;$$

$$\sum_{k=0}^{n} 2k = 2+4+6+\cdots+2n = n(n+1);$$

$$\sum_{k=0}^{n} (2k-1) = 1+3+5\cdots+(2n-1) = n^2;$$

$$\sum_{k=0}^{n} k(k+1) = 1\cdot2+2\cdot3+3\cdot4+\cdots+n\cdot(n+1) = \frac{1}{3}n(n+1)(n+2).$$

二、几何中的公式

1. 圆
设圆的半径为 r，直径为 $d=2r$，则

圆的周长 $L=2\pi r=\pi d$；圆的面积 $S=\pi r^2=\frac{1}{4}\pi d^2$.

2. 扇形
设扇形的半径为 r，圆心角为 α（α 为弧度制），则

扇形的弧长 $L=\alpha r$；扇形的面积 $S=\frac{1}{2}rL=\frac{1}{2}\alpha r^2$.

3. 正多边形
设正多边形的外接圆的半径为 R，圆心角为 $\alpha\left(\alpha=\dfrac{360°}{n}\right)$，则

正 n 边形的面积为 $S=\dfrac{n}{2}R^2\sin\alpha$.

4. 圆柱
设圆柱的底面圆的周长为 L，高为 h，底面半径为 r，则
圆柱的底面面积 $S_{底}=\pi r^2$；圆柱的侧面积 $S_{侧}=Lh=2\pi rh$；
圆柱的全面积 $S_{全}=2\pi rh+2\pi r^2=2\pi r(h+r)$；
圆柱的体积 $V=S_{底}h=\pi r^2 h$.

5. 圆锥
设圆锥的底面半径为 r，母线长为 l，高为 h，则
圆锥的母线 $l=\sqrt{r^2+h^2}$；圆锥的底面面积 $S_{底}=\pi r^2$；
圆锥的侧面积 $S_{侧}=\pi rl$；圆锥的全面积 $S_{全}=\pi rl+\pi r^2=\pi r(l+r)$；
圆锥的体积 $V=\frac{1}{3}\pi r^2 h$.

6. 圆台
设圆台的上底面半径为 r，下底面半径为 R，母线长为 l，台高为 h，则
圆台的侧面积 $S_{侧}=\pi(R+r)l$；
圆台的全面积 $S_{全}=\pi(R+r)l+\pi r^2+\pi R^2$；

圆台的体积 $V=\dfrac{1}{3}\pi h(R^2+rR+r^2)$.

7. 球

设球的半径为 r，则

球的表面积 $S=4\pi r$；球的体积 $V=\dfrac{4}{3}\pi r^3$.

8. 球冠

设球冠的拱底圆半径为 a，高为 h，则

球冠的表面积 $S_{表}=\pi(2rh+a^2)$；

球冠的侧面积 $S_{侧}=2\pi rh^2$；

球冠的体积 $V=\dfrac{\pi}{6}h(3a^2+h^2)$.

三、平面三角中的公式

1. 角的度量与换算

（1）角度制

整个圆周的 $\dfrac{1}{360}$ 的弧称为含有 1 度的弧，而 1 度的弧所对应的圆心角称为 1 度的角［1 度等于 60 分（记做 $1°=60'$），1 分等于 60 秒（记做 $1'=60''$）］，这种用来度量角的方法称为角度制.

（2）弧度制

把等于半径长的弧称为含有 1 弧度的弧，而 1 弧度的弧所对的圆心角称为 1 弧度的角，这种用弧度来度量角的方法称为弧度制.

（3）度与弧度的换算

度与弧度的关系是 $\dfrac{\alpha}{\pi}=\dfrac{\theta}{180}$（式中 θ 与 α 分别表示同一角的度数与弧度数）.

（4）特殊角度与弧度的对应

度	0°	30°	45°	60°	90°	180°	270°	360°
弧度	0	$\dfrac{\pi}{6}$	$\dfrac{\pi}{4}$	$\dfrac{\pi}{3}$	$\dfrac{\pi}{2}$	π	$\dfrac{3\pi}{2}$	2π

2. 三角函数

（1）三角函数的定义（直角三角形）

正弦 $\sin\alpha=\dfrac{对边}{斜边}=\dfrac{y}{r}$；余弦 $\cos\alpha=\dfrac{邻边}{斜边}=\dfrac{x}{r}$；正切 $\tan\alpha=\dfrac{对边}{邻边}=\dfrac{y}{x}$；

余切 $\cot\alpha=\dfrac{邻边}{对边}=\dfrac{x}{y}$；正割 $\sec\alpha=\dfrac{斜边}{邻边}=\dfrac{r}{x}$；余割 $\csc\alpha=\dfrac{斜边}{对边}=\dfrac{r}{y}$.

（2）特殊角的三角函数

α 函数	$0°$ 0	$30°$ $\dfrac{\pi}{6}$	$45°$ $\dfrac{\pi}{4}$	$60°$ $\dfrac{\pi}{3}$	$90°$ $\dfrac{\pi}{2}$	$120°$ π	$135°$ $\dfrac{3\pi}{4}$	$150°$ $\dfrac{5\pi}{6}$	$180°$ π
$\sin\alpha$	0	$\dfrac{1}{2}$	$\dfrac{\sqrt{2}}{2}$	$\dfrac{\sqrt{3}}{2}$	1	$\dfrac{\sqrt{3}}{2}$	$\dfrac{\sqrt{2}}{2}$	$\dfrac{1}{2}$	0
$\cos\alpha$	1	$\dfrac{\sqrt{3}}{2}$	$\dfrac{\sqrt{2}}{2}$	$\dfrac{1}{2}$	0	$-\dfrac{1}{2}$	$-\dfrac{\sqrt{2}}{2}$	$-\dfrac{\sqrt{3}}{2}$	-1
$\tan\alpha$	0	$\dfrac{\sqrt{3}}{3}$	1	$\sqrt{3}$	∞	$-\sqrt{3}$	-1	$-\dfrac{\sqrt{3}}{3}$	0
$\cot\alpha$	∞	$\sqrt{3}$	1	$\dfrac{\sqrt{3}}{3}$	0	$-\dfrac{\sqrt{3}}{3}$	-1	$-\sqrt{3}$	∞

（3）三角函数的基本关系

① $\sin^2\alpha+\cos^2\alpha=1$；　　　　② $\tan\alpha=\dfrac{\sin\alpha}{\cos\alpha}$；

③ $\cot\alpha=\dfrac{\cos\alpha}{\sin\alpha}$；　　　　④ $\tan\alpha\cot\alpha=1$；

⑤ $\sin\alpha\csc\alpha=1$；　　　　⑥ $\cos\alpha\sec\alpha=1$；

⑦ $\sec^2\alpha-\tan^2\alpha=1$；　　　⑧ $\csc^2\alpha-\cot^2\alpha=1$.

（4）诱导公式

	sin	cos	tan	cot
$-\alpha$	$-\sin\alpha$	$\cos\alpha$	$-\tan\alpha$	$-\cot\alpha$
$\dfrac{\pi}{2}\pm\alpha$	$\cos\alpha$	$\mp\sin\alpha$	$\mp\cot\alpha$	$\mp\tan\alpha$
$\pi\pm\alpha$	$\mp\sin\alpha$	$-\cos\alpha$	$\pm\tan\alpha$	$\pm\cot\alpha$
$\dfrac{3\pi}{2}\pm\alpha$	$-\cos\alpha$	$\pm\sin\alpha$	$\mp\cot\alpha$	$\mp\tan\alpha$
$2\pi\pm\alpha$	$\pm\sin\alpha$	$\cos\alpha$	$\pm\tan\alpha$	$\pm\cot\alpha$
$n\pi\pm\alpha$	$\pm(-1)^n\sin\alpha$	$(-1)^n\cos\alpha$	$\pm\tan\alpha$	$\pm\cot\alpha$

（5）和角公式

$\sin(\alpha\pm\beta)=\sin\alpha\cos\beta\pm\sin\beta\cos\alpha$；

$\cos(\alpha\pm\beta)=\cos\alpha\cos\beta\mp\sin\beta\sin\alpha$；

$\tan(\alpha+\beta)=\dfrac{\tan\alpha+\tan\beta}{1\mp\tan\alpha\tan\beta}$；

$\cot(\alpha+\beta)=\dfrac{\cot\alpha\cot\beta\mp1}{\cot\alpha+\cot\beta}$.

（6）和差化积公式

$\sin\alpha+\sin\beta=2\sin\dfrac{\alpha+\beta}{2}\cos\dfrac{\alpha-\beta}{2}$；

$\sin\alpha-\sin\beta=2\cos\dfrac{\alpha+\beta}{2}\sin\dfrac{\alpha-\beta}{2}$；

$$\cos\alpha+\cos\beta=2\cos\frac{\alpha+\beta}{2}\cos\frac{\alpha-\beta}{2};$$

$$\cos\alpha-\cos\beta=-2\sin\frac{\alpha+\beta}{2}\sin\frac{\alpha-\beta}{2};$$

(7)积化和差公式

$$\sin\alpha\sin\beta=\frac{1}{2}\left[\cos(\alpha+\beta)-\cos(\alpha-\beta)\right];$$

$$\cos\alpha\cos\beta=\frac{1}{2}\left[\cos(\alpha+\beta)+\cos(\alpha-\beta)\right];$$

$$\sin\alpha\cos\beta=\frac{1}{2}\left[\sin(\alpha+\beta)+\sin(\alpha-\beta)\right].$$

(8)倍角公式

$$\sin2\alpha=2\sin\alpha\cos\alpha=\frac{2\tan\alpha}{1+\tan^2\alpha};$$

$$\cos2\alpha=\cos^2\alpha-\sin^2\alpha=2\cos^2\alpha-1=1-2\sin^2\alpha=\frac{1-\tan^2\alpha}{1+\tan^2\alpha};$$

$$\tan2\alpha=\frac{2\tan\alpha}{1-\tan^2\alpha};$$

$$\cot2\alpha=\frac{\cot^2\alpha-1}{2\cot\alpha}.$$

(9)半角公式

$$\sin\frac{\alpha}{2}=\pm\sqrt{\frac{1-\cos\alpha}{2}};$$

$$\cos\frac{\alpha}{2}=\pm\sqrt{\frac{1+\cos\alpha}{2}};$$

$$\tan\frac{\alpha}{2}=\pm\sqrt{\frac{1-\cos\alpha}{1+\cos\alpha}}=\frac{1-\cos\alpha}{\sin\alpha}=\frac{\sin\alpha}{1+\cos\alpha};$$

$$\cot\frac{\alpha}{2}=\pm\sqrt{\frac{1+\cos\alpha}{1-\cos\alpha}}=\frac{1+\cos\alpha}{\sin\alpha}=\frac{\sin\alpha}{1-\cos\alpha}.$$

(10)三角形基本定理

正弦定理：

$$\frac{a}{\sin A}=\frac{b}{\sin B}=\frac{c}{\sin C}.$$

余弦定理：

$$a^2=b^2+c^2-2bc\cos A;$$

$$b^2=a^2+c^2-2ac\cos B;$$

$$c^2=a^2+b^2-2ab\cos C.$$

勾股定理：在直角三角形中，斜边的平方等于两个直角边的平方和.

三角形面积公式：

$$S=\frac{1}{2}bc\sin A=\frac{1}{2}ac\sin B=\frac{1}{2}ab\sin C(\text{其中 }a,b,c\text{ 分别为三角形边长}).$$

四、平面解析几何中的公式

1. 两点间距离与直线方程中的公式

（1）两点间距离公式

两点 $M_1(x_1,y_1)$ 与 $M_2(x_2,y_2)$ 间的距离为

$$d=|M_1M_2|=\sqrt{(x_2-x_1)^2+(y_2-y_1)^2}.$$

（2）两点间中点的坐标

已知两点 $M_1(x_1,y_1)$，$M_2(x_2,y_2)$，那么中点 $M(x,y)$ 的坐标为

$$x=\frac{x_1+x_2}{2},y=\frac{y_1+y_2}{2}.$$

（3）直线的斜率

已知直线与 x 轴的夹角为 α，则直线的斜率为

$$k=\tan\alpha(0\leqslant\alpha<\pi).$$

已知直线过两点 $M_1(x_1,y_1)$ 和 $M_2(x_2,y_2)$，则直线的斜率为

$$k=\frac{y_2-y_1}{x_2-x_1}.$$

（4）直线方程

斜截式方程：已知直线在 x 轴和 y 轴上的截距分别为 a 和 b，则直线方程为

$$\frac{x}{a}+\frac{y}{b}=1.$$

点斜式方程：已知直线通过点 (x_0,y_0)，直线的斜率为 k，则直线方程为

$$y-y_0=k(x-x_0).$$

两点式方程：已知直线通过两点 $M_1(x_1,y_1)$ 和 $M_2(x_2,y_2)$，则直线方程为

$$\frac{y-y_1}{y_2-y_1}=\frac{x-x_1}{x_2-x_1}.$$

一般式方程：$Ax+By+C=0$.

（5）点到直线的距离

点 (x_0,y_0) 到 $Ax+By+C=0$ 的距离为

$$d=\frac{|Ax_0+By_0+C|}{\sqrt{A^2+B^2}}.$$

2. 二次曲线

（1）圆

标准方程：$x^2+y^2=R^2$.

参数方程：$\begin{cases} x=R\cos\alpha \\ y=R\sin\alpha \end{cases}$（其中 α 是中心到动点的直线与 x 轴正向的夹角）.

中心点在 (x_0,y_0)，半径为 R 的圆的方程为

$$(x-x_0)^2+(y-y_0)^2=R^2 \ 或 \begin{cases} x=x_0+R\cos\alpha \\ y=y_0+R\sin\alpha \end{cases}.$$

（2）椭圆

标准方程：$\dfrac{x^2}{a^2}+\dfrac{y^2}{b^2}=1$.

参数方程：$\begin{cases} x=a\cos\alpha \\ y=b\sin\alpha \end{cases}$（其中 α 是中心到动点的直线与 x 轴正向的夹角）.

中心 $O(0,0)$，顶点 $(a,0)$，$(-a,0)$，$(0,b)$，$(0,-b)$.

当 $a>b$ 时，焦点在 x 轴上，它们是 $(c,0)$，$(-c,0)$，其中 $c=\sqrt{a^2-b^2}$.

当 $a<b$ 时，焦点在 y 轴上，它们是 $(0,c)$，$(0,-c)$，其中 $c=\sqrt{a^2-b^2}$.

（3）抛物线

标准方程：$y^2=2px(p>0)$.

对称轴 x 轴，焦点 $\left(\dfrac{p}{2},0\right)$，顶点 $(0,0)$，准线 $x=-\dfrac{p}{2}$，开口方向向右.

（4）双曲线

标准方程：$\dfrac{x^2}{a^2}-\dfrac{y^2}{b^2}=1$.

中心 $O(0,0)$，顶点 $(a,0)$，$(-a,0)$，焦点在 x 轴上，它们是 $(c,0)$，$(-c,0)$，其中 $c=\sqrt{a^2+b^2}$，渐近线 $y=\pm\dfrac{b}{a}x$.

3. 直角坐标系和极坐标的关系

设点 M 为平面内一点，它的直角坐标为 (x,y)，极坐标为 (ρ,α)，则有

$$\begin{cases} x=\rho\cos\alpha \\ y=\rho\sin\alpha \end{cases} 和 \begin{cases} \rho^2=x^2+y^2 \\ \tan\alpha=\dfrac{y}{x} \end{cases}.$$

几种常用方程的极坐标方程

直角坐标方程	极坐标方程
圆心在原点的圆 $x^2+y^2=R^2$；	$\rho=R$（常数）；
过原点的直线 $y=x$；	$\theta=\dfrac{\pi}{4}$（常数，称过原点的直线为射线）；
圆心在 $(\pm a,0)$ 的圆 $(x\pm a)^2+y^2=a^2$；	$\rho=\pm 2a\cos\theta$；
圆心在 $(0,\pm a)$ 的圆 $x^2+(y\pm a)^2=a^2$.	$\rho=\pm 2a\sin\theta$.